民國建築工程期刊匯編

MINGUO JIANZHU GONGCHENG QIKAN HUIBIAN

67

《民國建築工程期刊匯編》編寫組 編

廣西師范大學出版社
GUANGXI NORMAL UNIVERSITY PRESS
·桂林·

第六十七册目録

中國營造學社彙刊

第四卷第一期

中國營造學社彙刊

姚茫

本社啓事

本社彙刊原擬自四卷一期起，擴大刊行，茲因售價過昂，為求彙刊普及起見，仍按原式刊行，但印費浩繁，每期售價，不得已略增為大洋八角，外埠另加郵費六分，全年三元，郵費在內，諸祈　諒鑒

中國營造學社發行專刊啓事

本社為研究專精起見，將本社重要工作，分別刊印為專刊集，用八開道林紙精印發行

第一集　清式營造則例　梁思成著　甲種八元預約五元　乙種五元預約三元

第二集　宋營造法式新釋　石作　大木作　梁思成著　印刷中　六元

第三集　宋營造法式新釋　彩畫作　劉敦楨著　編著中

第四集　平東三遼構　自營造學社彙刊重印　梁思成著　印刷中

第五集　正定古建築上　隆興寺　宋構　梁思成著　編著中

第六集　正定古建築下　陽和樓　及其他　梁思成著　編著中

本社出版書籍

(一)彙刊第一卷一二期　每冊六角

(二)彙刊第二卷一二三期　每冊六角

(三)彙刊第三卷一二三四期　每冊六角

(四)彙刊第四卷一二三四期　每冊八角

(五)工段營造錄　李斗著　四角

(六)一家言居室器玩部　李笠翁著　三角

(七)元大都宮苑圖考　四角

(八)營造算例　梁思成編訂　八角

(九)梓人遺制　元薛景石著　五角

(十)牌樓算例　劉敦楨編訂　五角

(十一)岐陽世家文物圖像冊　甲　每部　五元　乙　四元

(十二)岐陽世家文物攷述　八角

(十三)哲匠錄(營建類)　(印刷中)　壹元

社友出版物之介紹

瞿兌之先生方志考稿

甲集分裝三冊三號字白紙精印定價四元

總發行北平東四前拐棒胡同十七號瞿宅　天津法租界廿五號路七八號任宅　代售處北平琉璃廠直隸書局

謝剛主先生晚明史籍考

連史紙精印定價九元　毛邊紙定價七元

總發行國立北平圖書館　代售處各大書店

中國營造學社彙刊第四卷第一期目錄

營造法式看詳

通直郎管修蓋皇弟外第專一提舉修蓋班直諸軍營房等臣李誡奉

聖旨編修

方圜平直　取徑圍

定功　取正

定平　墻

舉折　諸作異名

總諸作看詳

方圜平直

周官考工記圜者中規方者中矩立者中垂衡者中水鄭司農注云治材居材如此乃善也

墨子子墨子言曰天下從事者不可以無法儀雖至百工從事者亦皆有法百工為方以矩為圜以規直以繩衡以水正以垂無巧工不巧工皆以此為法巧者能中之不巧者雖不能中依放以從事猶愈於已

周髀算經昔者周公問於商高曰數安從出商高曰數之法出於圜方圜方出於方方出於矩矩出於九九八十一萬物周事而圜方用焉大匠造制而規矩設焉或毀方而為圜或破圜而為方方中為圜者謂之圜方圜中為方者謂之方圜也

韓子曰無規矩之法繩墨之端雖班亦不能成方圜

看詳諸作制度皆以方圜平直為準至如八棱之

營造法式卷第八

通直郎管修蓋皇弟外第專一提舉修蓋班直諸軍營房等臣李誠奉聖旨編修

小木作制度三

平棊　鬭八藻井

小鬭八藻井　拒馬叉子

叉子　鉤闌 重臺鉤闌 單鉤闌

棵籠子　井亭子

牌

平棊 其名有三：一曰平機，二曰平橑，三曰平棊，俗謂之平起。其以方椽施素版者，謂之平闇

造殿內平棊之制：於背版之上，四邊用桯，桯內用貼，貼內

欽定四庫全書

營造法式卷十一

宋 李誠 撰

小木作制度六

轉輪經藏

壁藏

轉輪經藏

造經藏之制：共高二丈，徑一丈六尺，八棱，每棱面廣六

二一工學會全體會員攝影

營造法式版本源流考

謝國楨

營造法式三十四卷看詳一卷目錄一卷，宋李誠奉勅撰。誠字明仲，鄭州管城縣人；曾祖諱惟寅故尚書虞部員外郎贈金紫光祿大夫，祖諱惇裕故尚書祠部員外郎祕閣校理贈司徒，父諱南公故龍圖閣直學士大中大夫贈左正議大夫。元豐八年，哲宗登大位，正議時爲河北轉運副使，以先生奉表致方物，恩補郊社齋郎，調曹州濟陰縣尉。元祐七年，以承奉郎爲將作監主簿。紹聖三年以承事郎爲將作監丞。元符中建五王邸成，遷宣義郎。時先生在將作且八年，其考工庀事必究利害堅窳之制，堂構之方與繩墨之運，皆已了然於心，遂被旨著營造法式，書成凡三十四卷，詔頒之天下。先生尚著有續山海經十卷，續同姓名錄二卷，琵琶錄三卷，馬經三卷，六博經三卷，古篆說文十卷，皆不傳；營造法式獨顯於世。先生及其父南公事蹟，已詳於宋史及程俱北山小集中。

是書首爲看詳釋方圓平直規矩準繩之事。第一二卷爲總釋，釋建築之名物，說明算術之定例，及當時功限格令等事。第三卷爲壕寨及石作制度。第四五卷爲大木作制度。第六、七、八、九、十、十一諸卷爲小木作制度。凡屋宇之結構屬之大木作，凡門、窗、欄、裝飾、器用屬之小木作。第十二卷爲彫作旋作鋸作竹作制度。第十三卷爲瓦作泥作制度。第十四卷爲彩畫作制度。第十五卷爲塼作窰作制度。第十六至二十五卷爲諸功限。第二十六至二十八卷爲諸作料例。第二十九至三十四卷爲諸作圖樣。總計是書所列先爲名例，次爲制度，再次爲功限料例，末爲圖樣，綱舉目張，條理井然。

瞿宣穎先生稱是書約有六長：「疏舉故書義訓，通以今釋，由名物之演嬗，得古今之會通，一也。北宋故書多有不傳於今者，本編所引，頗有佚文異說，足資考据，二也。凡一物之制作，必究其形式尺度程序，咸使可尋，由此得與今制相較而得其同異，三也。所用工材，雖無由得其價值，而良窳貴賤，固可約略而得，四也。程功之限，雇役之制，般運之價，兼得當時社會經濟狀況，五也。華紋形體，若拂菻師子頻伽化生之類，得睹當時外族文化影響，六也。」據此，法式一書，不獨爲研究吾國建築規矩準繩之書，即其書中所引諸書，如周髀算經：「矩出於九九八十一萬物周事而圜方用焉」一條，多出四十九字，足以是本校勘古籍。而總釋中所述宮闕殿樓爵頭鋪作之名，博引訓故，通以今釋，吾國建築術語尚無定名，欲編詞典，舍此莫由。是則營造法式一書爲宋以後吾國古籍中創獲之作，而爲掔治吾國建築之秘典已。顧其書原刊久佚，傳鈔諸本互有異同，非藉資衆長廣事讎校，不足以見原書之眞相，而供學者之研究。楨於建築一道所知甚鮮，僅於宋代營造法式之所以編制，與版本傳鈔之流傳，舉其一得之愚，以爲掔治是書之一助焉。

按明仲官將作監之職，法式爲將作監之官書，宋史卷一百六十五職官志四云：

「將作監，舊制判監事一人，以朝官以上充。凡土木工匠之政，京都繕修隸三司修造案，本監但掌祠祀供省牲牌鎮石柱香盥手焚板幣之事。元豐官制行，始正職掌。置監少監各一人，丞主簿各二人。監掌宮室城郭橋梁舟車營繕之事，少監爲之貳，丞參領之。凡土木工匠版築造作之政令總焉。辨其才幹器物之所須，乘時儲積，以待給用，庀其工徒，而授以法式；寒暑蚤暮，均其勞逸作止之節。凡營造有計帳，則委官覆視，定其名數，驗實以給之。歲以二月治溝渠，通壅塞。乘輿行幸，則預戒有司潔除，均布黃道。凡出納籍帳，歲受而會之，上於工部。熙寧初，以嘉慶院爲監，其官屬職事稽用舊典，已而盡追復之。元祐七年，詔頒將作監修成營造法式。八年，又詔本監營造檢計畢，長貳隨事給限，丞簿覆檢。元符元年，三省言將作監主簿二員，乞將先到任一員改充幹當公事，候成資罷行之。崇寧五年，詔將作監應承受前後特旨應副外路並府監修造，差撥人工物料，遵執元豐條格，不得應副。宣和五年，詔罷營繕所，歸將作監……」

章鈺讀書敏求記校證云：

『此書宋志史部儀注類營造法式二百五拾册注：元祐間卷亡。子部五行類：李戒營造法式三十四卷，戒誡字少異，不載目錄看詳而卷數相符知卽此記著錄之本矣。』

是此書宋志儀注類稱二百五十册子部五行類稱三十四卷蓋法式原書猶如清代工部之則例裒舉甚繁先生乃删繁就簡定其名物一其制度定爲成法先生於建築之功不可謂不偉。至看詳稱總三十六卷而原書目錄及宋志子部五行類稱三十四卷或疑制度一門闕二卷當爲後人合併。鐵琴銅劍樓瞿氏乃謂：『其實目錄一卷看詳中已言之，敏求記亦言目錄看詳各一卷合之正三十六卷。』 其說當不爲謬。

至法式一書之刋刻，共有二次；一爲崇寧二年本，一爲紹興十五年本。 崇寧本刋刻之由來，原書卷首所列劄子云：

『……竊緣上件法式，係營造制度工限等關防功料最爲要切，內外皆合通行，臣今欲乞用小字鏤版依海行敕令頒降取進止正月十八日三省同奉聖旨依奏。』

此崇寧本之所以刋成。 至紹興本則由丁丙八千卷樓藏鈔本附錄有一條，茲照原式鈔錄於后：

平江府今得

紹聖營造法式舊本并目錄看詳共一十四册

紹興十五年五月十一日校勘重刊

左文林郎平江府觀察推官陳綱校勘

寶文閣直學士右通奉大夫知平江軍府事提舉勸農使開國子食邑五百戶王㬇重刊

又文津閣四庫本是書卷三十二小木作制度圖樣佛道帳經藏有「行在呂信刊」五字，同卷第二十二頁天宮壁藏有「武林楊淵刊」五字。吾人由此數條可以知紹興本之所以從來矣。

吾人所必須研究者，崇寧及紹興間因何而有刊刻法式之事，此誠可以注意者。蓋在北宋徽宗之時，承平日久，徽宗喜事園林土木，故有建築艮嶽等舉，而先生在當時有建築五王邸，辟雍，尚書省，朱雀門，景龍門，九成殿，開封府廨，太廟，營房，明堂等事。至南宋之時，高宗卽位臨安，草萊初闢，甘守偏安，無收復失地之心，當時主和之臣，若秦檜之流，從中慫恿，偸安苟活，又當時有水船司之設置，與海外交通，經濟賴以不匱，故臨安踵事增繁，頓成承平氣象。吾人讀夢粱錄卷八有大內，德壽宮，太廟，景靈宮，萬壽觀，御前宮觀等條，又徐松輯宋會要方域門記載紹興以來建築宮殿，太學，貢院等事，案時記載，歷歷可考。又吾人更可注意之一事，重刊法式之王㬇，爲秦檜妻王氏之弟，據宋會要紹興十三年知臨安知府，後又知平江府，提舉平江，卽今之蘇州，光緒重修蘇州府志卷五十一職官條云：

「王㬇字顯道，華陽人，紹興十四年三月以寶文閣直學士右通奉大夫任，十七年正月提舉太平興國宮」

又雜記條云：

「秦檜妻之弟王㬇，字顯道，紹興初知府事，峻於聚歛，酷於用刑，然其施爲亦有可取，兵火之餘，故墟瓦礫山積，乃錄入城小船出必載瓦礫以培塘，人以爲便，石之破碎者積而焚之以泥官舍，不賦於民而利有餘，……」

當南宋之時，臨安平江均爲刻書最佳之處，王㬇爲秦檜之妻弟，又峻於聚歛，故能迎合高宗苟安之志而有刻營造法式之舉，薈萃良工，彫爲善本，雖其用心固未必佳，然要不可不謂有功於建築之學者也。

自營造法式刊行以後，北宋時晁載之即鈔錄其書於續談助，南宋莊季裕亦著錄其書於雞肋篇，晁氏鈔於崇寧五年，距法式刊行時僅三年，則其書見重於時可知。

然自靖康南渡，王室蕩然，宗器古物均虜掠而北。於是東都刻書之勝，由汴京而移平水，宋室故物已略無餘燼，南都則首推臨安所刻版片，降及元明，尚有存者；葉德輝明南廱志經籍考序云：「明時監本多從宋元板補修，近日藏書家翕相推重。」故明文淵閣書目法式有五部，未詳卷數；內閣書目有法式二册又五册，均不全。南廱志作三十卷，註云：「存殘版六十面」是知崇寧刻本法式，自靖康之難以後，世間已成絕響；即南宋紹興刻本，內閣書目已僅著錄殘卷及版本殘片而已。故歷明清兩代，私家著錄，競尚影鈔其紹興原刻，已成星鳳，吾人欲復法式舊觀，亦惟有私幸發現內閣所餘之南宋殘本，庶乎可以稍識本來面目。自清季以還，遷內閣大庫之書於國子監南學，由南學展轉遷徙於午門及京師圖書館等處，卽此殘存數卷已蕩然無遺。幸於其中發見法式第八卷首頁之前半頁又八卷內第五全葉，每半頁十一行，行二十二字，說者遂謂崇寧眞本復現於世。然吾竊疑清代內閣大庫承明之舊，明代內閣所藏監本多因宋元之舊，法式爲官修之書，則亦與監本爲同類之書，且吾觀文津閣四庫法式每半頁八行，行二十一字，四庫本依據范氏天一閣進呈影鈔本，其缺第三十一卷由永樂大典本補出，四庫諸書格式皆同，故不照原式。又丁丙八千卷樓鈔本每半頁十行，行二十二字；丁本號稱張蓉鏡本，然未可爲據。惟晚近故宮殿本書庫發現鈔本法式，有錢遵王之印，每半頁十一行，行二十二字；卷後且有平江府一條，與丁本相同，行欵格式皆與內閣所發現號稱崇寧本之格式皆同。

是書天祿琳瑯書目未著錄，惟王先謙東華錄康熙二十五年閏四月條有令：「禮部等衙門，遵旨議覆購求遺書，應令直隸各省督撫出示曉諭，如得遺書，令各有司會同儒學教官轉詳督學及該督撫，酌定價值，彙送禮部，其無刻版者，亦令各有司雇募繕寫，交禮部彙繳。」是書當於是時進呈內府，雖非錢氏原本，然必由錢氏原本影抄而出者，故所鈔皆較他本爲工，因此可知昔人以紹興本爲十行本爲誤，則昔人所謂崇寧本者，殆卽所謂紹興本歟。自張氏愛日精廬影鈔法式以後，若皕宋樓陸氏鐵琴銅劍樓瞿氏，皆有影鈔本；安得合衆本而一校之，或再能重發現有紹興年號之宋本殘片，則崇寧本與紹興本之疑問，不難自見也。

法式一書自宋史藝文志收錄以後歷代藏書家著錄甚繁，茲將耳目所及各書鈔撮於後，而法式流傳之勝衰於此可見一般。

宋明以來各家書目著錄營造法式表

宋	明	清
宋史志	國史經籍志	絳雲書目
郡齋讀書志	明南廱志經籍考	讀書敏求記（述古堂即錢氏齋名）
直齋書錄解題	明文淵閣書目	四庫提要
文獻通考（誤作李誡）	近古堂書目（故事職官類）	張氏藏書志
	天一閣書目（係本四冊）	帶經堂書目
	也是園書目	秦漢十硯齋書目
		傳書堂書目
		鐵琴銅劍樓書目
		歸安陸氏舊藏宋元本書目
		善本藏書志
		儀顧堂題跋
		觀古堂藏書（著錄楊墨林刻本）
		郘亭知見傳本書目（著錄山西楊氏新刻叢書本）

由上表可知清初各家書目著錄極鮮，自錢氏傳鈔本流傳於世，於是各家皆競尙其書，洎乎

晚清江南丁氏瞿氏陸氏皆有傳鈔之本，幾乎各守一編矣。

要之，法式一書在宋時僅有崇寧紹興兩刊本，崇寧本既不傳於世，紹興本吾人可知者，僅有殘頁及影鈔本。至法式刊行已後，抄撮其書者，在宋則有晁載之之續談助有十萬卷樓叢書本粵雅堂叢書續編本。莊季裕之鷄肋編有碧琳瑯館叢書本。在明則唐順之稗編明刻本陶宗儀之說郛，通行本編目不同，多不載其書。

至影鈔宋紹興本，在明代吾人可知者，抄本有三：一，明人抄本，據邵淵耀跋；二，天一閣抄本，四庫本卽據天一閣本及永樂大典者撮合而成；三，述古堂錢氏抄本。錢氏蓋本諸牧齋，故絳雲書目有法式六册，錢曾跋稱：「是書牧翁得之天水長公，己丑春從牧翁購歸，牧翁又藏梁溪故家鏤本，庚寅不戒於火，獨此本流傳人間」。其後張金吾月霄氏得影寫述古本於郡城陶氏五柳居。道光間張蓉鏡又影鈔張月霄氏之本，洎後清季各藏書家如鐵琴銅劍樓瞿氏，皕宋樓陸氏，八千卷樓丁氏，各有藏本；吾疑以上諸本非由錢氏之本，卽由張氏之本所出。卽故宮新發現之影鈔本法式，亦由錢氏本所出也。 當時又有帶經堂陳氏本，陳徵芝之帶經堂書目卷三跋云：

「此從影宋本傳鈔，陳氏之書大半歸周季貺，季貺挂誤遠戍，所藏遂歸吳中蔣鳳藻香生」，

則密韻樓蔣氏傳鈔本，殆亦錢氏之別裔歟。

自明以來，翻刻營造法式者，則梁溪故家刊本著錄極罕，葉德輝觀古堂書目謂藏有道光口

口楊墨林刻本，莫友芝邵亭書目著錄山西楊氏刻叢書本，所謂叢書者，指楊氏連筠簃叢書而言；今本叢書目下注嗣出二字，吾意道光去今未遠，何以所刻之書未流傳人間。然道遠僻塞之地，刋本不易流傳，如方玉潤之詩經原始原刋本極不易得，然至關中則所見不鮮，是則楊氏刋本或猶存人間，亦未可知也。

往者藏書諸家憙藏法式一書，不過歎爲秘籍而已，於建築之學爲法式本身之研究，尚未暇及之也。民國八年，紫江朱桂辛先生啟鈐南遊金陵，獲見江南圖書館藏丁氏本，驚異寶愛，亟請商務印書館影印法式一書，始流傳於世。越六年，既發現內閣大庫宋本殘葉，爰屬武進陶蘭泉先生湘取文溯本，暨吳興蔣氏密韻樓本，丁氏本，互相勘校，重爲繪圖鏤版行世，法式一書始稍稍可讀。當此書傳布之後，英人葉慈氏 W. Perceval Yetts 曾有評論登載英倫雜誌中，德人德米維尼氏 M. P. Demieville 亦有評論，是此書出板之後，響應於世界可知。至民國二十二年春，陶君編故宮所庋藏殿本書目，發現影鈔宋本營造法式，行欵格式與宋本相同，陶君亟以相告，驚爲奇跡，乃由劉敦楨梁思成單士元諸先生及楨等用丁本相校；復取陶氏刻本與文津本及續談助相校，其圖樣則用永樂大典卷一萬八千二百四十四漾字韻營造法式卷三十四殘本像片相校，可以補舊本不足者甚多。

法式一書，版本傳鈔之繁，既如上述。英人葉慈氏所著營造法式之評論中，首列一九二五年版營造法式材料之來源及所引證之書籍圖表，徵引版本，尚有可以補證之處；然藉此可以略見一般，刊在彙刊第一卷中，茲不另述。

今據諸本相校，可分文字圖樣二類。茲先言文字之異同：四庫文津閣本，改十一行爲八行，改二十二字爲二十一字，故胥吏鈔寫自多舛謬；即如丁氏本改十一行爲十行，字數亦多不齊，惟行款字數不一，則易脫落。故丁本卷六與故宮本相校，脫第二頁全頁，其脫落處正十一行，本由第一頁至第二頁銜接處也。其書又缺小木作一頁。又法式卷第四第三頁文內，遺漏五曰慢栱一條，用故宮本補足其文：

「五曰慢栱，或謂之腎栱，施之於泥道瓜子栱之上，其長九寸二分，每頭以四瓣卷殺，每瓣長二分，騎栿及至角則用足材。」

此條爲前刻諸本所無，尤爲重要。是校讎之事，當以古本爲善。然亦有不能專恃古本者，即以此書而論，晁載之之續談肋鈔於崇寧五年，其書可謂古矣；乃吾取與刊本相校，可以補正刊本者，正復不多，是非熟讀其文，深知其意者，不能詳校而貫通之。

因此於版本互相讎校之外，以意匯通其書於不可解之文字，可以稍得其解者，可得數例：

（一）以數學校法式例　法式卷四第三頁華栱轉角斜出跳之長，故宮本丁本皆作「假如跳頭長五寸，則加二寸五釐之類，後稱斜長者準此。」陶本二寸作二分，梁思成先生以三角術證之知五寸正方形，其斜角線應長七寸零七釐强，仍以故宮本丁本較近。

(二)以本書校本書例　如法式卷十第十三頁，「牙頭護縫」下疑有脫簡，劉士能先生據法式卷二十五彩畫作功限「牙頭護縫應抹綠或解染青綠」補其言之未備。

(三)以它書校本書例　如法式卷十四第四頁五彩徧裝製條云「四曰圜窠寶照」諸本「窠」均作「科」或作「料」；朱桂辛先生據新唐書車服志「六品以下服綾，小窠無文」應作窠，其文自通。

(四)貫通本文例　如「伏兎」「搏風」「舉折」爲本書之專有名詞，如伏兎而寫爲伏兔，搏風而寫爲博風，則知其必譌矣。

以上數例，不過舉其尤著者而言至如數目等級等名少差一字，其謬已多，非熟於其事，不足以言營造之用。　故校讎是書必須於版本校讎之外，而能貫通其理，目驗其事，然後其書庶乎可讀矣。

至本書圖樣，原於解釋本書而設，工匠之事，其理至精微，非別爲圖解不能明也。　如本書卷四大木作制度栱科之制，原分華栱，泥道栱，瓜子栱，令栱，慢栱五等，如無卷三十栱料等卷殺之圖以明之，則其文卽不知其作何解矣。　故工藝之有圖，猶讀史之有表，其用乃尤重於文字。　本書所列圖樣至繁，茲先就大木作彩畫作而言之：

（一）大木作　丁本大木作制度，撿梁思成先生研究間架構造誤者不少，與故宮本相校，如卷三十一第五頁殿堂等五鋪作，本四柱，丁本乃多而成五柱，其謬殊甚。　卷三十一十三，八架椽屋乳栿對六椽，少一柱；又第二十頁六架椽屋，錯畫安柱地位，少差分毫，其事卽不可應之於用。　文津閣四庫本圖，似較丁本爲勝，大木作間架亦不誤，然其書爲厚宣紙抄本，細部已失其本來面目矣。

（二）彩畫作　彩畫之制，其事極爲細微，已經傳抄，則尤不易辨識。　丁本卷三十三卷三十四彩畫制度，與書中原則多不一致，其謬甚繁，可以與丁本相校者，除故宮本外，尙有永樂大典所存營造法式第三十四卷殘本像片可以取校。　今按彩畫之制，其地分靑綠紅金白五色；通用者多爲靑紅綠三色，金則用之於極貴重之處，白則用之於極溥通之處，其用甚鮮，均爲例外，如彩畫全用白地，則已失去本書之旨。　且也建築彩畫等事，一時代有一時代之風氣，如宋代之建築而用淸代之制，以推測之，則已非本來面目矣。　丁本界畫不明，故難以揣測。　標示顏色之線，又失去其指定地位標準，故難以設色。　故宮本之線，部位較明，如與此圖相校，則可知其指定其地爲大靑，其花爲赤黃，其葉爲綠，其瓣爲紅，其邊爲大綠，則部位自明，易於設色矣。

又下本卷三十四第三頁五彩裝淨地錦顏色渾亂，與永樂大典本相校，其地爲青，其辦爲紅，其邊爲綠，則其疑自解矣。故永樂大典本可以補正斯書彩畫之誤者甚多。

以上諸例，皆就梁思成劉敦楨先生研究所得者而言；梁劉二君均著有專文，當另行刊布，以饗讀者，楨心此文，僅舉其大概而已。

要之自陶本刊行之後，引起世界研究吾國建築之興味，開創之功，自不可沒，後人踵事而肇治之，其便已多。然學問之道，日進無窮，使後之治建築之學者，對於現在研究之問題，更進而研究之，則吾國建築之學，豈不更進步乎。必謂吾文既出，曠古絕今，斯則吾人所不敢自期，亦不敢期於人者也。

福清兩石塔

艾克著

梁成譯

多少俏皮的作者都喜歡以最後的宣判賞給中國，其中有一位竟下斷語，謂大江以南僅有一種「月光文化」，意思是說江南沒有文化，不能自放光明，只有一種反映的冷靜的光輝。若在這裏討論這種問題，未免多餘。然將來必還有許多同樣聰明的作者下同種結斷的判語，可是不免的。

但是試問我們對於華南的窮鄉僻壤究竟能知道多少？例如維多利亞時代歐人心目中之福建，不過是產茶及殖民的省份，但是到今日則成爲海盜之潛窟，共黨之淵藪。Zayton（馬可波羅遊記中稱泉州曰Zayton）時代之中世紀光華已成陳迹，只有少數「幸福者」（"Happy few"，中之少數，能得着領略德化明礠之燦爛，與福建風景之明媚。　然而福建也是廈門老虎的窩巢，內地的山谷和頂着白雲的山巔，却是群虎出沒之處，無論誰人若欲洞察山陰的神秘，必須深入重山，越過花岡青石的山溪，衝過朦朧瀰霧的山林，和急流的溪水，或者可以找着巍然古剎。距福州南約二十五里，位於東山與海之間，有福清縣城，幽暗的城堡，青石的城牆，在多塚的山丘上蜿蜒穿出草原稻田，學者咸知此為明神宗熹宗時賢志名臣葉向高的故里。

曾經見過福清縣兩壯麗寶塔的外人為數極少。　前瑞雲寺塔完全用青石建成，矗立於城東河岸高堤上，為當地勝景之一。注一

一六〇七年　注二　葉向高初擢為尙書，年將五十，其子與本縣知事開始興築此塔。　但一六一五年塔始完成，那時已是萬歷末年，葉向高對於國事失望之餘，告老歸田已經一年了。

一六二二年光宗崩於可疑情形之下，葉向高復膺新命。　然而他生命之悲劇也即自是始。其所以復起，乃由於聲望之隆，無奈徒自犧牲，與魏忠賢作無結果的對抗。　葉公雖忠正有餘，然而命運已定，下叫他失敗，朝廷已漸顚覆，隻手安能挽回？　未幾（一六二四）卒被頑悍的閹宦擠出，却是兩年之後，全國各省皆為魏忠賢立生祠，獨福建一省得免此辱。　又一年，僭稱九千歲的魏忠賢，為避免極刑自縊。　然而葉公已先數月逝世　注三，諡號文忠，至今其鄉人之在北京者，一如在其故鄉，稱頌不忘。　葉公又為天主教諸神父之至友，以其為人，此事自不足奇。　與愛思敬

神父 Giuglio Aleni,交尤厚,愛在福建之事業,也許多賴葉公的帮助。注四

瑞雲塔屬於「八角亭塔」之類,是中國最普通的一種塔,因爲此式是由古代方木亭蛻變出來的。自唐以後八角亭式盛興,將方亭原佔的地位奪去。又因佛教以前樓閣觀念之餘風,遂用磚石增高其高度。至重疊級數則依大乘教之各種象徵而定。

福建有三種塔可爲福清塔的藍本;福州烏石山之無垢定光塔,建於五代,爲內部結構及層數之藍本;其鄰近之水南塔,建於北宋末葉宣和時注五,是他古樸而雄壯的祖先;而自泉州之南宋雙塔,則得其外部彫飾及每層均等之遞縮律。至於塔身細長的權衡,則爲宋代所特有,值得明代高雅學者之欣賞的。

瑞雲塔 (第一圖) 高一三五華尺。如泉州之塔,塔基乃一種中國化的希臘健馱羅式(Hellenistic-Gandhara)之基壇,乃至角神(Atlantean Yakshas)都一樣(第三圖)。版柱間束腰上之雕刻,並不特別,僅有刻工粗陋的數種中國普通家徵。其帙線座基上亦無實在之環繞物(cirult)且祇有一入道,即在南面者是。有梯上達於此,刻工至精,於是引入第二層。這層的門如更上各層之門一樣,兩側均有起突彫成之門神。至於內部,此梯由全石塔身內穿過,達於第一層之正中,再向右轉九十度至第二層時則在東側。至上第三層之梯口,則又起自西邊,其餘依此類推。此等隧道之頂,均用石疊出(Corbelled)而不發劵(Vaulted)。上邊六層,每層都有

平坐和欄干（第四圖）。每面有四朶無橫栱的雙跳華栱支承着，華栱却安在疊澁的簷內。而角柱上的兩栱和它們上面的假昂也同時是兩旁簷部的支承者。每層都照樣有這種平坐斗栱，欄干支在八根整石柱上，柱礎頗高，柱頭古雅。簷邊是直線，屋角微微翹起，除最上一層外，上面只有矮小的仙人而不用龍頭做彫飾。此塔與水南塔有一個相同之特點，卽塔尖無剎，而代以簡單之圓球置於頂座上，我曾說過塔剎本是一整個窣圖坡的縮影，而塔身只是它巍峨的基座。而在此塔若非級數合乎佛制，和幾種佛敎彫飾，則必且失去佛敎意義，而成一種非宗敎的紀念物了。

爲人們所不復記憶，而匿於深林邱壑間者，尙有水南塔巍然存在，距龍江約半英里，位於龍江橋之對面。塔後屏背的青山，在旭日初升的時候，映着點點的紫色（第二圖）。這紅色的石塔，正是精巧玲瓏葉公塔的簡單雄壯的祖先。塔基頗粗陋，以致將普通結構上最易隱匿之重要部分和盤托出（第六圖）。這塔基不過是一層七行平行的花崗石方板，彫鑿既不齊整，又只是乾擺着，既無灰泥，又沒有鐵錠。此層之上爲第二層，也是同樣的石片，但是砌法不同，自八邊上同向中心點擺列。此兩層就是那必不可少而露在外面的坐臺，全座塔就築在它上面。自此以上，石片均鑿鑿平正，疊砌整齊，下四層在各層角柱與他部合砌不分，而上三層則用整石柱。石塊之間，并無灰泥，其穩固不移，全賴本身重量。石縫勾灰，似乎僅在外面，不過數處，而且是後

第一圖 瑞雲塔

第二圖 水南塔

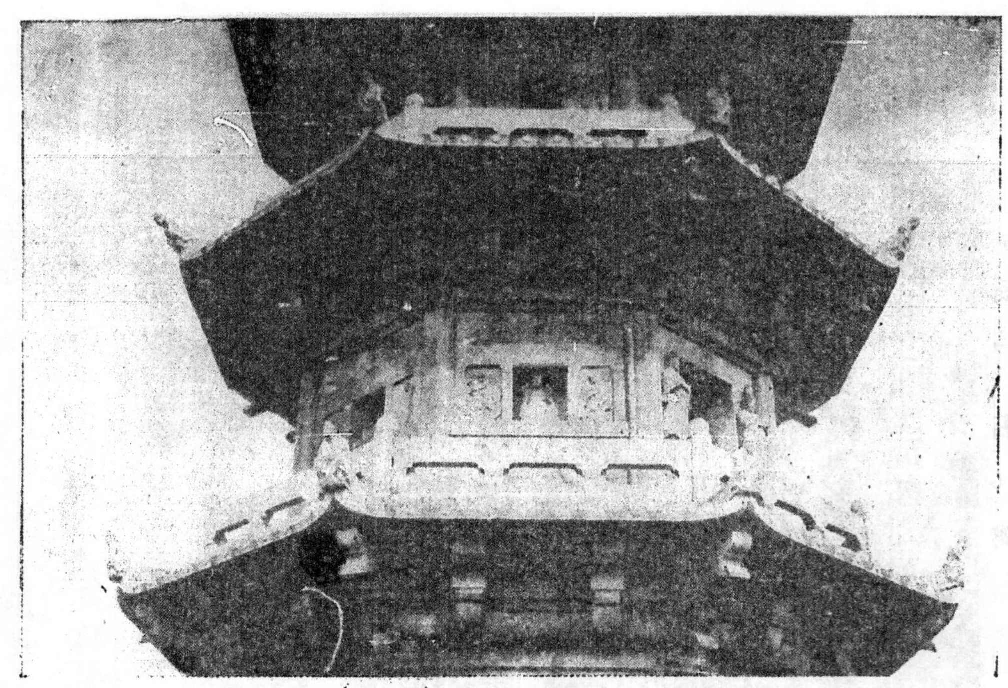

第三圖　瑞雲塔各層檐及平坐

第四圖　瑞雲塔下段

第五圖 水南塔

第六圖 水閣塔下層

第七圖 長眉羅漢

第八圖 達摩

第九圖　羅　漢

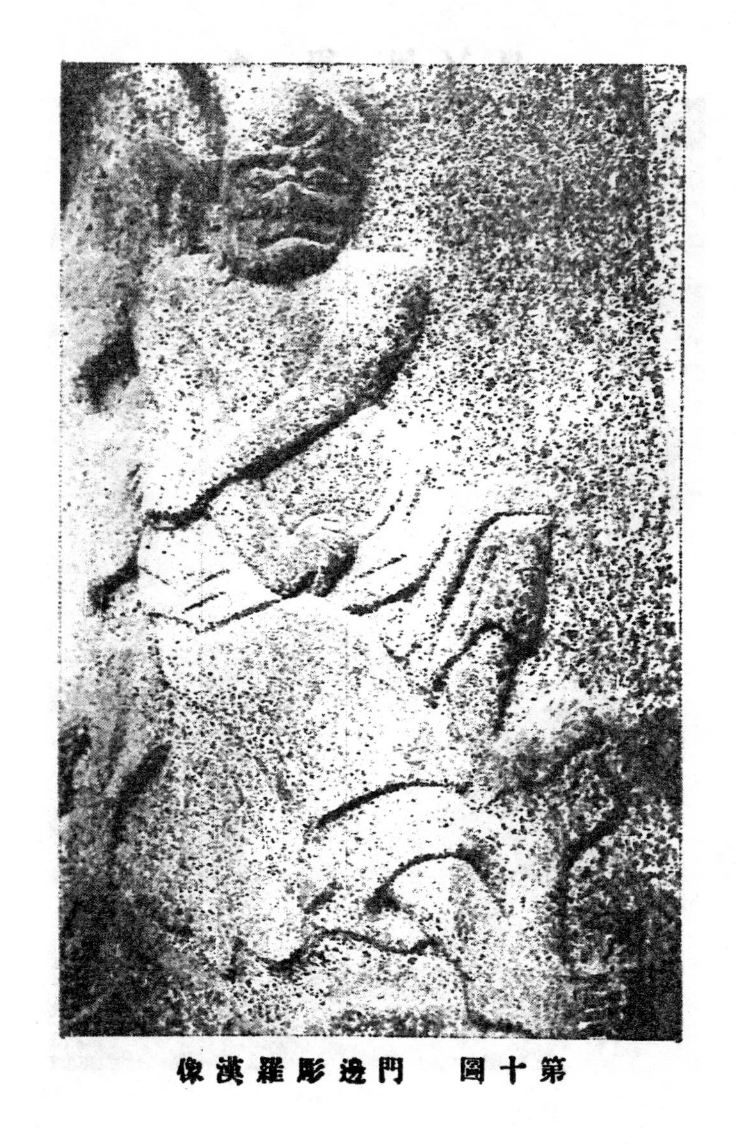

第十圖　門邊彫羅漢像

代所加。這種石工做法，與這產石省區中其他的花崗石建築是一樣的。

水南塔的彫飾亦頗粗陋，無甚可述。值得讚美的乃是整個塔的建築的觀念。瑞雲塔的輪廓雖然華麗玲瓏但缺乏整個的鎭靜的現象，而此小塔却是整個的創造。由基至頂都簡樸非凡（第五圖），無平坐無欄干；除各角外無支柱只有極大的石昂伸出，表示一種整個的調協，那是任何建築物優劣最後的試驗。此外更能表示出中國歷來木質楣式建築，亦有適用於石作之可能，而同時又不是完全盲從模倣的；而將來中國建築由木質變成石質，亦能如歐州建築一樣，也在此看見其途徑。以瑞雲塔而論，其角柱在厚重深遠的平坐欄干及屋簷之下，幾乎完全失去其意義，而此塔則有五十六根密排而徑粗之角柱與雄固之飛簷相連，遂使此塔呈一種幾如羅馬式的威嚴古勁的氣概。我們若能就其第六及第七級上尙存一部的屋瓦形制，爲繪復舊圖，也是很値得做的工作。

自另一觀點而論，瑞雲塔因其地勢之優越，成爲一方的標識，且不但是地方的特有，同時也是本縣最有聲望最堪尊崇，而不幸與所生時代的罪惡不能相處的先哲的紀念物。

我們緣梯登塔，心中充滿了明代末年的回憶，我們層層上升，漸能看見塔身外面小龕裏的彫像，和尙羅漢等等，都是近代毀像主義下的幸存者。常人對於明代雕刻之偏見，以爲呆板而乏之創造力者，等到得細看這些作品，不由的驚訝重生。長眉羅漢（第七圖）的笑容，好像在表示他對於這塔之幸運有極深的信仰;其他各像也是如此他們都各有個性的表現,不只是匠人呆板的工作而已。 這些像雖不是龐大的紀念物,然而各個端坐不移神祕的表現,深刻的虔誠和天眞的福佑,使對之者忘却己身而瞬息之間憂愁煩悶盡除。 只有達摩一像,流露一種譏諷的笑意他的門牙髣髴是在咬他自己的薄唇(第八圖)。 除去他寫實和似宋代畫風之特徵外,這些彫像並沒有任何派別之特點,尤其因爲匠人手法各個不同(第九第十圖)。 在浮彫技術上,微微可以看出些少德化的影響。 除此以外我們所能看出的,就是本地匠人爲欲討得遠在北京有權威之宰相的滿意的一種盡心盡力的表示;更可以證明這種事業在中國所需要的鼓勵,更可以證明假使有人在上提倡,多少無名的藝術家所創造出來的作品,又不知可增加多少。

我們若回想到北方當葉公當國時,却有魏忠賢做藝術界奢侈的顧主。 在那種的時代,自己沒有偉大創作的時代,顧主和匠人只能互成一種集合。 然而福淸瑞雲塔上諸像,深刻虔誠的表情,何等的動人! 而北京郊外的碧雲寺,我們只須一眼,便可判斷那著名牌樓的價值;假使它眞是魏閹所立,那眞是最足以代表他虛僞的傑作。 那牌樓的石券,已足爲那閹宦全個人格的表現:不惟雕飾繁縟惡劣,同時還有中國標準道德的史蹟浮彫。 這些冷酷無生氣的浮彫,夾在門道兩旁,可通乾隆所立,據說是築來鎭壓魏閹的邪氣的石壇。

等到我們登到葉公塔頂時,方纔那奸邪的惡夢已醒了。 站在最上層平座上,只看見海風吹送的白雲又高又白又明朗。

雲影向西移動，爬過田野，爬上山頭，一直向福建的山水裏鎔合消失了。

注一　讀者如欲深悉此等多雲之山，請參閱卡德威爾 Harry R. Caldwell 君所著之「藍虎」"Blue Tiger" 卡君為一勇敢之獵虎者，對於當地情形頗熟知之。

注二　如萬曆丁未年，關於此點，可參考福清縣志卷二十雜事。

注三　關於葉公卒時之年月，請參閱明史第二四〇卷據云「熹宗崩同月，向高卒，享年六十有九」（按公歷計算為六十八），又明史卷二十二，熹宗八月崩，公歷一六二七年，魏忠賢於十一月伏法，即一六二七年十二月也。（參閱明史卷三〇五）

注四、福建建寧縣知縣左某於一六四一年七月出佈告說明崇信基督，請愛思啟 Ai Szu-chi (Giuglio Aleni, S. J.) 來福建。寧該佈告經魏格爾 Léon Wieger, S. J. 君譯成法文，中文原文載於一九〇八年上海出版黃伯祿編正教奉傳之第二條條文內。

注五　水南塔在縣龍江橋之南，宣和中，府七林寅捨地建七級，建炎三年八月十四日，大風壞門與塔簷，僅存七級。宋紹興十一年辛酉，邑人黃姓鳩金繼之，越十七年丁卯而後畢，至今天晴，時常視倒影如筆尖斜出屋瓦間。（見福清縣志卷二十雜事）

萬年橋志述略

劉敦楨

上　總說

萬年橋志八卷，清謝甘棠撰。甘棠字脊雲，江西建昌府南城縣人，平生事略，漫無可考，僅據縉紳錄知爲同治壬戌舉人，官兵部主事。光緒十三年，縣北郭萬年橋毀於水。橋跨盱水上，長二十有三甕，上通閩浙，下達豫楚，爲建郡交通關鍵，亦爲江右稀有之巨工。十七年春，知縣洪汝濂集官紳議修復，時甘棠息影家廬，被推董其事。是年夏興工，閱四載修治落成，復以餘材築西岸隄五里，濬城內外溝濠，葺留衣橋，文武廟，社稷壇，先農壇，上諭亭，界山關，隘小橋，亭路等二十餘所，並爲善後計，造店屋百餘間，前後凡五年蕆事。甘棠以書生縮亘役於鳩工庀材，初非素習，顧秉性縝密，耐辛苦，循名覈實，事必躬親。任事之始，以撫州文昌橋志爲藍本，借石他山，冀免隕越，詎撫志簡陋不備，而河身寬狹深淺，與河床爲沙爲石，情勢殊懸，不能一一採用。甘棠慨文獻無徵，備嘗艱苦，本其耳親目驗之事實，筆爲此書，備後世之甄采，其志彌苦，而其事彌足欽佩。書凡

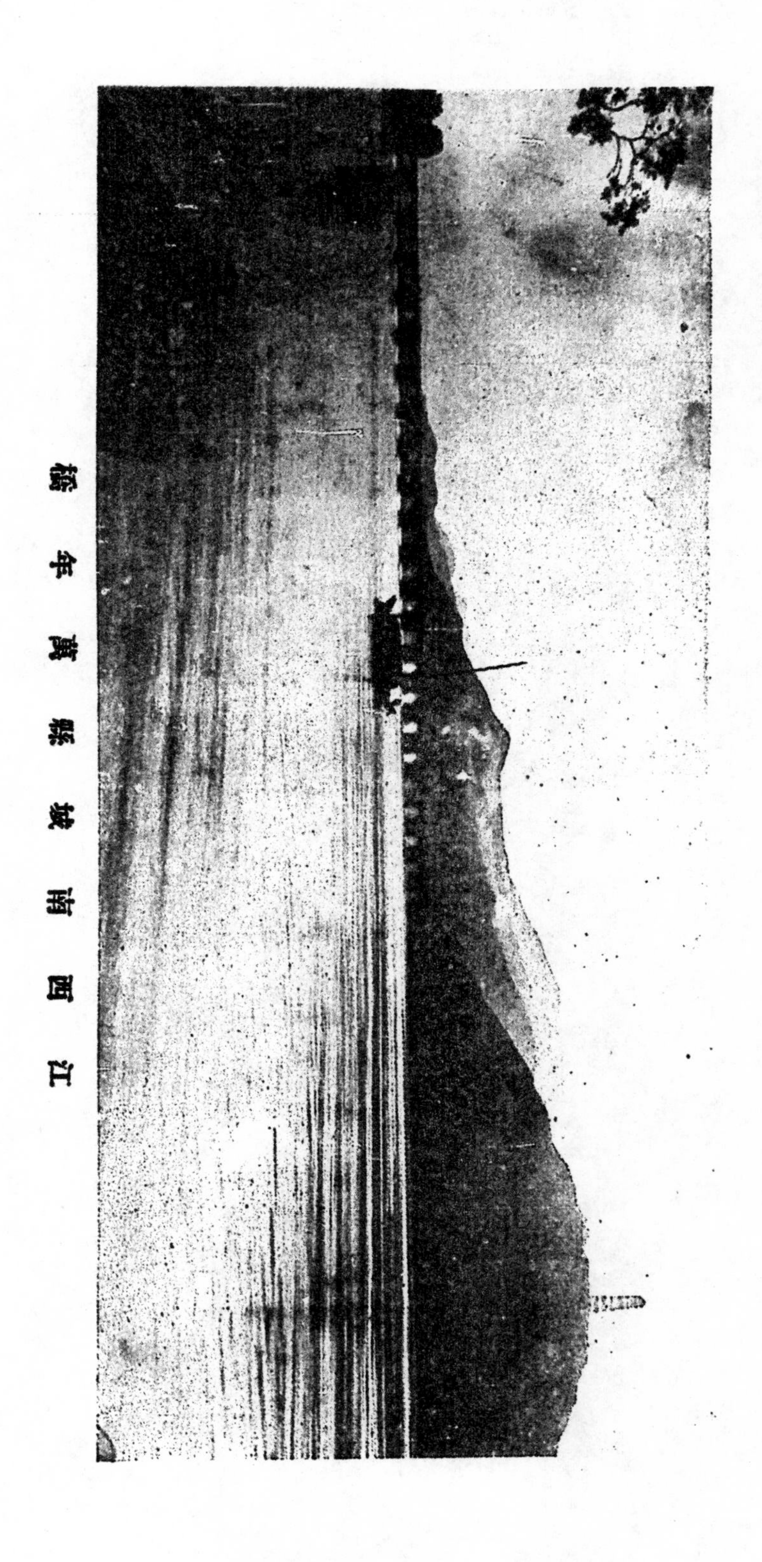

江西南城縣萬年橋

四册，分凡例官師姓氏，繪圖工程，公牘，公費，樂輸姓氏，藝文及橋工日記八類，類各一卷。末卷日記約四萬言，於舊法良窳，匠工情弊，不以現狀自滿，每加申論，尤爲全書菁華所萃。竊案我國橋記，方志與私家文集所載，無異汗牛充棟，顧採摭浮言，競尙辭藻，於橋工每未道及，即偶有之，亦寥寥數語，不足窺工事之規模，貽後人以矩矱。自餘營造專著，如宋李氏營造法式與清工部工程做法則例二書，詳於大木而略於石作，石作之內，尤略於橋工，僅匠師秘藏底本間有叙述；如本社刊行之營造算例，第九章橋座做法，卽其一例。惟是書於橋洞橋墩之比例，用材及發券搭材，碎土諸作，言之綦詳，獨於築堰，爬沙，下櫃數者，未舉隻字。謝書於此數項，反覆縷叙，不憚其煩，適足補前書之缺陷。雖書中所舉方法，衡以近世進步之橋工學原則，雖同精麤自異，殊無補於今日之工程，然其書條貫井然，自成一家之言，在舊式營造書中，不失爲佳箸之一，治我國橋梁史者，自不能契然棄之。書出江右，坊間流傳絕少，社友闞祖章先生舊藏一部，寄存社中，爰撮大要，以饗讀者。

盱水發源於廣昌縣鴉髻峰，東北經廣昌南豐二縣，至南城縣東北，與黎水合於歇洋渡。渡距城六里，爲贛東孔道，行旅所必經。武岡山雄峙其東，下爲烏江潭，春夏之交，山洪奔注，波濤險闊，時患覆溺。宋咸寧七年，武學敎諭涂濵成造龜湖石梁三百尺，移龜湖舊舟二十有二，復益舟三十有二，置浮梁於此。梁不諱壞於何時。明成化二年，邑人雷顯忠作渡舟，利涉濟。久之舟壞，弘治間，顯忠子應春孫爛再舟之並甃石崖爲津館，庇風雨候舟者，又捐田十七畝備修葺。嘉靖十年，馬玉重建津館，劉宏復建東岸亭一所。崇禎七年，巡道吳麟瑞創石橋二十四壘，延石九層，崇二尋，廣半尋，周石爲欄，中構一亭，名萬年橋。橋跨烏江潭上，其東岸水深流急，工事至不易，凡歷時十七載，至清順治四年竣工（A.D.1947）宏麗爲湖東諸郡冠。論者每以閩之洛陽，吳之垂虹，與此鼎足而三。雍正二年，中墩圮毀塌二甕，乾隆初復壞二甕，俱經知府李朝柱修復。自是以後，河流改趨西岸；嘉道間西岸章山寺被水沖毀，其田盡沒於沙，邑人疊修墩壩。光緒十三年夏，潦水橫決，毀西岸第一二三甕及泊岸近東岸之第十八十九兩甕，亦將傾頹，其餘分水墩欄楯等毀損尤多。蓋距橋之落成已二百四十餘年，於茲河流所激蕩，風雨所剝蝕，爲勢不得不加以大規模之修治。甘棠遭遇時會，掌此巨工，不以修復原狀自滿，並能舉其經驗所得，昭示後人，非究心工事有志紹述者，曷克臻此。

愚嘗檢閱江右方志，驚其橋工之巨且衆，如萬年文昌太平等，其數不能畢舉。諸橋之歷史，大抵由舟渡進爲浮梁，時代約在唐宋之間。其後砥石爲墩，架木爲梁，建屋其上，重簷舒翼，欄楯縈帶，若古之閣道。顧橋屋時厄於火，倏燬倏建，懸爲禁例，明清以降，易橋屋爲石甕，其弊始止。考古者構木爲梁，利涉濟通車馬，或爲輿梁，或爲浮梁，視河面廣狹深淺，及橋之用途，不一其制；若始皇造石柱橋，跨渭水上，廣六丈，長三百八十步，六十八間，七百五十柱，百二十二梁，南北堤激立石柱，註一不僅爲輿梁之最巨，後世橋上覆廊屋，抑亦自此演繹而成。其後梁柱皆以石造，見水經注洛陽諸橋，惟結甃爲橋始於何時，尙屬不明。以漢墓結構推之，其時橋梁宜亦有發券之法，惜典籍實物俱無佐證，未便擅擬。僅就水經注穀水條註二知洛陽七里澗纍石爲橋，下圓以通水，建於晉武帝太康三年。(A.D.282) 意者此制之輒創，或更早於晉世，殊未可知。贛省僻處南服，接受中原文化較晚，物力人工亦不能與咸陽洛陽二都相提並論，故橋梁之演進，亦視中原爲晚。然求如文昌太平數者，能於一橋結構之變遷，具二千年橋梁史之縮圖，殆不易多得，此又贛省諸橋足以自詡者也。

注一　本文所引見水經注卷十九渭水東過長安縣北條，惟三輔皇圖卷一謂『橋廣六丈，南北二百八十步，六十八間，八百五十柱，二百一十二梁』，與此稍異。

注二　水經注卷十六穀水條，『其水又東左合七里澗，……澗有石梁，即旅人橋也，……凡是數橋，皆壘石爲之，亦高壯矣，制作甚佳，雖以時往損功，而不廢行旅。朱超石與兄書云：橋去洛陽宮六七里，悉用大石，下圓以通水，可受大舫過也。題其上云：太康三年十一月初就功，日用七萬五千人，至四月末止。此橋經破落，復更修補，今無復文字』。

據橋志所載，甘棠董掌此役，自工程計畫，下逮選工，購料，集欵，用人等，一切事務上之全責，咸萃於一身。視今日通都大邑，取包工制度，工程師與建築師僅綰工程，復有法律爲之保障，事之煩簡，不可同日而語。甘棠以橋事爲己任，五載之間，處不利環境，力任勞怨，百折不撓，其境可憫，其勞尤不可沒。　除工程一類於下篇專論外，其事務上足資採擇者，分敘如次；

(二)釐定包工點工範圍。　我國舊式工程，除工部內庭營造條規較稱嚴密，自餘殆無專家董理。工人刁滑者多，謹愿者少，每以低價僥倖獲取工作，始工以後，眞象漸露，或偷工減料，敷衍塞責，或藉口工料增漲，停工要挾，請求加價，甚至勾結劣紳訟棍，爲其奧援，良懦任其魚肉，强項結訟連年，工費日期往往超出預定範圍，仍未獲滿意之工作。　故舊日公私興造，大都採用點工制度，包工者僅限於勞力，各項材料，仍歸業主自備，此殆情勢所迫，不得不爾。　然此法亦多流弊；如工人故意怠工，或以老弱充數，稽延時日，或以大改小，不惜物料，或私造器物，行同鼠竊，其工事巨者，應時採集材料，與供給住食工具，尤以繁劇見稱。　甘棠效力桑梓，欲以有限之費，舉較佳成績，凡百材料，概由自購。　次視工作性質，定包工點工之範圍；如挑土，拆甃，撈石，屬之包工，伐石，釘樁，捲甃，砌墩，屬於點工，其餘作堰，爬沙，車水等，視事之緩急，隨宜取決，而木石二項，仍以少用包工承頭爲原則。　洎大綱既舉，然後規劃細則，以杜流弊。　其管理工人之法，如(甲)匠工不許多帶學徒，(乙)新添匠人，須先日帶監工所驗看，不許老稚充混，(丙)各匠黎明至局領牌上工，不得復歸廠房，日入由工頭帶牌摺赴局登記，遺漏不補，(丁)每廠設什長一人，點工，防混名冒充，(戊)工價每日自九分至一錢一分五厘，概以現銀支付，不拖欠，或將票作抵，(己)各廠用具，憑摺支領，如有遺失，由工頭賠扣，(庚)各匠不得以公料製私物，或以木料充柴火，(辛)

禁烟酒賭博唱戲，(壬)嚴定工限，以均勤惰，如洗甕石工每丈三工，墩石每丈二工半，脚石每丈二工之類，雖皆瑣碎細節，亦實際工作不能不嚴加規定者也。

(二)採料。 橋工以木石二項爲材料之大宗，石灰鐵竹次之，俱自行購備，亦間有樂施捐助，爲數甚微，其採購地點及數量如次：

石料採自撫州烏石山，及新城鄢村廠口姑山曾潭慕港等處，視使用地點定採石之標準；如甕石須用質地較佳之麻石(按卽花崗石)，胥購自烏石山及鄢村，其塡砌內部之囊石，得以次等石料充用，採於姑山等處，價亦較賤，共用石六千四百餘丈。

木料供橋屋，(卽甕架)築堰，下櫃，打樁之用，分杉松二類，杉木多用於水櫃之柱及櫃板，松木較堅實，作橋屋過江梁及樁木溜沙板等。 料之大者，採自魚梁與水口，後龍寺廟，餘購於賀村，新城曾坊硝石潭頭及東路小北路一帶，設鋸廠於硝石，解割後運橋備用，共用大小木植一萬一千餘株。

鐵料供墩石之鐵錠鐵絍，及釘錐雜器之用，共用鐵一萬三千餘斤，採自新豐者居多。

石灰共用三萬九千餘斤，竹苧蔴紙精等從略。

(三)集欵。 南城爲舊建昌府治所在地，萬年橋距城咫尺，不僅南城一縣行旅是賴，亦爲全郡交通之關鍵。 此次橋工旣未仰給公帑，籌欵方法，自以合郡五邑(卽南城瀘溪新城南豐廣昌五縣）公攤爲原則；其細目分四類（甲）向富戶勸捐，（乙）抽收五邑店捐，（丙）來往客商貨捐，（丁）向潯漢滬外埠募捐。惟南豐士紳否認店捐貨捐之義，幾經調解，始以所得十分之七歸橋，餘充該縣修治城垣溝濠之用。據橋志公費一項所載，共收銀四萬五千三百餘兩，以富戶樂捐居其大半，貨捐及外埠輸助次之，是南豐抗捐一舉，影響頗巨，足鏡當時辦事棘手與集欵之不易也。

（四）用人。甘棠用人首禁關說請託，次重街紳，以其視讀書人議論少而成效多，再次主辦事不可人衆。凡此三端，屢見於日記，可視爲甘棠用人之標的。其職員待遇，除司賬文牘使役外，監工採料募捐諸員，概係義務性質，不支薪俸，僅由局供給住食車馬。親友來訪，俱不供餐，零用亦由自備。

甘棠矢志奉公，以廉節自勉，於同事諸人，嚴戒挪借侵吞及尅扣工貲包庇親友諸弊，即一器之微，亦不能以公料私製。若督工勤奮，及其他一言一行，可爲表率者，悉筆諸日記，轉相傳觀，以示砥勵。故前後五載，迄無情弊發生。

（五）事務及設備。自來經理公衆事業，最足招人訾議者，無如會計一事，往往當局初無汚行，而衆口鑠金，含沙射影之詞，類不能免。甘棠任事之始，設司賬司庫二人，一司保管銀錢，一司賬目登記，各不相混，另派四人稽查銀錢賬目，二人對查賬目，隨時造册公布。

萬年橋距城數里，附近無市集，故始工之前，臨時搭蓋工局廠房多處，備局內職員及匠工居住之用。其餘日用器皿及水車石船與運土下椿排水等項工具，以點工之故，均由局製備。此項工具器皿由工頭持摺領取，以專責成，年終散工，監工員點收存局，備來歲開工之用。日記中於防火防盜二事最爲注意。尤以此橋大部採用點工制度，各項材料皆須先期採購，驗收存廠，以備應用。其保管方法：如防漁舟盜竊，與工人私造器物，或以大改小，或以木料充燃料，或材料工具拋棄工次等，皆由監工員隨時稽察，頗稱詳盡。

（六）利用餘材。橋工所用各項材料，除石料留存較少外，其水櫃所用柱板二物，拆後可用者猶十之三四，餘如橋屋（卽甕架）大料及工局廠房之瓦木等件，皆可移作他用。故橋工竣畢，以餘材築西岸堤五里，葺文武廟、社稷壇、先農壇、上諭亭、留衣橋界山關、臨城內外溝濠，及小橋亭路二十餘處，並於橋側購地建店屋百餘間，以每歲租金所入爲日後修葺之資，用意頗爲周到。其修治留衣橋與文廟大成坊橋，則於夏季水漲橋工停頓，利用石工閑散時爲之。

下 工程

萬年橋自明吳麟瑞創建以來，雍乾間雖屢經繕治，爲數至多二甕，此次修葺亦僅及五甕，非翻造全橋可比。 各甕闊度及甕石之大小高低，胥依舊時尺度，無設計之可言。 惟傾塌各甕，皆由橋墩基礎圮壞所致，此次修理工作，係將已壞各墩拆至底脚，自底另結新墩。 故謝書於築堰爬沙撈石下櫃排水基礎等項，紀載甚詳。 其概略如次：

（一）橋身尺度　橋闊一丈八尺三寸，長一百一十八丈三尺，爲石甕二十有三，石墩二十有二，益以東西泊岸（謝書稱牙頭）各一，故清初張世經萬年橋記有二十四疊之稱。 橋東岸堦級五層，長六尺九寸，西岸堦級二十三層，長二丈五尺四寸，以橋東武岡山地勢較高，致兩岸堦級之數，相差如是。

每甕寬度，謝書未見紀錄，但卷三工程項有「橋墩下闊上窄，其横底自一丈八尺收至一丈四尺」一數語。 今假定此數不誤，再依橋長尺寸與甕數計之，則橋墩寬一丈四尺，甕寬三丈八尺。 雖日記內稱各甕寬窄相差數寸至數尺不等，未必一律，然上項數字，視爲平均數之近似値，或無大謬。

（二）河床　盱水經武岡山下，其河床適爲石質。 此橋墩脚皆建於石床上，極爲堅固。 此次修砌傾壞各甕，除東岸一墩外，俱於河床上另砌基礎，未打樁。

（三）橋工順序與氣候之關係　橋工之進行，純以氣候爲轉移。 當春夏之交，山洪暴發，築堰排水諸事，勞而無功，故以夏季爲準備時期，一切採料斲石鋸板等，皆於此時爲之。 待秋末水退，始着手築堰，爬沙撈石，再次下水櫃，與排除櫃內之水，清底脚，拆除舊墩等。諸事既濟，已居仲冬，其時河流谷枯，可趕砌墩脚基礎至梁眼止，氣候已寒，石灰易凍結，宜散工度歲。翌歲春水稍漲，乘機架過江梁，樹甕架，以甕闊三丈餘，梁材巨重，非藉水之浮力則耗費人工過巨。待甕架完竣，再駢甕石，合龍，依次砌金剛墩，褲襠石，及鋪砌橋面，約春末蕆事。自此以後，復準備次甕物料，並利用石工餘暇，修理其他地點，如大成坊橋、留衣橋之類。

（四）工程範圍　此次修理工程，於光緒十七年秋季起首，將西岸已塌之第一二三甕兩墩，及泊岸階級等修復原狀，東岸第十八九兩甕一墩，以勢將傾頹，亦拆除重建，共造五甕三墩及泊岸一處。其橋身分水墩與兩側欄干，毀損頗多，皆次等修補。

（五）築堤　盱水自乾隆後，大溜改趨西岸，此次重建西岸諸甕，以帮椥筏篺草捍沙石等，築阻水堤一道，導溜由中甕直下，庶西岸各甕築堰下櫃不受大溜冲洗，施工較易。惟其間水勢突漲，洪波冲湧，乃加築一堤，高八尺，闊一丈，以遏上流兩河之水。詎仍嫌狹小，祇能阻止急溜，不能令其完全無水。於是加打尖椥，增加堤厚，令合後堤之縫，又加新堤一道至橋嘴。甘棠頗悔未先打硬壩，築實一堤，再用筏篺鵝卵石補塞，工堅而價較省。次修東岸二甕，未另築堤，僅將前築西岸之堤挖去一半，大溜即恢復舊狀，由西岸長趨直下，東岸小溜自就平緩，如全部鏟除，東岸僅餘游水，雖云因勢利導，事半功倍，亦非全由人力也。

(六)築堰。 凡造墩脚，其周圍須先築堰，堰內再下水櫃，共計內外二層，俾排水後，櫃內不易滲漏，石工修砌較便。 惟後者不能二墩合用，須每墩周圍各有水櫃，堰則一櫃一堰，或二櫃一堰，視襲之廣狹與河溜緩急隨宜取決，初無定則。 但一堰包二櫃於內，面積過大，排水不易，又勢孤無助，雖堰身加厚亦難保水之冲蕩洩漏，而櫃內外打杪之沙運至堰側，每嫌路遠費工，非襲狹水淺，不用此法。

築堰須於堰之上游迎水處作尖端，俗呼爲人字攞(第二圖)相度水勢察溜之所趨，以人字攞適當其處，庶可分殺水勢。 萬不可比比作硬人字，被水橫冲。 故堰之平面形狀，或正或歪，隨機更變，無一定之形。

作堰先打邊圍，次擔鵝卵石，次挑土築攞。 邊圍之柱宜長大，高出水面，內側再加斜撑，否則水深溜大，必被壓斜。 其篊簶宜厚，所累沙甕以竹爲簍，長五尺，方一尺五寸(第十六圖)簍料不可太薄。 人字攞與近橋之脚攞，受水力最大，宜盡放鵝卵石，橫約八尺，高約六尺。 如石重篊薄，放入水中，不能合縫，致水仍走泄，即須打竹圍篊攞，加柱撑保其不傾。 內側所築沙泥護路身宜闊大，方可阻遏水勢，即河水稍漲，亦無冲沒之虞。

(七)爬沙。撈石。 橋下沙泥淤積，非盡數挖除，則河流不能宣暢，墩基不能平正，又裝水櫃亦須先清底脚，濬河身，俾櫃可直達河床，故築堰之次，宜爬沙並挖取水中舊石。 爬沙之法，於水下流

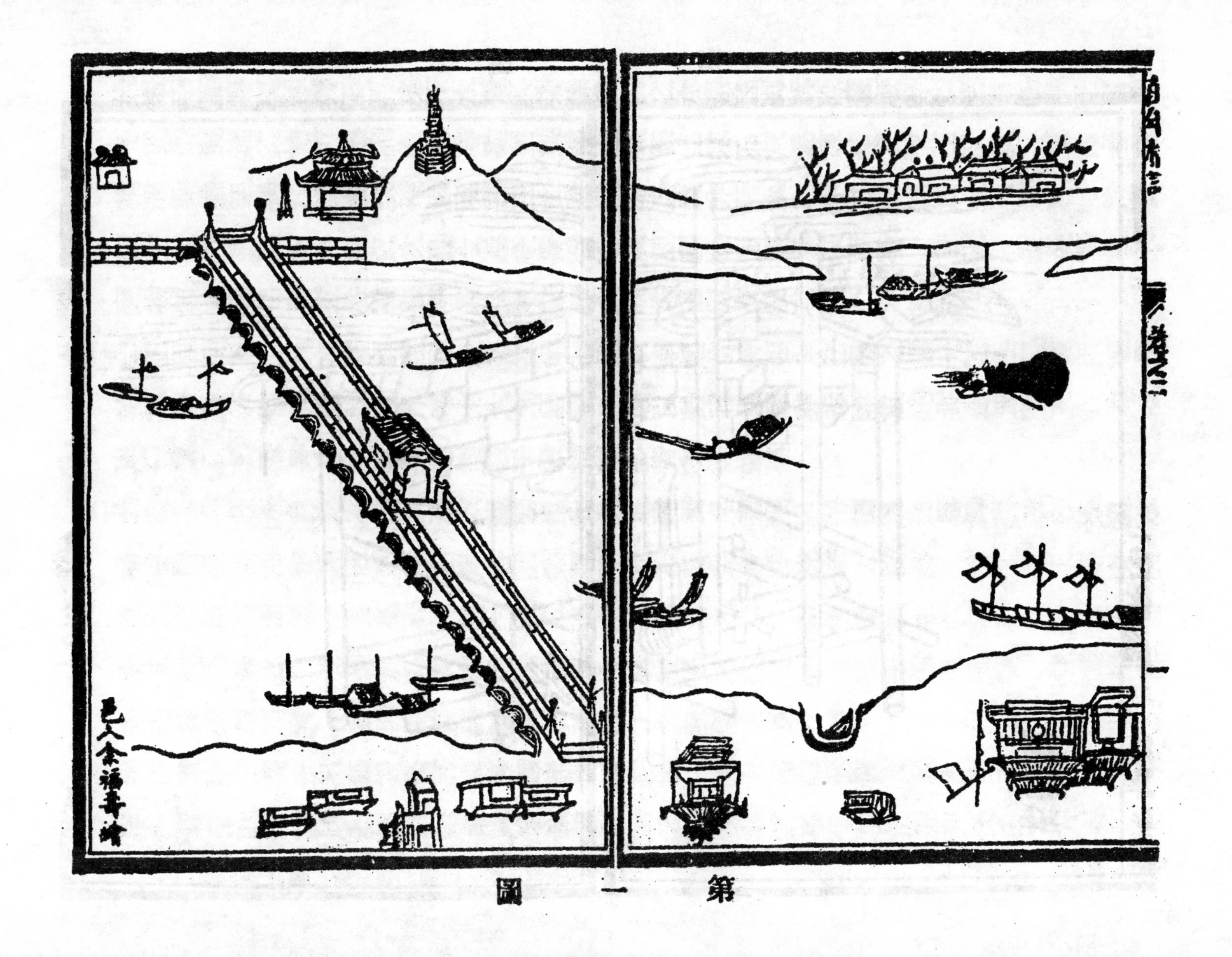

第一圖

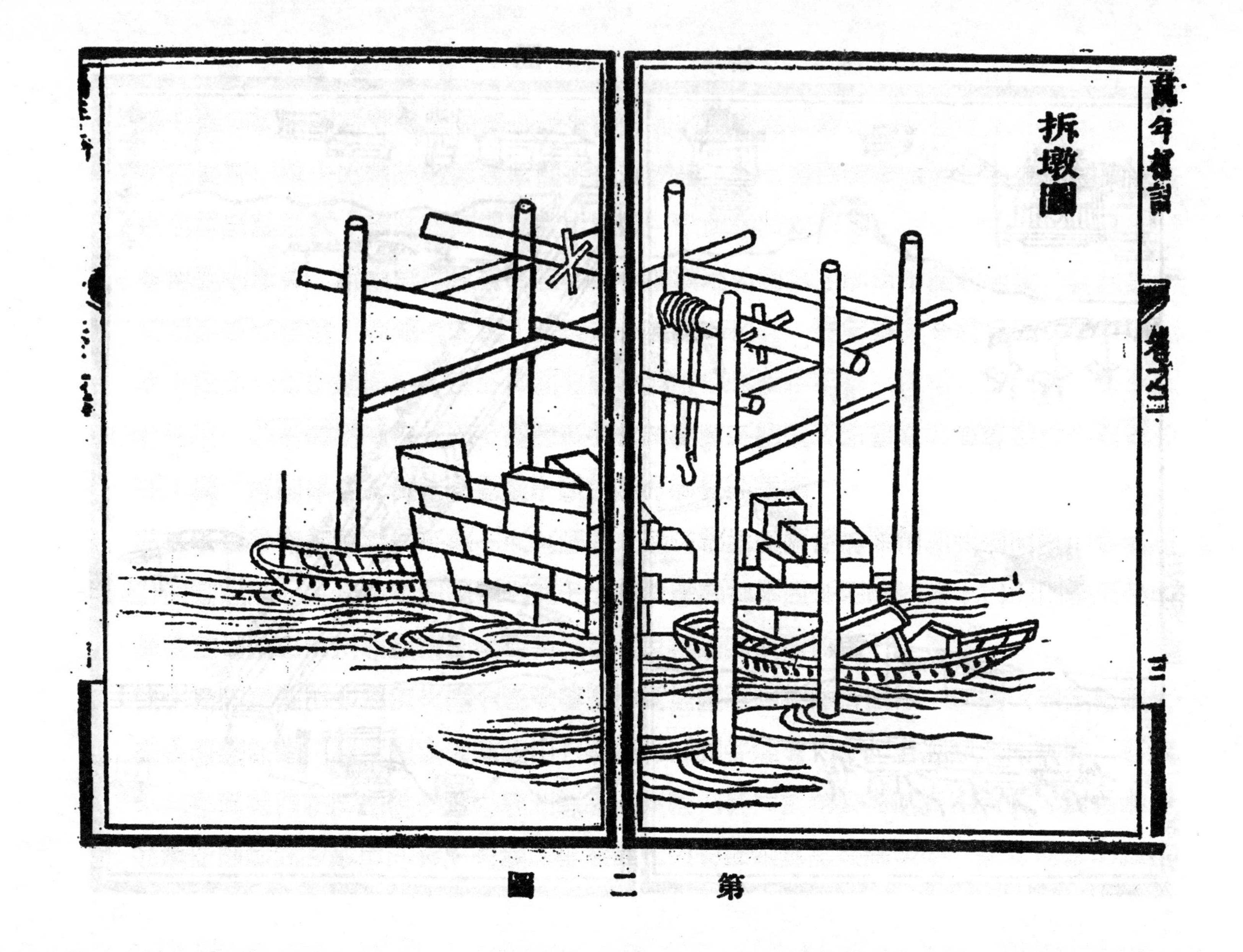

第二圖

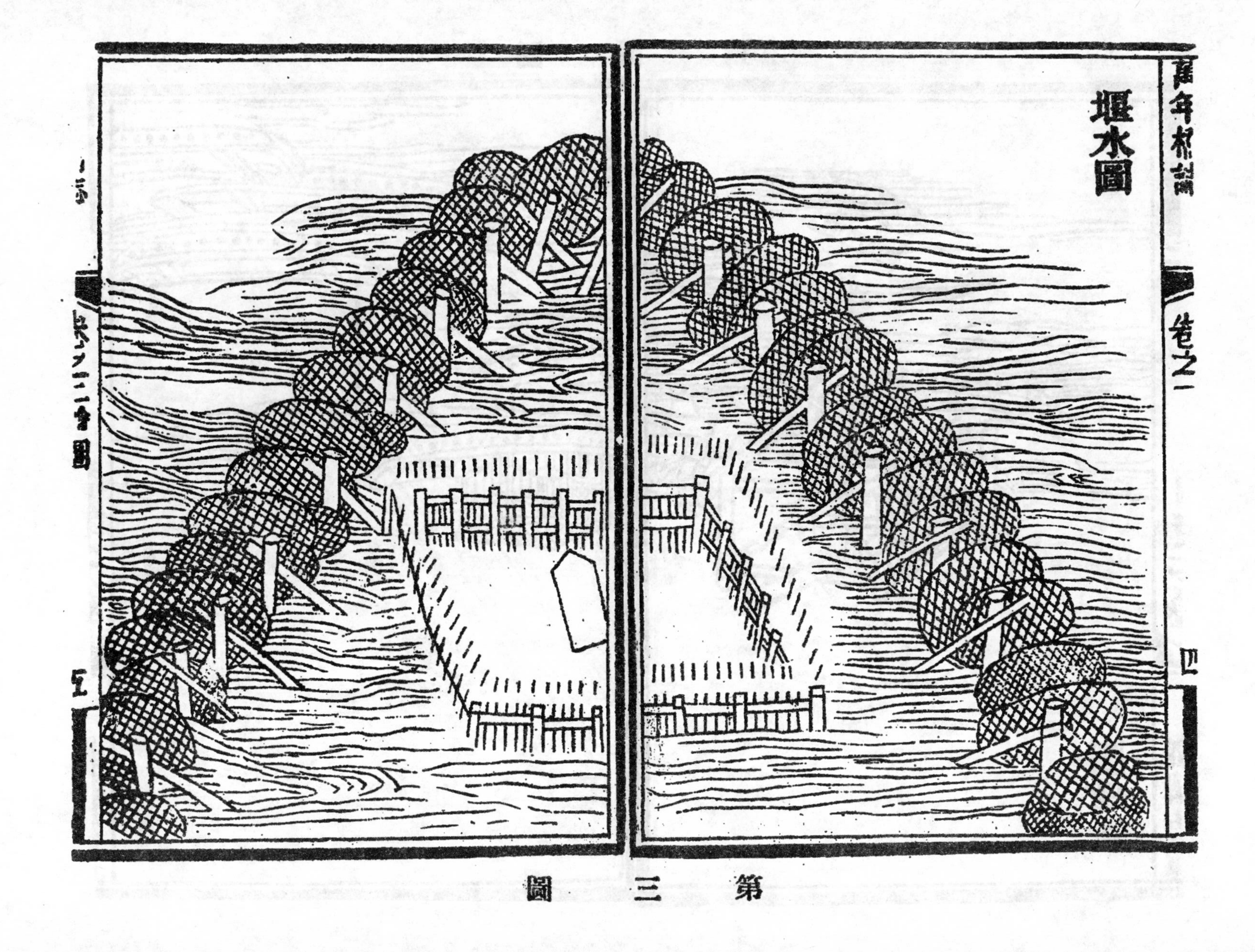

第三圖

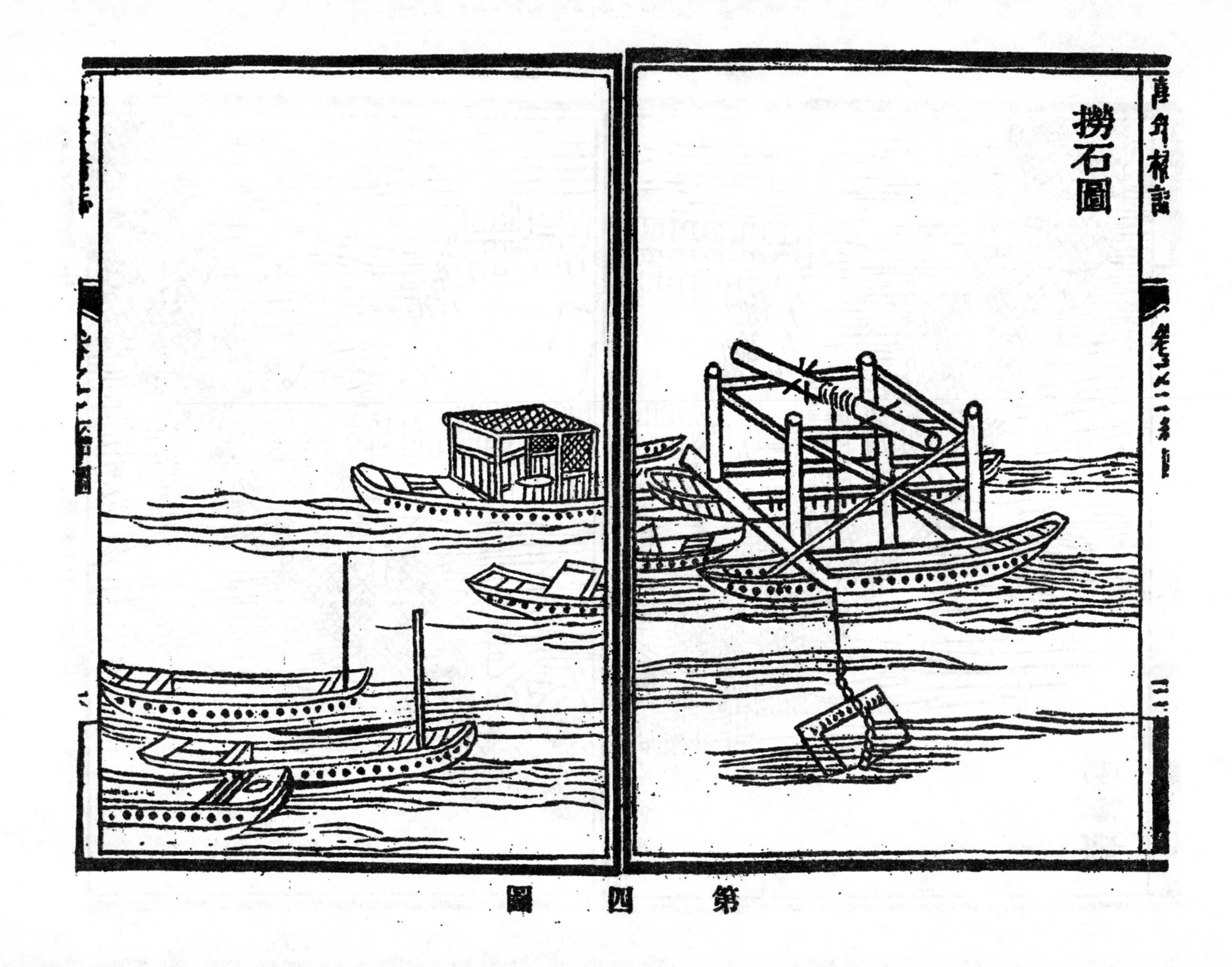

第四圖

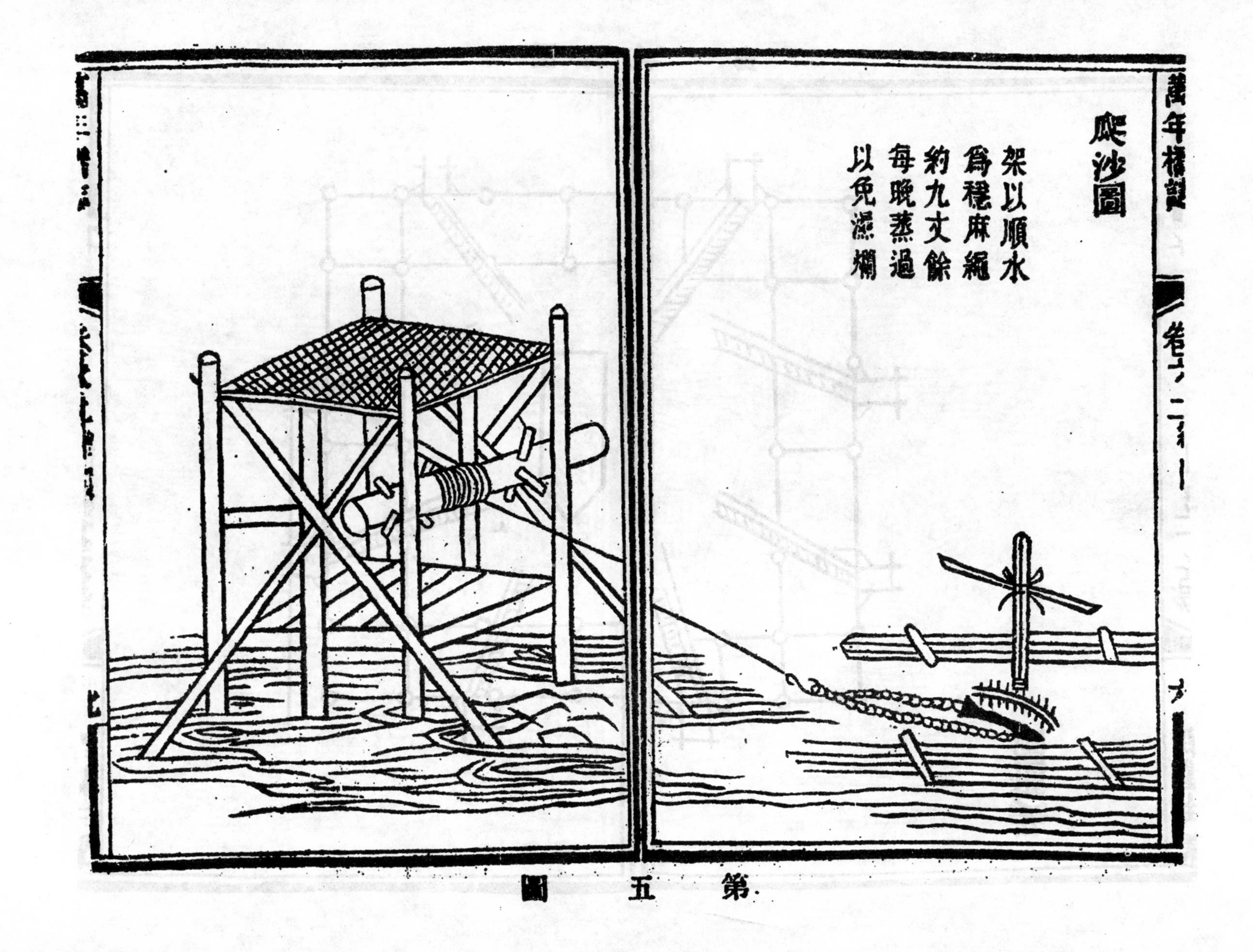

第五圖

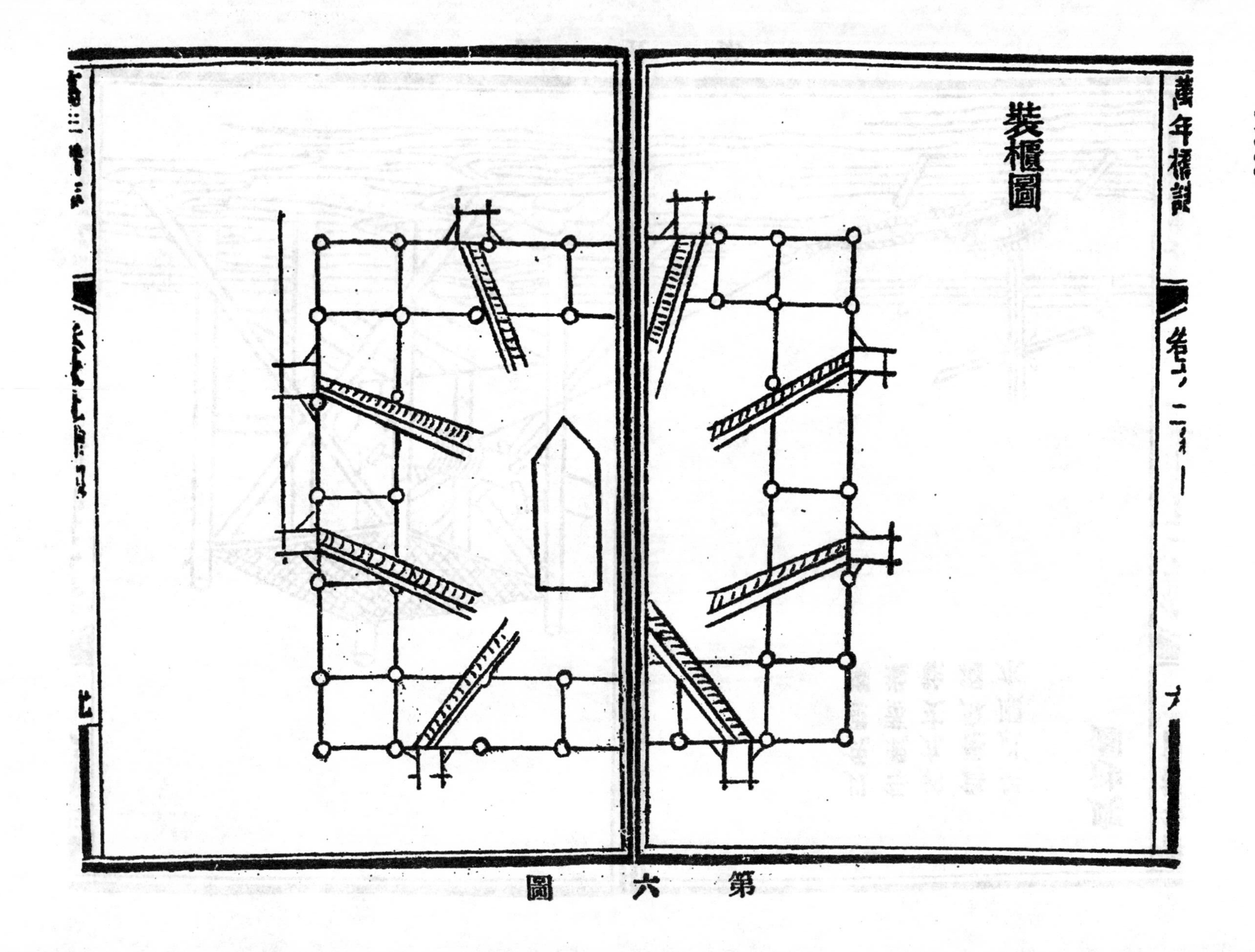

第六圖

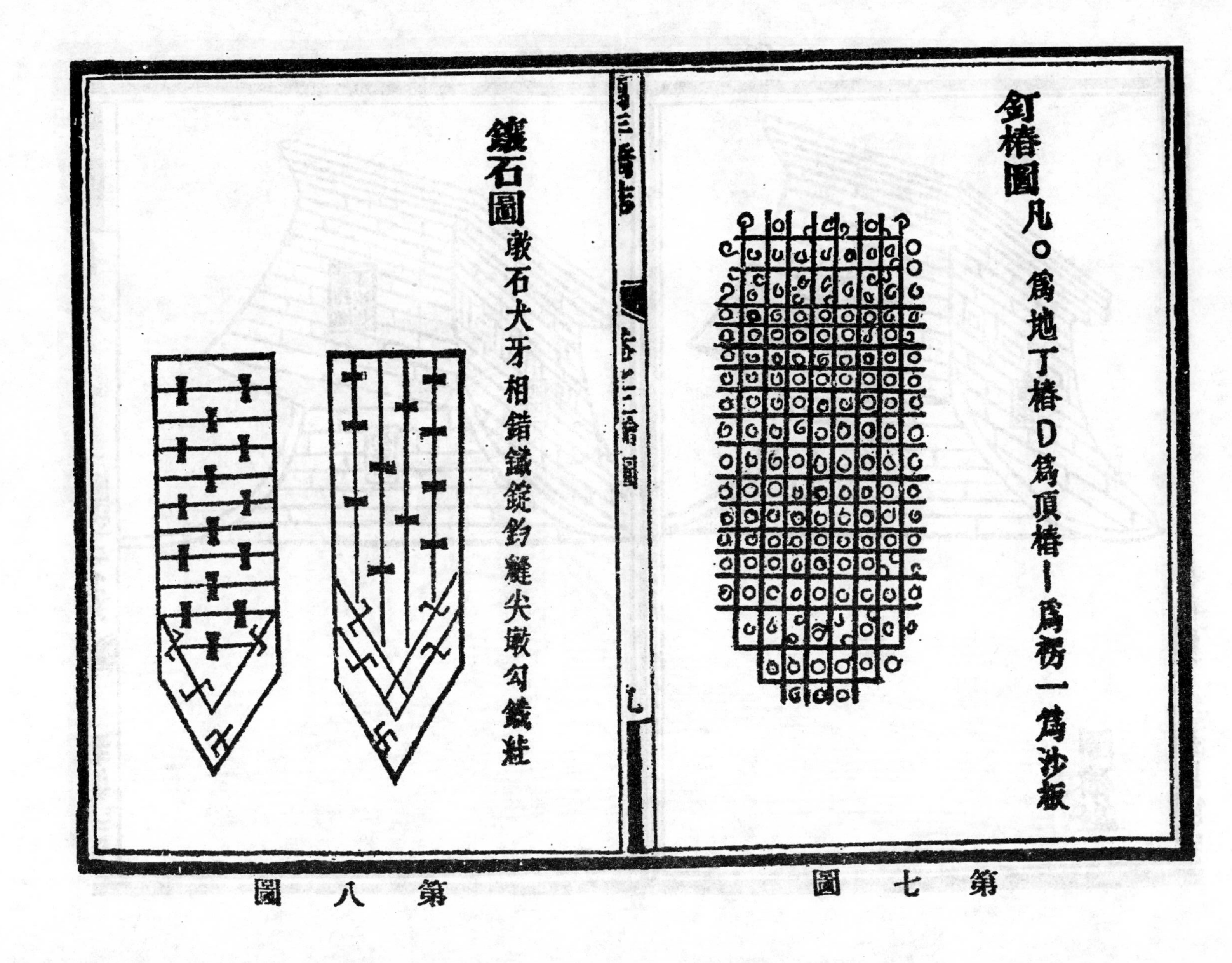

第七圖

第八圖

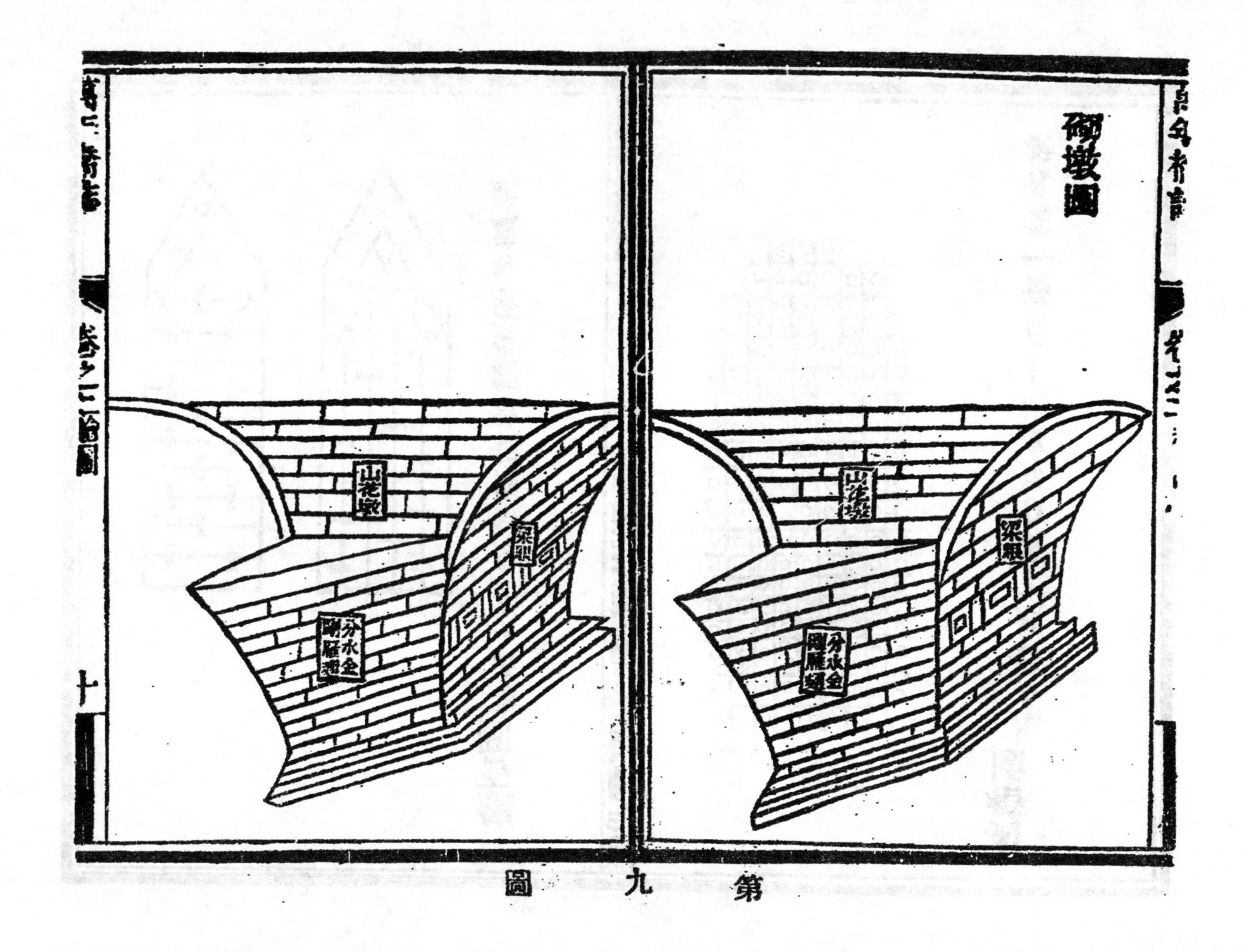

第九圖

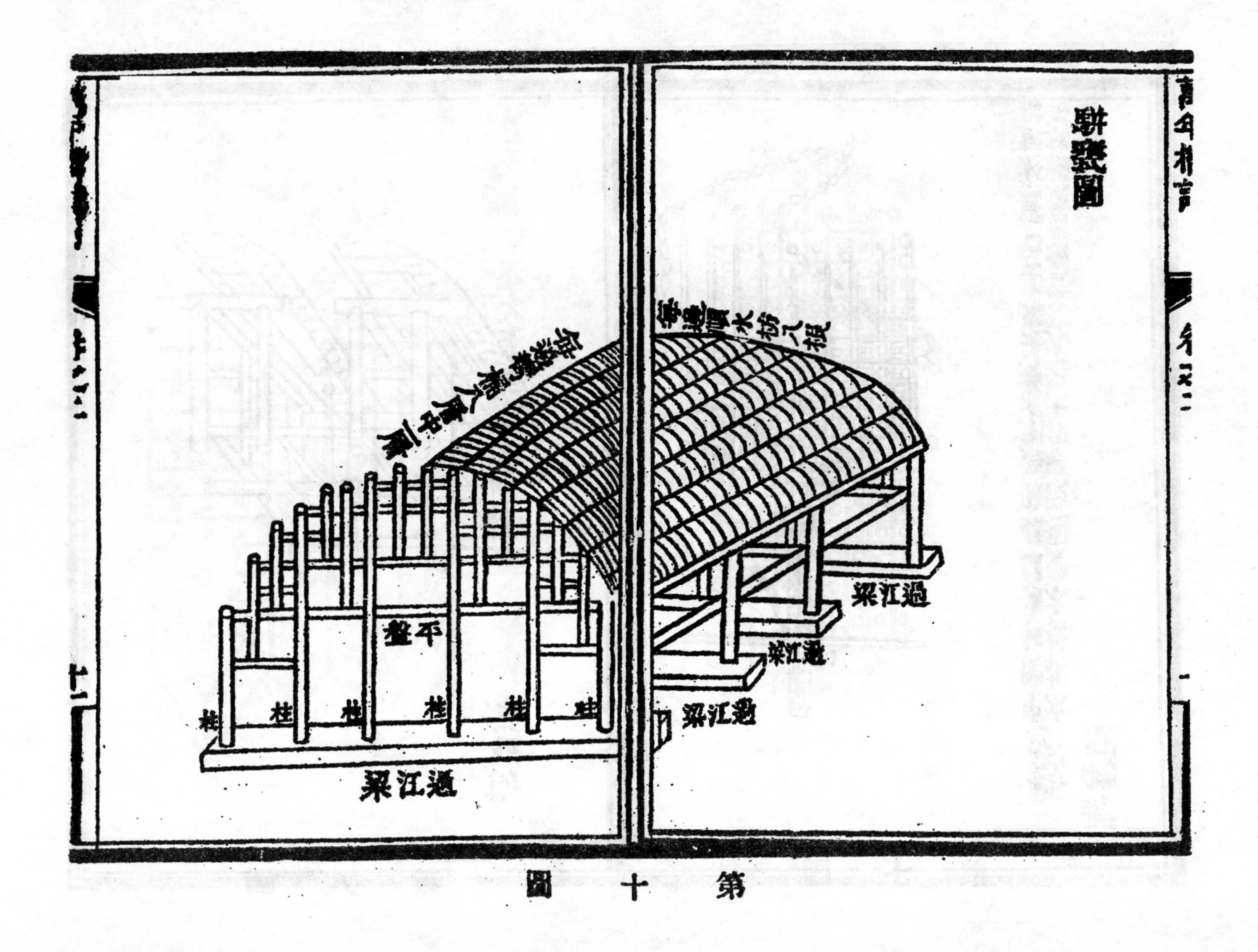

第十圖

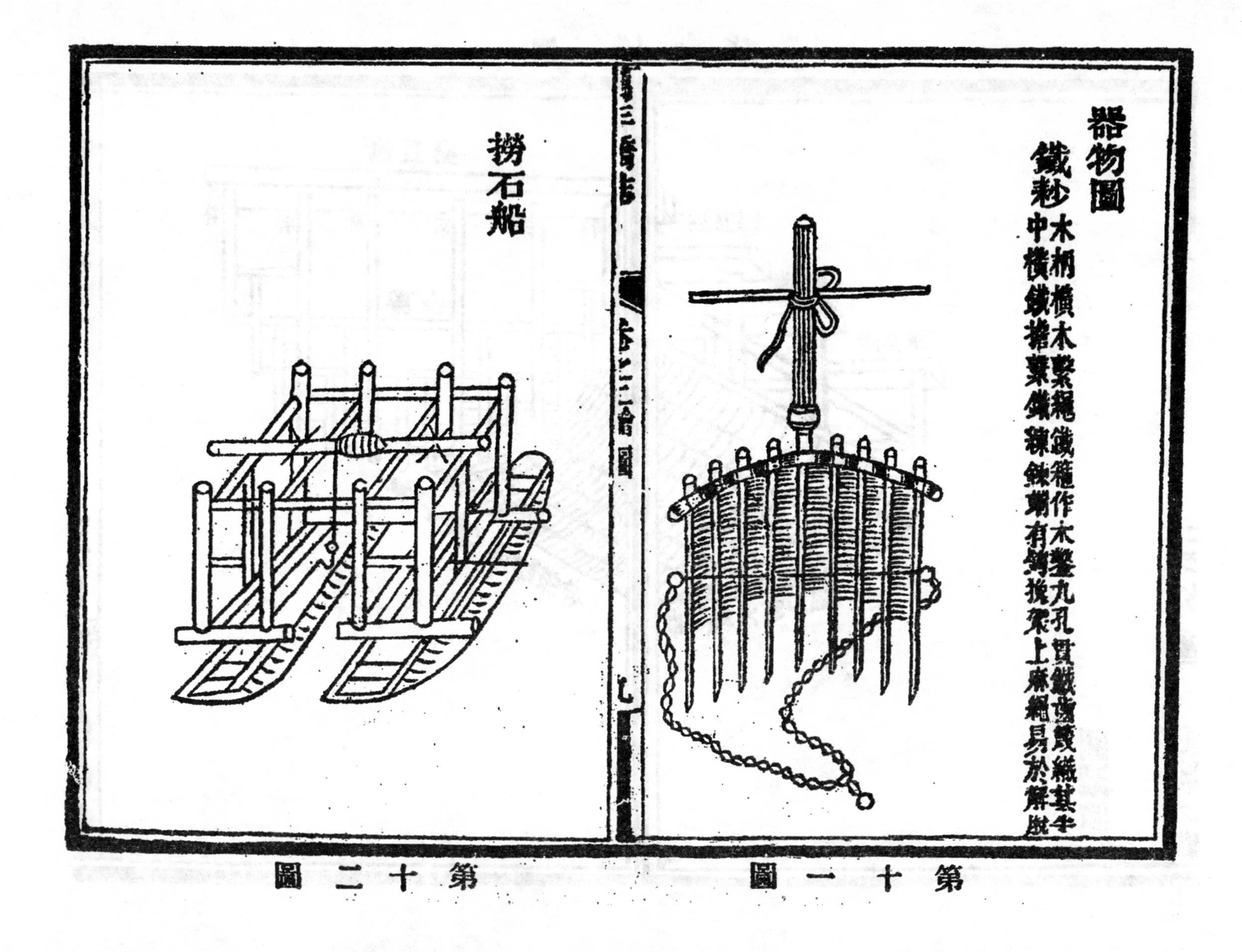

第十一圖

第十二圖

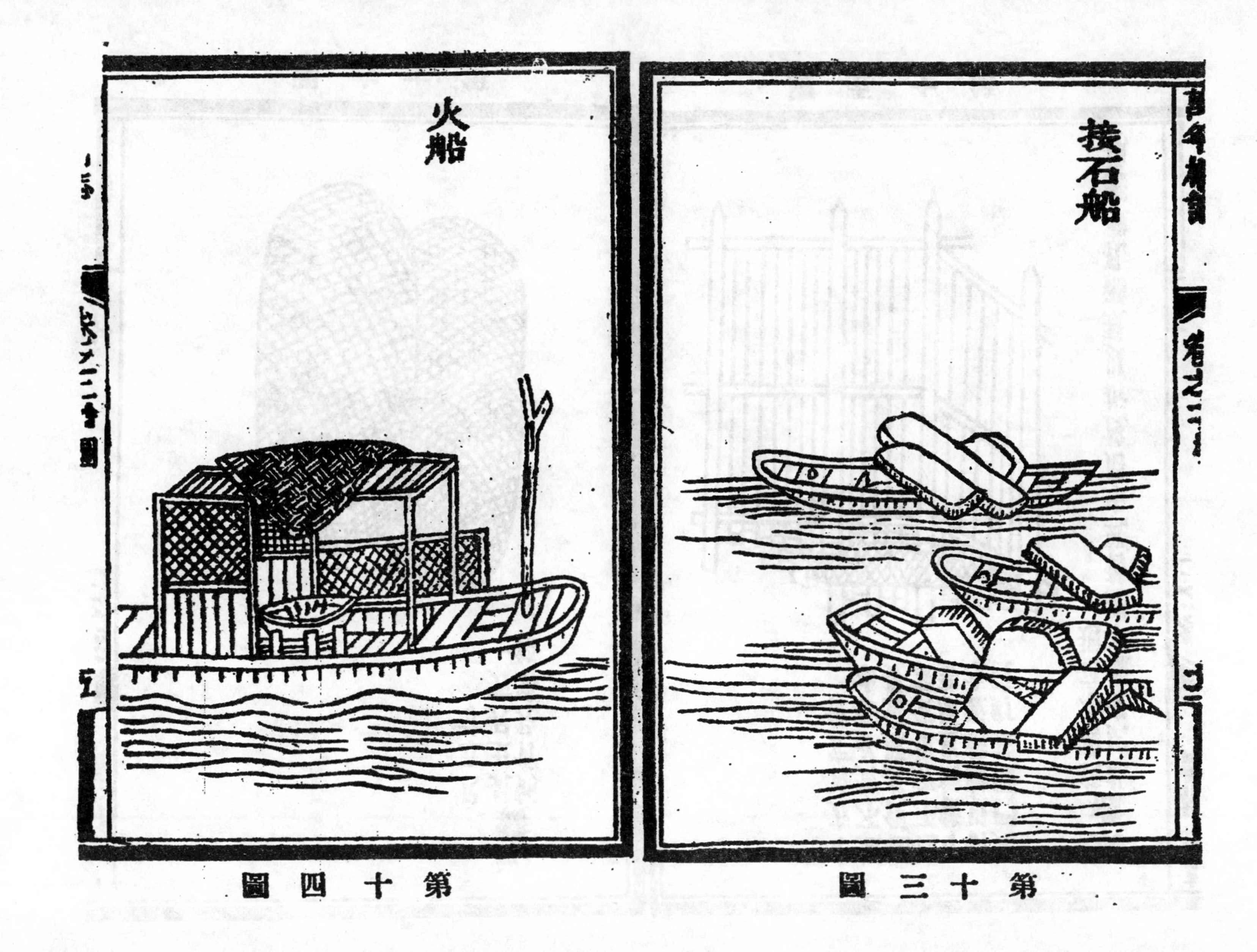

第十三圖

第十四圖

33621

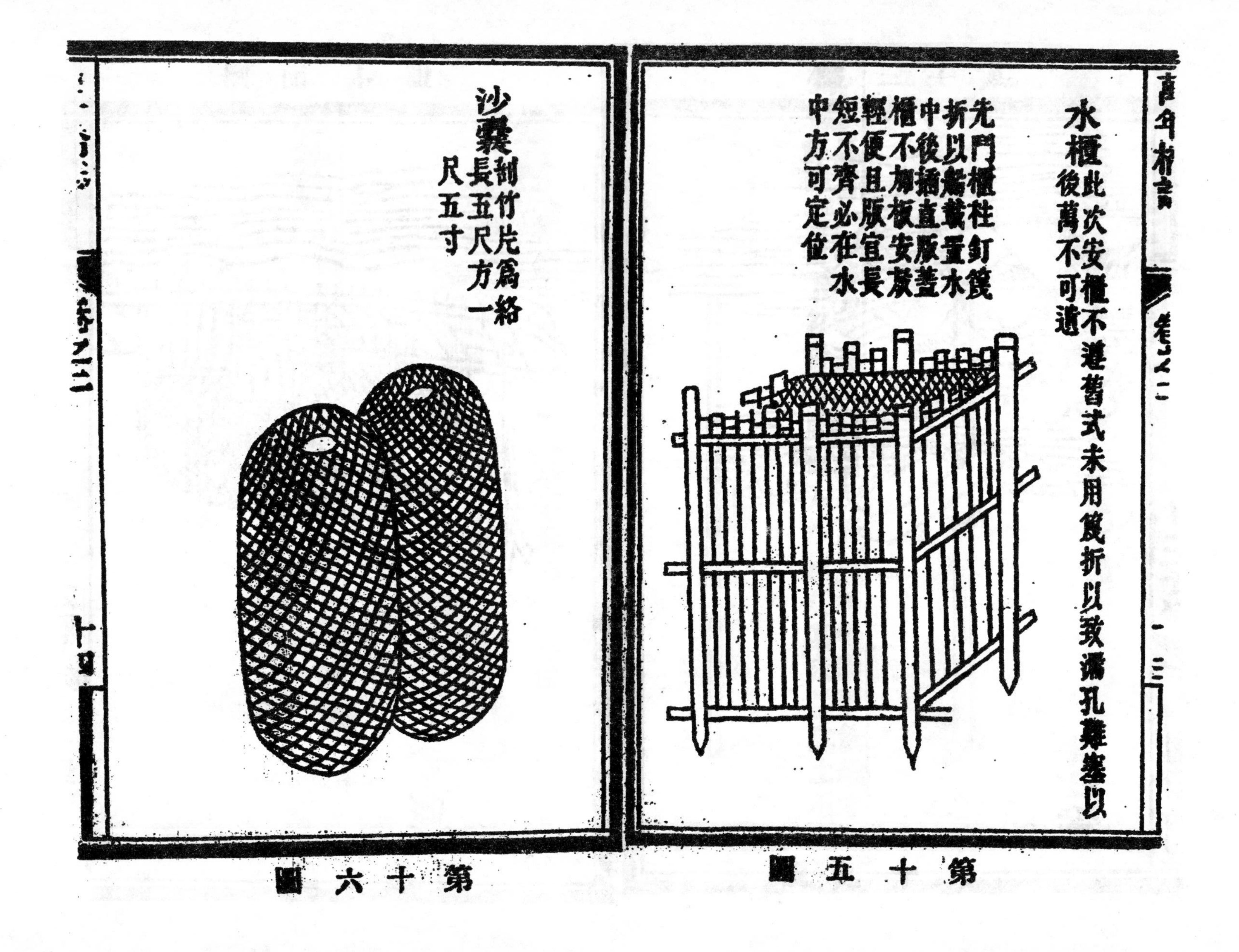
水櫃此次安櫃不遵舊式未用篾折以致漏孔難塞以
後萬不可遺
先門櫃柱釘篾
折以艙載置水
中後插直版蓋
櫃不加板安放
輕便且版宜長
短不齊必在水
中方可定位
沙囊剖竹片爲絡
長五尺方一
尺五寸
第十五圖

第十六圖

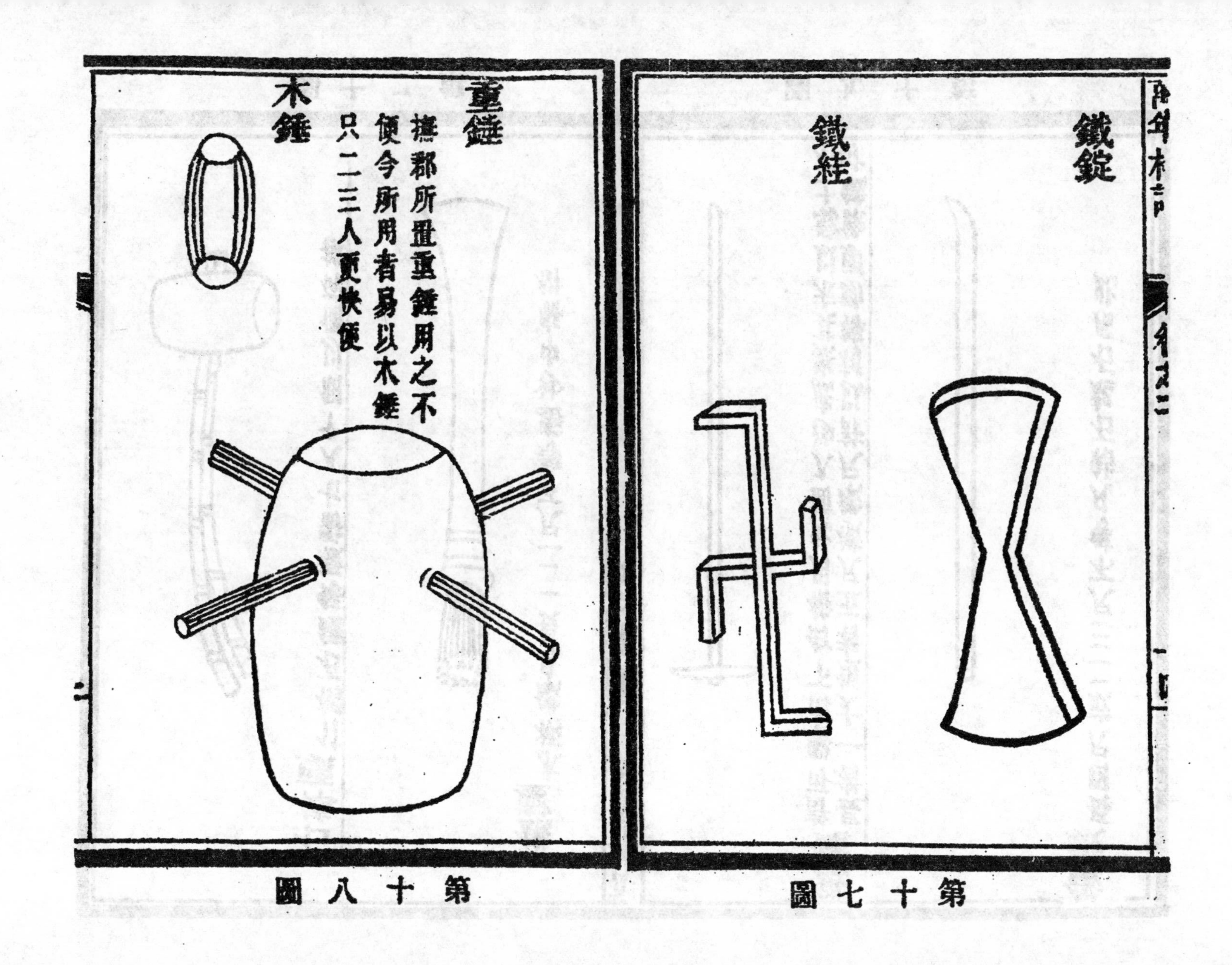

第十七圖

第十八圖

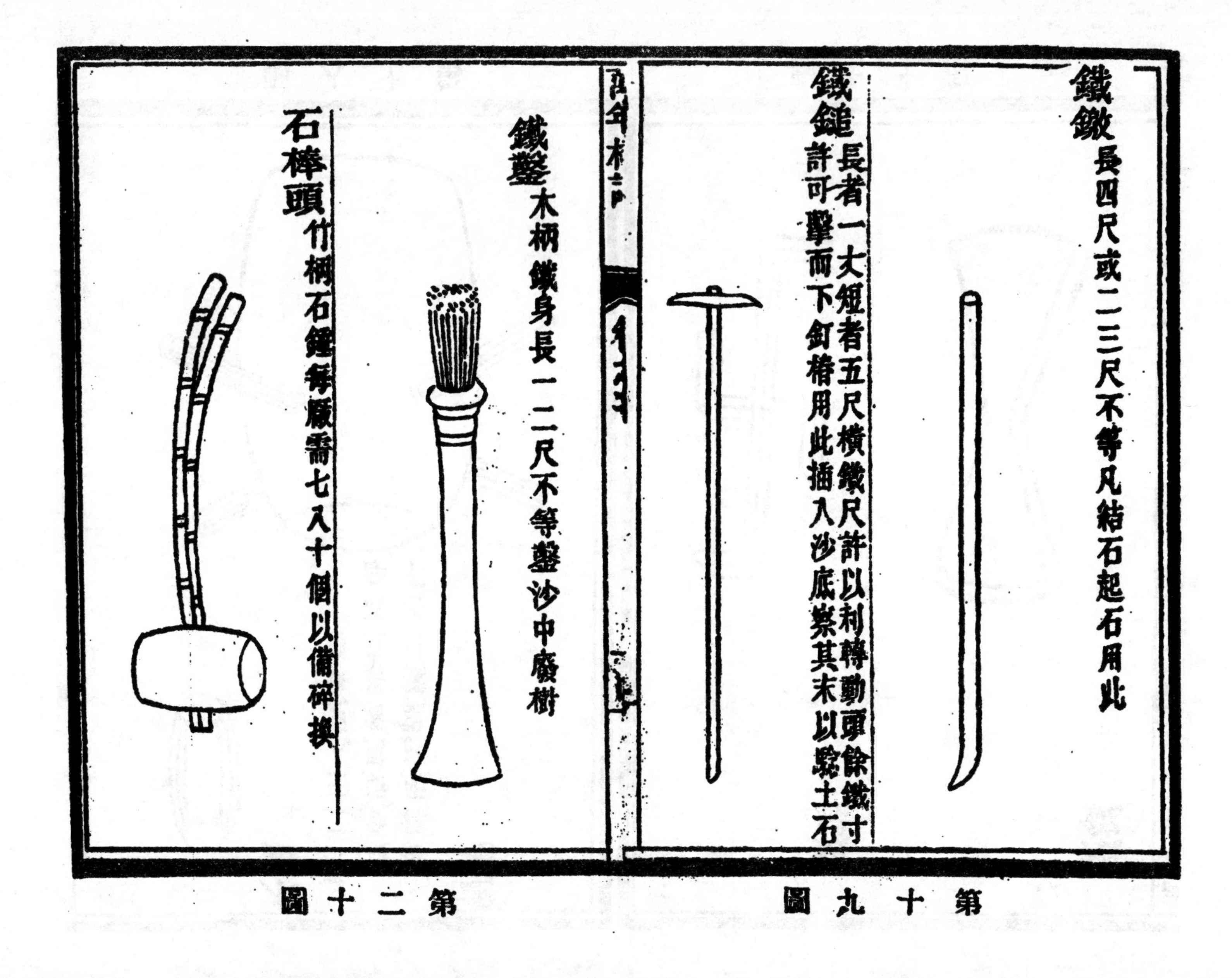
鐵鍬 長四尺或二三尺不等凡結石起石用此
鐵鎚 長者一丈短者五尺橫鐵尺許以利轉動頭餘鐵寸許可擊而下釘樁用此插入沙底察其末以驗土石
鐵鏨 木柄鐵身長一二尺不等鏨沙中廢樁
石棒頭 竹柄石錘每廠需七八十個以備碎換

第十九圖

第二十圖

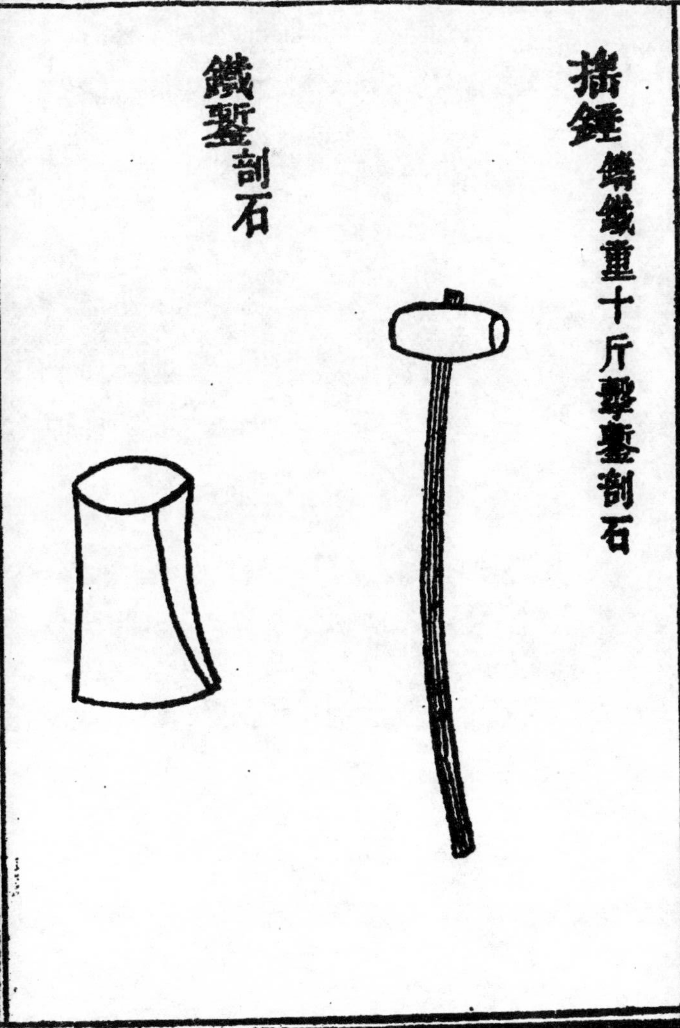

搖錘 鑄鐵重十斤擊鏨剖石

鐵鏨剖石

第二十一圖

第二十二圖

搭木架上流立秒順水爲之。 架用大杉木豎柱六棻架搭板上覆草席蔽風雨。 架中橫亘木爲輪繫麻繩長約九丈繩每晚加蒸以防濕爛。 繩之他端繫於鐵秒下部之鐵練上（第五圖第十一圖） 編木簰於秒兩側或搭路板距架三丈許。 四人立簰上扶秒上部之橫柄架上四人扶木二人扶繩八人絞木捩輪繩收則沙隨之下移。 日記中謂此法笨拙輪秒易壞修理耗時頗不合用。 且爬沙淺者數尺深者丈餘沙泥中隨處有石橫梗須停秒下水起石快則半時久者一二時不等架上簰上工人皆坐候休息不於此時整理工具待開秒後發生故障又停工修理曠日廢工無逾於此云。

爬沙先順橋墩方向開直秒俾可首裝兩側之直櫃次開上橫秒次下橫秒。 橫秒較直秒稍易以距離短且直秒開深挖掘甚易。

水中之石無論起出後能否作用皆須一律掘出因不僅爲爬沙下櫃之阻礙日後防碍舟楫通行爲患尤大。 撈石初照文昌橋舊法往撫州定造撈石船多隻以二船排列上置木架架頂設轉軸一具中央懸亘綆下垂鐵鈎。 起石時以鐵練縛石結於鈎上轉架上之橫軸徐徐曳之（一第四圖第十二圖） 此法耗時頗多祇宜於大石石之小者不若與漁舟估價撈取費少而速。 起出之石如可充用由接石船運至近處分類排列不可任意堆積免使用時四出尋覓虛費時日及石工任意搬取祇求凑手以好石作蠻石以歪石砌外部諸弊。

（八）裝櫃。　水櫃裝於堰內，全體平面作正方形，每面用櫃四具爲率，再加四隅四具，每墩周圍共用櫃二十具（第十六圖）。　直櫃內側之空檔，如橫櫃亦爲四具，則空檔爲四丈六尺之正方形。內以巨木縱橫撐持，俾排水後能抵抗外側之水壓，無傾側之虞。相鄰之墩，同時下櫃結墩，其中間可省去直櫃一列，計六櫃。

底脚清理後，堰內水深丈許，即可裝櫃，其順序先裝兩側之直櫃，次上橫櫃，以下橫櫃爲殿。　櫃架分正方形長方形二種（第六圖第十五圖）。　櫃柱之長短，宜較水深稍高，先於岸上裝鬪加橫直帮門，內側用鐵釘密布篋箝數層，以船載至水中安放。　安放時柱架宜垂直，如一櫃斜，餘櫃皆斜，爲漏水主因之一。　又開秒不深，必放櫃不平，亦致漏水，故放櫃時宜令水手摸清下脚，然後扛起上柱，俾柱縫易合。

櫃架放妥後，然後插直板於篋箝橫門間。　若於岸上先插板架內，則櫃重不便運搬，安放亦難平正。　板用杉木製，宜稍厚，俾塡土後無破裂之虞。　各板寬度依櫃之大小，於岸上預定繩墨，編明字號，日後按號插板，庶無鑿枘諸病。　但板之長度，不能預計，宜準備稍長者，以水中工事底脚深淺固不一律，水之漲落亦難逆定，萬一板短不能插至河床，必招漏水。　插板後，防水力太大，櫃易崩潰，再加柱與橫棱於內外兩側，又以巨石壓櫃脚，謂之壓櫃石。

插板後，以稻草包塔山下黃土富於粘性者，塡塞櫃內，逐包踹踏，并於各包間，滲土屑塡滿，舂築堅實。其填土順序，首填直櫃，次橫櫃，與裝櫃架同。

看漏之法，以水中起旋如烹開水滾滾而來，即是漏源所在，宜急用木板遮蔽搶漏，及草包填塞踹實，如再漏洩，內側宜加子櫃。

（九）排水。裝櫃插板後，不待填土完畢，即可排水。排水用水車（第二十五圖），分內外二組。內車專排櫃內之水，最少八架；如遇水底泉眼湧出，更宜加多。外車排櫃外堰內之水，車數視內車尤多。蓋堰櫃間面積較大，積水甚深，再加櫃內排出之水，不能隨時車出，必致壓破水櫃。故不患櫃內之水不退，而患排出之水，外車不能放洩。

內外堰櫃二層，非能絕對阻水不漏，排水工作宜晝夜輪班，兼行並進，庶不致日間排出之水，夜間恢復原狀。若河水徒漲，懸賞車水，實屬萬不獲已，但亦不能屢試，屢試則匠工故意怠工，釀成險狀，希圖邀賞。

水車最易破損，車水夫每圖偷懶休息，破壞車具，致水一日不退，石匠一日不能工作，影響頗巨。職是之故，製水車不能吝惜物料，用車十架，宜另備數架，隨時掉換，並須造龍骨板車軸車柄等，防修理時材料不能凑手。

砌墩腳後，水車可逐漸減少，墩出水面，即完全停車。

（十）拆甃墩。橋甃橋墩傾側，須拆毀重造者，當築堰打人字擺時，即於甃下搭架，並規定運石路徑及放石地點，首拆橋面及金剛墩，次拆甕頂合龍石與甕石，拆畢即移木架，待裝櫃排水後，再拆橋墩。此次除東岸第十八十九甕間之墩因河底泉眼冲湧，排水不易，及舊脚堅整，未全部拆除外，其西岸二墩及泊岸皆拆至河床止。

（十二）砌橋墩泊岸。各墩因河床深淺不一，墩脚砧石砌十八層至二十餘層不等。墩皆下寬上縮，俾重量分配面積較大，不易發生危險。但橫直二面同爲縮進，其尺寸亦有差別；如直底直接迎受洪流冲擊，所受壓力非橫底可比，爲墩之安定計，向內收進自宜較大。卷三工程項內謂「直底長四丈二尺，縮至三丈四尺或三丈六尺」每面縮進三尺或四尺，及「橫底闊一丈六尺縮至一丈四尺」每面縮進一尺是也。墩脚外側加護脚石，泊岸則打樁並裝攔沙板，皆松木製。

墩出水以上部分爲山花墩，砌石十八層爲率。山花墩向水上流迎溜處，銳其前端，作金剛雁翅。自雁翅尖石起，所砌之石皆須較準繩墨，並須打過江墨，俾各墩高低一致，以後捲甕（即發券）及鋪橋面，皆以此墨爲準。

凡砌墩宜全部用石，不可內部填土或石內雜以樁木，一旦土鬆木腐，中空如饅，即虞傾圮。舊橋崩壞，即緣此因，可爲殷鑒。各石胥先期鑿就，經監工員檢查六面尺寸繩墨是否合用，然後分類運至妥便地點，記明字號，以免參差重複。其緣邊石約長一丈，甕石長五尺至七尺，砌時一層横，一層縱，用石榫犬牙相錯，不可摻入沙礫。 合縫處，墩身各石，鑿石縫如錠形，鎔鐵錠嵌入，雁翅則用屯字絓互相勾連，謂之網頭絡角（第八圖第十七圖）。 錠絓不可過大，不必拘拘四斤八斤之説，以錠絓大則鑿石多，反不牢實。 鐵錠等均於火船上煨熟，就墩側嵌裝（第十四圖），鐵宜熟鍊，否則重而不堅。

泊岸砌法與橋墩同。 墩與泊岸砌出水面，卽拆毁堰櫃，其板柱或斷或碎，總以儘量拔除，不礙舟行爲原則。 砌至梁眼（卽安放甕架過江梁之穴）宜牽線過江，較正高低，不可稍差分寸，事竣卽停工度歲。

（十二）架橋屋。 橋屋卽甕架，以過江梁爲主，梁四大皆盈抱，以甕寬窄不等，宜備儘長之料。 梁之兩端，乘水漲時曳置橋墩梁眼內，其上立六柱，貫以平盤，各柱間又各立短柱二，共爲數十六。其巔擱順水枋十六條，長二丈餘，徑七寸左右。 列桶四百九十有四，外圓內方，鑲於順水枋之間，隨勢灣折若木甕然（第九圖）。 此次木料充足，梁下再加帮椿，其中横直又加帮椿，長短不等，故甕架結實逾恒，駢甕未發生危險，合龍時橋屋亦未驚動，或嘖嘖有聲，似較撫州文昌橋稍勝。

（十三）駢甕。 駢甕自兩側起，至中央空一石以待合龍，一石緊則全甕皆緊。 砌石將至合龍時，自不可稽延時日，然亦不能造次，如繩墨不準，捲石稍一歪斜，必致各甕高低不等，或甕身不能圓正，文昌橋竣工後有一甕之項獨尖，足爲龜鑑。謝書轉述文昌橋架屋駢甕有放球之說，惟謂「未明示如何」，其法待考。

（十四）砌山花墻及橋面　捲甕畢，即於兩甕間砌山花墩（第九圖）。墩內俗呼褌襠口，築山花墻高一丈一尺，長二丈六尺，闊一丈零五寸。累石如山字，中路一丈零五寸闊，兩邊橫排紅石，煅灰布土雜鵝卵石築之，其費倍於石。山花墻之方向，謝書未記，疑與橋墩成九十度角度，而與兩側山花墩平行，因山花墩之間加砌一墻，故云累石如山字。其上加麻石平其面，不能摻混沙土，如舊橋墳土二尺至五尺不等，致招崩圮。

（十五）橋之保護　日記中於護橋之法，首舉石縫滋長雜木，爲橋身崩裂之起點，戒木萌初起，即宜拔除，庶不致日後林藪爲殃。次謂霸山虎草足固橋石，宜禁附近居民採取，其說未見他書，殆得自經驗。又論橋壞必須即修，否則圮壞日增，補救非易，即以石料一項言，遲緩數年，石在水中吃沙愈緊，爬掘殊費周折，其他殆可類推。甘棠復慮此橋無市集，巡察不易，修葺維艱，於橋側購地建屋，以租金所入，備後人及時修補之費，爲橋計亦可云微至矣。

牌樓算例

緒言

故都街衢之起點與中段，及數道交滙之所，每有牌樓點綴其間，令人覩綽楔飛檐之美，忘市街平直呆板之弊，其用意與近世都市計劃學之原則，不謀而合，而離宮苑囿寺觀陵墓之前，與橋梁之兩側，亦輒以牌樓陪襯景物，論者指爲中國風趣象徵之一，其説審矣，顧其結構，官書略而未載，僅匠工薪火傳授之底本，偶有道及。此類底本小册，往往於冷攤中不經意獲之，年來本社搜求，及社友關祖章先生寄存者，共有木石琉璃數種，其體裁頗似清工部工程做法則例一書，於結構比例與估算工料二者之界限，未逐項釐劃清楚，殆爲時代習慣所限，不得不爾，未能遽以今日建築學眼光責之。諸篇所述，以石與琉璃二類較爲詳盡，木作一項，祗舉大木結構，餘付缺如，疑係匠工各記所知，以備遺忘，或以傳授學徒，非分門析類，爲有系統之紀載，但篇中所舉尺度，揆以現存實物，又能大體脗合，似其出處俱有所本，不失爲循波溯源之工具也。

牌樓亦云牌坊，其種類依材料性質可分爲木，石，琉璃，木石混合，木磚混合數種，依外形則有柱出頭（俗呼冲天）與不出頭二式，各式之中，復因間數與樓數之多寡，及排列方法變則甚多，殆難算計。就不出頭者言，似始於古之衡門，衡者加橫木於二柱之端，見漢書玄成傳今吉黑民居猶往往用之，後世門上覆板以庇風雨，防腐蝕，再進而有檐樓斗栱之法（第一、二圖）。其冲天式柱出頭者，疑卽史記高祖功臣侯年表所云之伐閱，冊府元龜謂「正門閥閱一丈二尺，二柱相去一丈，柱端安瓦筩，墨染，號烏頭染」，洛陽伽藍記與宋李氏營造法式稱爲烏頭門，後之欞星門，當自此擴大而成（第三、四、五圖）。故牌樓之起原及其變遷年代，雖待爬梳考證，不能遽定，要皆發軔於民居之門，略可推知。洎後此二者互相揉雜，變通日趨繁複，遂有近世牌樓之制。

牌樓之始，殆限於一間二柱，其自一間增爲三間五間，始於何時，尙屬不明，以愚意測之，當與用途及地點廣狹有關，尤疑與「坊」之一字，關係最切。考古代民居所聚曰里，里門曰閭，士有嘉德懿行，特旨旌表，榜於門上者，謂之「表閭」。魏晉以降，或云坊，其義實一。唐東西二京之坊，大小不一，皆繚以垣，視坊之面積大小，與市廛分布，闢東西二門或四面各闢一二門不等，其門皆有扉，應水旱閉南北門，以爲厭勝，事具舊唐書五行志，及宋敏求長安志，與徐松唐兩京城坊考諸書。北平自遼金以來，迄於明淸，沿襲唐制，分坊爲治，京師坊巷志引宋路

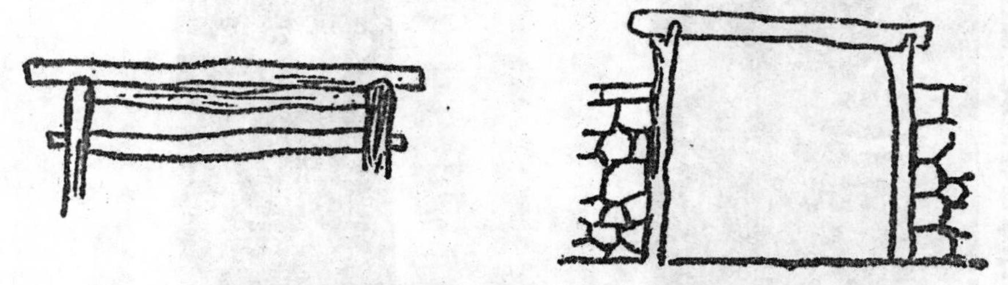

第一圖　吉林東部民舍之門

第二圖　北平壽安宮屏門

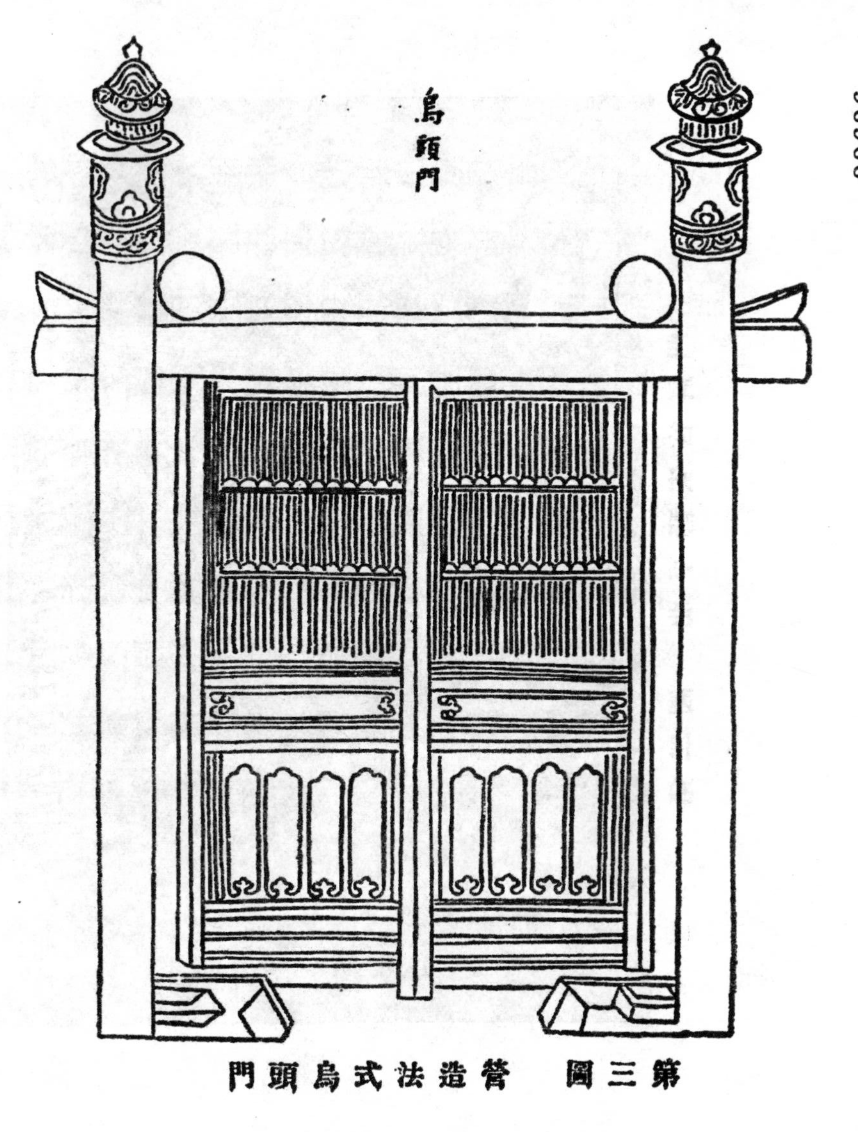

第三圖　營造法式烏頭門

第四圖　南京明社稷壇石門(背面)

秉乘軺錄謂「幽州城凡二十有八坊，坊有門樓」，元明以來，其狀不明，僅知近世街巷俱有柵門，以資區隔，金吾事例載乾隆五十九年，修理北京內城柵欄一千二百二十五座，外城猶未計及，清末以還，舉辦市政，各柵雖次第拆除，若大柵欄等名，今猶沿用。 此項柵門，舊時幾普及全國，今偏僻城市間有存留，可云尙存里門坊門之餘意。 至於古代坊門之結構，當隨坊之面積而異，唐西京之坊，巨者方六百步，坊內之街與門，應亦隨之俱闊，而長安外城列坊一百有八，每坊具二門至八門，此多數廣闊之門，未必悉以磚石甃造，或門上俱有樓觀，使門爲木造，亦決非面闊一間所能濟事，於是三間五間之門，必隨事勢要求而產生。 上項假說，苟能成立，則門上牓書坊名，與懸牌旌表等事，依表閭之例，殆爲事所應有，牌坊之名，或即緣此而生。 其後踵事增華，枋上飾以飛檐斗栱，模倣木造建築物形狀，故又有牌樓之稱。 他如漢代墓闕，即墓門之義，自墓闕廢，身後被旌表者，必代以石造之牌坊，而官寺桓表亦受同類影響，初改桓門，嗣爲儀門，再變而爲聖德神功坊，故官署丘墓前亦往往用之。

如前所述，牌樓之發達，自木造之衡門烏頭門演繹進化，故石與琉璃二類牌樓之結構，俱以木造牌樓爲標準，分件名目亦唯木作是遵，甚至施工下墨，每有木工參預其間，可爲前說之旁證。 茲將各作牌樓之種類結構，撮要敘述如次，供閱者之參考。

木牌樓。

木造牌樓之種類，依間數柱數樓數三者各異其稱，就所知範圍列舉如次。

（一）一間二柱一樓

（甲）柱出頭

（乙）柱不出頭（第二、六圖）

（二）一間二柱三樓

（甲）柱出頭（第七圖）

（乙）柱不出頭

（三）三間四柱三樓

（甲）柱出頭（第八、九圖）

（乙）柱不出頭（第十十一、十二、二十三、三十四圖）

（四）三間四柱七樓柱不出頭，（第十五圖）

（五）三間四柱九樓柱不出頭，（第十六十七圖）

（六）三間六柱五樓柱不出頭，（第十八圖）

（七）五間六柱五樓柱出頭，（第十九、二十圖）

前列各種牌樓，平面大抵作一字式，惟第（六）種三間六柱五樓者（第十八圖）平面作ㄨ形，即左右次間之枋及樓，與明間之中柱成四十五度之角度，能代替戧木，使中柱無傾側之

第五圖　曲阜孔廟櫺星門

第六圖　北平交道口南育賢坊(廡殿頂)

第七圖　北平國子監前牌樓(懸山頂)

第八圖　北平西交民巷牌樓(懸山頂)

第九圖　北平東長安街牌樓(廡殿頂)

第十圖　瀋陽黃寺牌樓(歇山頂)

第十一圖 北平北海永安寺前牌樓(廡殿頂)

第十二圖 北平北海白塔東牌樓(如意斗栱)

第十三圖　濟南千佛山牌樓(懸山頂)

第十四圖　鄒縣孟子廟牌樓(明間懸山頂次間廡殿頂)

第十五圖 北平福祜寺牌樓

第十六圖 北平大高殿前牌樓

第十七圖　垂花門式牌樓

第十八圖　湯陰縣岳廟牌樓

第十九圖　易縣清崇陵牌樓(懸山頂)

第二十圖　北平前門牌樓(廡殿頂)

處，外觀亦能特出機杼，不落常套。又第七圖與第十七圖所示，其邊樓位於柱之外側，承以挑梁，外側飾垂蓮柱，係應用垂花門之式樣，亦不常見。以上係就見聞所及分類歸納，其未經調查發見者，恐尚不止此數，若一一製爲圖册，勒爲專書，物力人工，尚有待諸異日，非此初步介紹之短篇所能盡也。

北平木造牌樓之結構，基礎以下，用柏木樁，俗呼爲「地丁」，基礎以上，各柱周圍用夾桿石包之，外束鐵箍，維繫柱之下部，（第三十三圖）柱上端不出頭者，復有燈籠榫直達檐樓之正心桁枕，與檐樓及斗栱連絡。其榫即小柱與下部之柱一木製成，俾上下聯爲一氣，故柱上另無坐斗，栱翹等皆插入榫內，第十六圖所示明大高殿前之牌樓，即屬此式。又明樓次樓之高栱柱，上部俱有燈籠榫，下部則穿龍門枋或大額枋，帶做花板間之摺柱，下榫插入小額枋內，亦係一木做成。但北地風強，牌樓數柱孤立，非立體建築物可比，除用前述夾桿，燈籠榫，下榫三者外，兩側復支以戧木八根至二十根不等，而各樓出檐大者，又以鐵挺鈎，撐於大額枋或小額枋上，（第三十三、三十四、三十五圖）此類戧木挺鈎，殊損牌樓之美觀，不足取法，第十六圖所示，即無戧木，疑舊時未必皆如今制。

清宮苑牌樓，就今日已知範圍，尚無沖天式柱出頭之例，與市街中牌樓，適成相反之狀。後者多爲三間三樓與五間五樓，（第八、九、二十圖）無三間七樓或三間九樓之法，樓皆出檐甚短，兩山作懸山（亦云夾山）或廡殿式，各間之柱，僉高聳樓脊外，項覆雲罐（俗稱毘盧帽），防風雨，如册府元龜所稱之瓦筩，故此式自烏頭門發達，毫無疑義。　又因街面遼闊，柱之比例亦取較高尺寸，其邊柱自夾桿石以上部分，據實測結果，大體等於夾桿石高二倍，而明間小額枋下皮，每與次間大額枋上皮平，俾中央明樓藉以升高，外觀更臻壯麗（第八、九、二十圖）。但本文所收各種算例，言三間七樓與三間九樓者，其邊柱自夾杆石上皮至小額枋下皮，定爲夾桿石同等高度，再加小額枋以上部分，不及夾桿石二倍之高，而明間小額枋下皮，係與次間小額枋上皮平，故全體比例，較市街中牌樓稍矮。　惟牌樓製作，應材料與環境之要求，殊形詭製，變則甚多，非前述原則所能包括，如北海永安寺內紫照牌樓，邊柱自夾桿石以上，至小額枋下皮，尙較夾桿石稍低，即其一例。

前項市街中沖天式牌樓，各柱內側，每附以槭柱（第八、九圖），若石造牌樓之梓框，亦爲內庭諸例所無。　槭柱立於夾桿石上，上端作凹形之榫，嵌雀替於內，直達小額枋下皮，殆因牌樓比例較高，爲補助柱梁強度與外觀單弱之弊，故用此法。　又此類牌樓之斗栱，雖直接置於大額枋上，與中柱邊柱無關，但明次各樓兩端之斗栱，亦有燈籠榫，下部通過大額枋，帶做摺柱，插入小額枋內，以資聯絡。

各樓之瓦，除內庭用各色琉璃瓦外，市街諸坊，概用黑色布瓦。　其出檐長短，則依斗栱出跳多寡而定，大抵明樓出跳，市街諸坊以七彩爲度，內庭有至十一彩者，次樓出跳與明樓相等，或減少一拽架俱可，惟邊樓夾樓視次樓減一拽架，幾爲一定不變之律。斗栱結構除用普通翹昂外，北海團明圓等處牌樓偶用如意斗栱（第十二、三十八、三十九圖）其出跳栱翹斜列成四十五度互相承托，無外拽瓜栱與外拽萬栱二物。此類斗栱之起源，迄未明瞭，其分布狀況，亦未經精密調查，僅知湘鄂二省用者較多，贛閩浙諸省次之，南京西安亦偶見其蹤跡，意者明代營造有徵工制度，各地匠工輪班供役，按年瓜代，此式遂隨徵工之制流傳故都，殊未可知。

石牌樓　石造牌樓遍於國內，其形狀種類，視木造更爲複雜，茲就北平山東等處常見者，分類表列如次。

（一）一間二柱

(甲)柱出頭無樓，（第二十一、二十二圖）

(乙)一樓柱不出頭（第二十三圖）

（二）三間四柱

(甲)柱出頭無樓，（第二十四、二十五、二十六圖）

(乙)三樓柱出頭，（第二十七、二十八圖）

（丙）三樓柱不出頭，（第二十九圖）

（丁）五樓柱不出頭（第三十圖）

（三）五間六柱十一樓不出頭（第三十一圖）

第（一）類（甲）式牌樓額枋上未設檐樓，外觀簡潔雅素，無支離瑣碎及不必要之裝飾，與營造法式烏頭門大體一致，足爲宋以來牌樓嬗蛻之證物。第（二）類之（甲），俗云櫺星門，自（一）類之（甲）擴大，至爲明顯，惟柱上有無雀替雲板殊不一律，大抵各間大額枋之中央冠以火焰，故又有火焰牌樓之稱，其火焰中央飾寶珠一，疑即六朝以來火珠之遺制，清代親王公主園寢恒用之。同類之（乙）略似櫺星門構造，所異者唯於額坊上覆檐石，蔽風雨，非若（丙）（丁）與（三）倣傚木造建築物複雜之結構，在用材上不乏非難之點耳。第（二）類爲明清陵寢專用之物，此外僅見於孔陵，而檐樓斗拱較簡略，不能相提幷論，就中昌平明十三陵牌樓規模雄偉，細部彫刻，亦無清陵諸坊庸俗之表現，不失佳構之選。

石造牌樓之外形雖模倣木造式樣，然因石料接榫不易，不能如木造者能以小件攢合，故其結構方法亦隨之稍異，如柱與梓框雲墩柱與額枋頭緌環頭，小額枋與雀替等，俱係一石雕出，其餘各樓斗拱及樓頂，亦各以巨石斵琢，務求接榫愈少愈佳。又牌樓本身重量甚大，不畏風力，除山東極少數之例，用石戧支撐外，僅以夾桿石或抱鼓石維護柱之下部。

第二十一圖　南京明孝陵牌坊

第二十二圖　北平東郊某王墳牌樓

第二十三圖　泰山南天門

第二十四圖　北平東郊某公主墳牌樓

第二十五圖　北平南郊某公主墳牌樓(無雀題梓框)

第二十六圖　北平玉泉山前牌樓(無雲板)

第二十七圖　曲阜孔陵內洙水橋牌樓

第二十八圖　北平碧雲寺牌樓

第二十九圖 北平西黃寺牌樓

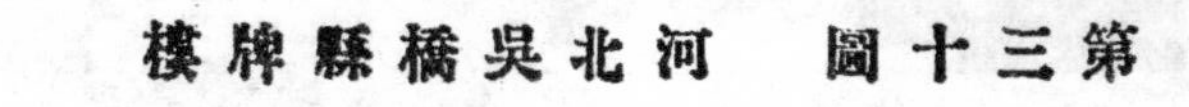

第三十圖 河北吳橋縣牌樓

第三十一圖　昌平明十三陵牌樓

第三十二圖　北平北海小西天琉璃牌樓

琉。璃。牌。樓。　北平琉璃牌樓除辟雍一處外，多用於佛寺內，就今日已知之例，僅有三間四柱七樓一種（第三十二圖）。其構造係於石台上，築磚壁厚六尺至八尺，壁內安啞叭柱及萬年枋爲骨架，闢圓門三門，券與壁下須彌座，甃白石或靑石，鏤刻頗細，壁上各柱，枋，雀替，花板，摺柱，龍鳳板及明次邊夾諸樓，胥如木造式樣，以黃綠二色琉璃磚嵌砌壁間，與今之面磚同一情狀。

本篇所收牌樓底本，計石作，琉璃作各一，木作三，內容雖略有出入，大體尙能符合，惟順序凌亂，訛譌盈目，且所用術語，非今日全國識者所能通曉，因依工作先後，重行標題排比，其辭意隱晦及文理欠妥處，以數本互校，絜長補短，略加删改，第分件名目與法式比例，前後矛盾錯亂，稽之典籍，詢諸匠工，仍不能定其甲乙者，於原文下附按語小注，俾引起閱者之注意。附錄諸圖，除極少數取自外籍，及舊式彩畫工所繪者外，餘皆梁思成，邵力工二先生所攝，而邵君用力尤勤，合倂誌謝。民國二十二年春劉敦楨記

牌樓算例

劉敦楨編訂

第一　木牌樓

四柱七樓大木分法

一、面闊：明間面闊按十七尺爲櫺星門，次間面闊一丈五尺。

二、柱：柱子四根長俱一樣；內明間二根係與明間大額枋（按即龍門枋）底皮平，次間二根係與次間大額枋上皮平。（按木牌樓各柱直徑不照斗口大倍比例本節遺漏未擬待考）

次間邊柱高自夾杆往上至小額枋下皮按夾桿明高一份，（夾桿明高以五尺五寸爲率）往上加額枋花板
枋燈籠榫。往下加夾桿埋頭係按明高八扣，又加套頂一份，又加管脚榫一份，按管脚頂
半。

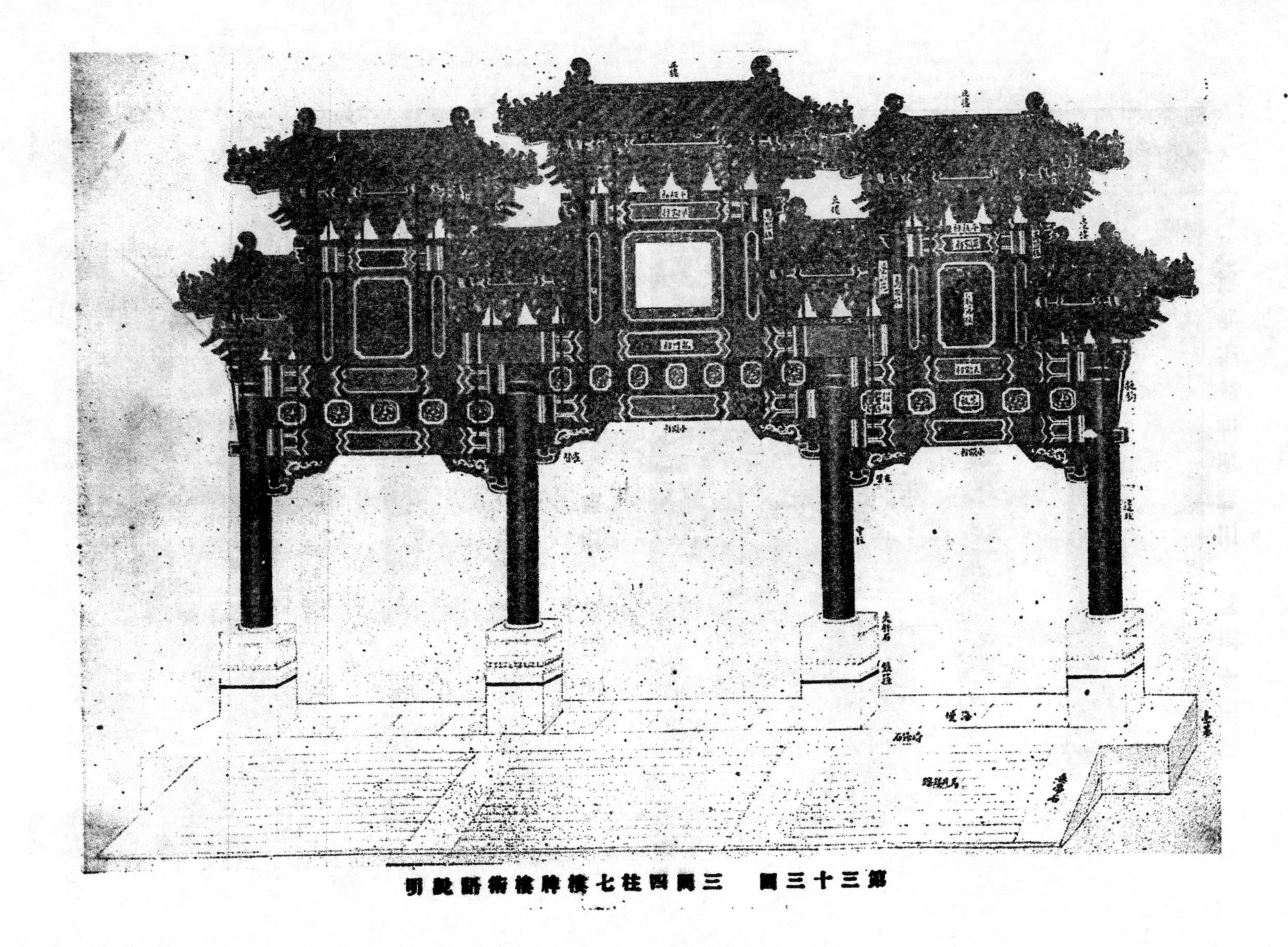

第三十三圖　三間四柱七樓牌樓術語說明

第三十四圖　三間四柱七樓詳部(次間)

第三十五圖　三間四柱九樓詳部(次間)

明間中柱高按邊柱通高除去燈籠榫尺寸另加上榫按本身徑十分之一分插入龍門枋內燈籠榫按斗科拽數自大斗斗口底至撑頭木上皮高若干再加挑檐桁下皮至正心桁下皮舉高若干再加正心桁椀按正心桁徑四分之一分再加斗底高按一拽六扣共湊即是燈籠榫長。

按燈籠榫與邊柱係一木做出榫上安昂桃伸邊樓額閫

三　龍門枋。明間龍門枋長按明樓面闊一份，次樓面闊二份至次樓高柱外皮，高按柱徑加二成，厚比高收二寸。

四　大額枋。次間大額枋二根係明間花板分位長按面闊加箍頭高按柱徑加一成，厚比高收二寸。

五　小額枋。小額枋三根。內明間一根，即次間花板分位，高按柱徑九扣，厚比高收二寸。次間二根，一頭帶做明間雀替，按明間面闊四分之一分，一頭出榫按柱徑一份，高按柱徑八扣，厚比高收二寸。

六　明樓。明樓（或云正樓）面闊要將尺寸係按明間面闊一丈七尺折半得八尺五寸，再加五寸，得九尺即是。

七　次樓。次樓面闊七尺，按次樓面闊一丈五尺折半得七尺五寸，棄所餘五寸，得將數七尺即是。

八　邊樓。。　邊樓面闊，按次間通面闊，除去夾樓面闊一份，高栱柱見方一份，餘若干，折半即是。

九　夾樓。。　夾樓面闊，按通面闊，除去明次邊樓各面闊及高栱柱見方餘若干折半即夾樓面闊。（按夾樓在明樓與次樓之間見第三十三圖）

十　高栱柱。。。　高栱柱高，按次樓面闊八扣，得高若干，再上加單額枋高一份，平板枋高一份，再加燈籠榫，（按單額枋上皮至正心桁枕上皮高尺寸）再下加大額枋高一份，花板高一份，再加小額枋高半份，七宗共湊即是通高。（按高栱柱上帶燈籠榫固定明次各樓斗科下穿大額枋帶摺柱下榫掃入小額枋之半係一木做去）見方按大額枋厚八扣。

十一　單額枋。。。　明次樓單額枋，點中算高，按高栱柱方加一成，厚同高栱柱。

十二　斗栱。。　斗口以一寸六分為率。　明樓如重翹重昂，次樓減一踩數，邊夾樓又比次樓減一踩數。（按次樓斗栱出跳攢實例所示或與明樓等或較明樓減少一拽但可似無定則）

十三　挑檐桁角梁檐椽望板。。。。。。。。　挑檐桁，角梁，檐椽，望板，俱按廡殿做法。

十四　飛頭出檐。。。　明間飛頭六寸，其餘飛頭五寸，各按此三份定出檐。

十五　摺柱。。。　摺柱高隨各額枋高，進深按柱徑三分之一分，面闊按進深七扣。

十六　花板。。。　花板高同摺柱，各間要單塊，數厚按摺柱進深，係連彫活在內。

十七　邊夾樓墜山花。。。。。　邊夾樓墜山花長按斗口拽架外加平出檐二份至飛檐椽頭，齊高自平板枋上皮至扶脊木上皮，厚按椽徑一份半。

33662

十八　次間雀替。　次間雀替；長按次間面闊四分之一分，高同小額枋，厚按柱徑十分之三分。

十九　假獾頭。　隨各額枋做假獾頭，按牌樓大額枋之榫伸出邊柱外側部分即之獾頭其式樣分三種(甲)如普通霸王拳形狀(乙)垂直截去(丙)垂直截割後再向內做凹曲線如假月形其位置或上口與額枋上皮平或下口與額枋下皮平以不與昂嘴衝突爲原則亦有榫本不伸出或不裝假獾頭之例　長按柱徑，高按額枋高五分之四分，厚比高收二寸。

二十　戧木。　戧木俱在中邊柱頭安，或一二斜或一四加斜，必須度其地勢。每戧木一根，用戧風斗一件，長按戧木徑，寬按長八扣，厚三五分不等。

二十一　挺杓。　挺杓；每樓一間用四根，長上至挑檐桁，下至小額枋，長八尺，徑按長百分之三分，每根用屈戍二個。

四柱九樓大木分法

一　柱。　柱子四根，內明間二根，高按邊柱之高，再加一明間大額枋即龍門枋之高，即是俱與各間大額枋上皮平。

二　龍門枋。　明間龍門枋；長按面闊加一柱徑，高按柱子加二成，厚比高收二寸。

三、大額枋。　大額枋二根，係次間用，長按面闊，外加一個箍頭，高按柱徑外加一成，厚比高收二寸。

四、小額枋。　小額枋三根，長同大額枋，高按柱徑八扣，厚比高收二寸。

五、樓。　明間正樓面闊按明間面闊折半，次樓按次間面闊折半，其邊樓夾樓，核尺寸均分。

六、高栱柱。　明次樓高栱柱高按牌匾或按龍鳳板高外加龍門枋高一份，再往下至小額枋中，係帶摺柱一根，見方按大額枋厚，每邊收二三寸不等。按前節四柱七樓做法高栱柱見方照大額枋厚八扣較本條明晰

七、單額枋。　明次樓單額枋三根，長按明次樓面闊外加高栱柱見方二份，係箍頭寬，高按高栱柱見方加一成，厚比高收二寸。

八、平板枋。　平板枋九根，係明樓三根，次樓二根，邊樓二根，夾樓二根，高按二個斗口，寬按三個斗口。

九、花板摺柱。　花板每間核單塊數。按花板亦有例外用偶數之例　明間摺柱高按次間大額枋高，次間摺柱高按明間小額枋高，摺柱看面寬按柱子四分之一分，厚按寬再加一花板厚。按花板厚未規定待考

十、斗科。　斗科口數用十一等材或十等材，昂翹踹數臨時酌定，無墊栱板。

十一、戧木。　戧木八根，內明間四根，至明間小額枋，次間四根，至次間小額枋，徑按柱七扣。

第三十六圖　三間四柱三樓詳部(明間)

第三十七圖　三間四柱三樓詳部(次間)

第三十八圖　三間四柱三樓詳部(次間)

第三十九圖　如意斗栱之仰視

第四十圖　次樓角科(三間四柱三樓)

第四十一圖　次樓及雲舖(三間四柱三樓)

第四十二圖 夾桿石上部雕刻

第四十三圖 夾桿石上部彫刻

第四十四圖　夾桿石上部彫刻

第四十五圖　夾桿石上部彫刻

第四十六圖　戧木下石座形刻

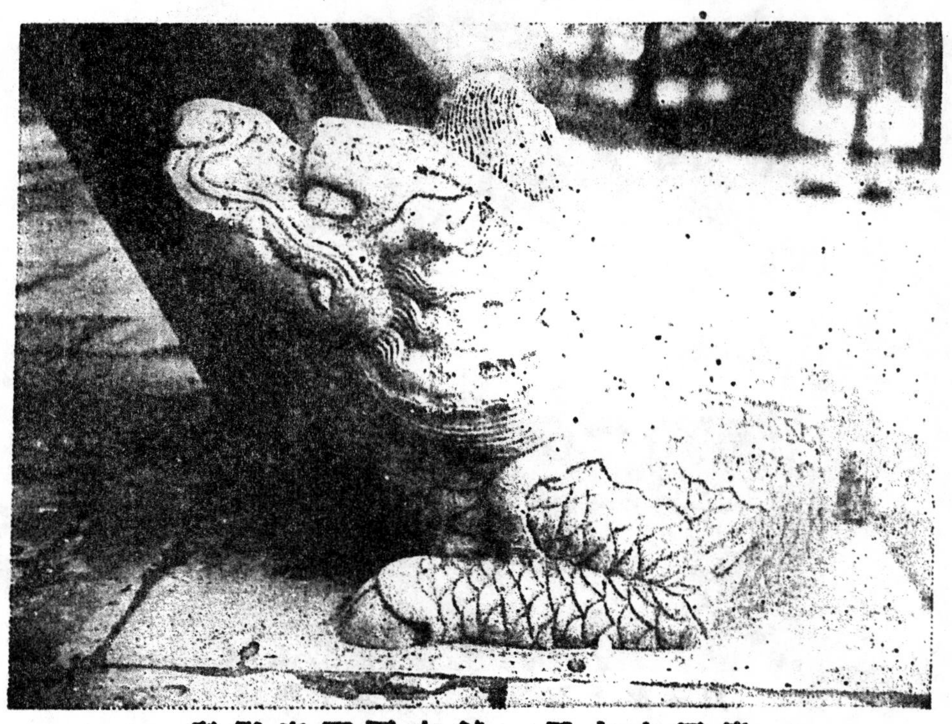

第四十七圖　戧木下石座形刻

附冲天式四柱三樓雲罐分法

一　中柱至雲罐下皮高係與明樓吻上皮齊。　雲罐每套用釘頭號七寸釘二個，二號六寸釘二個，三號五寸釘二個。

二　邊柱至雲罐下皮高係與次樓吻上皮齊，餘同前。

附圓明園清淨地牌樓如意斗栱料例功限

一　斗栱桟架計十二桟架，比重翹重昂多四桟架，每一桟架按普通斗栱分法應長四寸八分，現查得五寸五分，比分法每桟架多長七分，遵照舊例，核擬加工五成。

二　單翹四昂比重翹重昂多一踩，按普通斗栱分法高三寸二分，現查得四寸，比按分法每踩多高八分，遵照舊例核擬加工二分五釐工。

三　昂栱開口搭角做法，從前做過俱係十字交盞，今所做昂係滿天星，正開斜交，遵照舊例，核擬加工二分五釐工。

四　平身科每攢核用木匠二十九工。　角科每攢核用木匠七十四工。　昂嘴彫如意頭並耍頭彫麻葉頭每四個彫匠一工。　如一二面透彫龍鳳異獸壽字流雲江洋海水彫落花板按照舊例透彫榎寬六七分，彫落二層，每見方一尺，彫匠七工，牛保楠木。

五　單翹四昂斗科計平身科二十四攢，角科四攢，按重翹重昂舊例，共核用七尺槲木一百四十七料。今按實量尺寸，照例加荒長一丈七八尺至三四尺不等，共折核用七尺槲木二百零三料三分四釐。平身科每攢用槲木七料五分。角科每攢用槲木十料零一分二釐。但斗栱取用木料荒磨甚大，如照實量尺寸核算，恐爲不敷，今遵照重翹重昂舊例擬核，加料木五成，共用七尺槲木二百二十料零四分八釐。

附牌樓搭材作料例功限

牌樓，按通面闊一丈，進深一丈，高按地皮至明樓脊高，俱折見方丈，每丈用

架木八根，　撬棍十六根，　札繩十六條，內廷例十斤。

每四丈用

搭材匠一工，　壯夫半名。

如內廷例，赤脊明每丈

搭材匠半工，　壯夫二分五釐名。

第二　石牌樓

三間四柱火焰牌坊分法

一　明間面闊及柱高　火焰牌坊三間先定通面闊若干丈，用七十分之二十五分，卽得明間面闊尺寸。

明間柱子高，按明間面闊十分之十二分，卽是柱子露明尺寸。

二　次間面闊及柱高　次間面闊，將通面闊除去明間面闊尺寸，餘折半，卽是次間面闊。

次間柱子，按明間面闊柱子，除去一小額枋淨高，餘卽是次間露明尺寸。

三　逆算法　如先定明間柱子尺寸，按柱子高十二分之十分，共得若干，卽是明間面闊尺寸。

次間面闊，按次間柱子同明間一樣算法。

面闊俱係柱中至柱中尺寸，柱子俱係柱頂石上皮至蹲龍下皮尺寸。

四　柱見方及上下榫　柱子見方，按明間柱子露明高六十一分之七分，卽是見方尺寸。　下榫長，按柱子見方折半，徑按柱子見方三分之二分。上榫長五寸，徑七寸。

五　梢間邊柱之額枋頭絛環頭　梢間柱子上，一邊帶額枋頭長，按本身寬，除去見方，餘折半

即是長高同小額枋高進深厚按柱子見方折半。　緣環頭；長高同額枋頭，厚按本身高十分之四分，

六　梓框雲墩。　梓框；按即木造牌樓之邊柱　寬按柱見方三分之一分是面闊，進深按面闊十分之十一分。雲墩按雲墩在梓框上承受雀替　面寬按梓框進深是面寬進深按本身面寬十分之十四分，高按雀替高是高，俱柱子上帶做。

七　小額枋　明間小額枋；高按柱子見方七分之六分是高厚同柱子見方，長按面闊除去一個柱子見方若干外兩頭各加榫長按柱子見方四分之一分即是。　榫高按小額枋高厚按高折半。　次間小額枋算法同。

八　雀替。　雀替高按小額枋折半，厚同本身高，長按淨面闊四分之一分。　榫子；長按小額枋榫長折半，高同雀替高，厚按雀替厚三分之一分。　係在小額枋上帶做。

九　緣環。　緣環；按即小額枋上大額枋下之花板　長寬同小額枋，厚按柱子見方七分之五分半是厚，兩頭榫子長寬厚俱同小額枋。

十　大額枋　大額枋長寬厚及榫子，俱同小額枋。

十一　柱頂皮至上額枋之高。　明次間柱子頂皮至上額枋上皮尺寸，按明間面闊中至中尺寸一成。

第四十八圖　雲墩雀替額枋花板（明十三陵牌樓）

第四十九圖　明間火焰

第五十圖 抱鼓石

第五十一圖 抱鼓石

十二　鑽頭及榫。　明間中柱，每根外側安鑽頭一個，係在大額枋一頭分位，上頂雲頭雲尾，下頂梢間大額枋上皮。長按柱子見方二分之一分是長，寬同額枋，厚按額枋寬折半。榫子長同鑽頭本身長寬厚同本身。

邊柱大額枋鑽頭同明間算法。　絲環無鑽頭。　小額枋鑽頭高同小額枋本身高，長厚榫子同明間算法。

十三　火焰。　明間火焰，連榫子高按柱子面闊裏皮至裏皮尺寸折半，即是寬；按本身高六扣，厚按本身寬三分之一分。　榫子長，按通高尺寸半成，（按匠工俗語成爲十分之一，半成即百分之五）　高一丈得榫五寸，寬按火焰寬三分之一分，厚按火焰厚折半。

次間火焰通高按次間淨面闊核算，同明間一樣，寬厚榫子俱同明間一樣。

十四　雲頭。　雲頭長按明間淨面闊；除去火焰寬尺寸，淨餘三分之一分是長，高按本身長九扣，厚按本身高三分之一分。　外榫長同額枋榫子，寬按雲頭高折半，厚按雲頭本身厚是厚。

次間雲頭，長寬厚榫子俱仝明間算法。

十五　雲尾。　雲尾長同雲頭長，高按雲尾本身長七扣，厚同雲頭厚。　榫長寬厚同雲頭。

十六　蹲龍及座。　蹲龍連座高按柱見方二份，（按原文作二分，係二份之訛，意即二倍。）內座子高五分之一分，見方按柱子見方，陰榫對柱子陽榫。　次間同。

按以上言柱身以上部分以下言抱鼓石與基礎雜項。

十七　抱鼓；　抱鼓高按邊柱淨通高十分之三分是高，寬按本身高八扣厚按柱子厚折半。肋裏下面爲陽榫二個長按抱鼓高十一分之一分將一分再做六扣寬按長三分厚按抱鼓厚三分之一分。

十八　柱頂石；　柱頂（按即柱下礎石）見方按柱子見方三份厚按本身見方折半，陰榫隨陽榫。　柱頂古鏡高按柱子見方十分之一分。（按古鏡係礎上凹曲線 Moulding 其平面隨柱之切面或方或圓）埋頭；深按柱頂厚除去古鏡淨尺寸加豆渣石底墊厚共湊除去露明高是埋頭尺寸。柱頂下豆渣石裝板底墊石見方按柱頂見方二分按海墁路數分寬厚按柱頂見方折半。

十九　抱鼓石及底墊；　中柱前後用抱鼓邊柱前後外山三面用抱鼓。抱鼓下用底墊長按抱鼓寬除去占柱頂分位淨餘外加金邊二寸是通長寬按抱鼓厚十分之十六分，厚按寬折半。

二十　月台；　定月台進深，按中柱露明高是進深。　面闊按各柱通面闊，加進深尺寸共湊是通面闊尺寸。　露明高按中柱四十分之一分，自五寸以下俱算五寸。

二十一　堦條；　堦條長按面闊進深核算，厚按柱子淨見方四分之一分，寬按本身厚三分。

二十二　墁地；　堦條裏口海墁，進深核單路數算，寬厚同堦條厚。

海墁前後各進深，按月台進深六分之五分定進深。加倍，再加月台進深共湊，是通進深。兩山進深同前後進深。海墁通面闊按月台面闊加兩山進深共湊是面闊，與地皮平上一層用糙板細磚平墁，背底一層用糙磚立墁，大夯灰土地脚二步。

海墁四面安牙子石長按海墁面闊進深湊算，寬一尺二寸，厚七寸，寬係城磚一立一平尺寸，厚係磚寬尺寸。

二十三　馬尾䗱䗪及垂帶。前後如爲連三馬尾䗱䗪，俱係垂帶中對柱中。通面闊按柱子通面闊，加垂帶一根寬，即是進深。進深按月台露明五份，是䗱䗪進深。䗱䗪垂帶寬按柱七分之六分，厚同堦條。

二十四　地脚小夯。牌坊地脚小夯按柱子見方三分之一分，每一寸係土一步。

二十五　雲羅架子。搭雲羅架子，每一縫計一間，通面闊按柱中面闊若干，加梢間柱子，連埋頭通長三分之二分，即是進深，按明間柱子通高三分之二分，高按明間柱子通高六分之五分，用抨繩法同斗栱牌坊。

五間六柱十一樓牌樓分法

一　面闊。　若先定通面闊若干，用二百五十分除之，得每分若干，用五十六分得明間，五十一分半得次間，四十五分半得梢間。按昌平明十三陵牌樓面闊九十四呎九吋以二百五十分除之四捨五入結果明間占五十六分次間五十一分梢間四十六分每間遞減五分適相等可與本條參證

二　柱高。　明間柱子高，按明間面闊十分之十二分，即是柱子露明尺寸。次間柱子，按明間柱子，除去一小額枋淨高尺寸，餘即是柱子露明尺寸。梢間柱子，按次間柱子高，除法同次間柱子。

三　逆算法。　如先定明間柱子尺寸若干，明間面闊，按柱子高十二分之十分，得若干，即是明間面闊尺寸。　次梢間面闊，按次梢間柱子，同明間一樣算法。

面闊係柱中至柱中面闊尺寸，柱高俱係土襯上皮至大額枋下皮尺寸。

四　柱見方及其他。　明次梢間柱子見方，按明間柱子明高尺寸，用六十一分之七分，即是。連帶鑲杆寬，按柱子見方七分之十二分是寬。　埋頭，按明間柱子自月台往上明高六分之一分，即是。　埋頭下樺長，按柱子見方折半，徑按柱子見方三分之二分。　上樺長五寸，徑七寸。

五　梓框雲墩。　梓框寬，按柱子見方三分之一分，進深，按面闊十分之十一分，長按柱明高長，

除去繼環高，小額枋雀替高，雲墩高，夾杆明高，餘卽是長。 次梢間法同。
雲墩帶斗高同雀替高，面闊同梓框進深，進深按本身面闊十分之十四分。

六 柱帶做梓框雲墩。 明間柱子帶做雲墩，其高低一面隨明間，一面隨次間，次間柱子一面隨次間，一面隨梢間，梢間僅一面有梓框雲墩。

七 額枋頭繼環頭。 梢間邊柱上，一邊帶做額枋頭。 長按本身寬，除去見方，餘折半卽是長，高同小額枋高，進深厚按柱子見方折半。

繼環頭；長寬同額枋頭，厚按本身高十分之四分。

八 小額枋。 小額枋；小額枋高按柱子見方七分之六分，厚同柱子見方，長按面闊除去一個柱子見方淨若干，外兩頭各榫長按柱子見方四分之一分，共湊卽是長。 榫高按小額枋高，厚按小額枋厚折半。

九 雀替。 雀替；高按小額枋高折半，厚同高，長按淨面闊四分之一分是長。 榫子；榫子長按小額枋榫子長折半，高同雀替高，厚按雀替厚三分之一分，在小額枋上帶做。 次梢間算法同明間。

十 繼環。 繼環；長同小額枋長，高按柱子見方十四分之十一分半，厚按柱子見方七分之五分半，榫子長高厚同小額枋。 次梢間算法同明間。

十一 大額枋。 明間大額枋長按面闊，外加兩頭出頭，各按柱子見方十四分之十五分，三共湊若干，即是長。　高厚同小額枋。　下面做柱子陰陽榫，上面做雷公柱陰榫，兩榫各按本身高四分之一分。

十二。。。雷公柱；　明間雷公柱長按面闊除小樓面闊一份，餘若干，外兩頭加平板枋頭，各按本身高八分之一分，共湊即是長。　高按大額枋六分之十分，厚按大額枋厚十四分之十一分。外下榫；長按本身高十分之一分，寬按柱身厚折半，厚按寬折半，每塊下面榫二個。

次間雷公柱；長按次間面闊，法同明間。　寬厚並外加下陽榫俱同明間，兩頭不加平板枋頭，一頭做大額枋陰榫。

梢間雷公柱；長按梢間面闊，法同明間寬厚並外加下陽榫俱同明間，兩頭不加平板枋頭，一頭做大額枋陰榫。

十三。。。斗口　明間斗口重昂帶坐斗枋做長按雷公柱除平板枋頭長，再加兩頭昂出各一拽架半口數，共湊即是長，寬按連昂六拽架一個口數，高按五踹一個口數。　口數按柱子見方十一分之一分，即是一個口數，一踹二個口數，一拽架三個口數。　斗栱攢數空當中八分之，前後每分用平身科一攢，兩山各角科二攢，無平身科。

次梢間斗栱，同平身科算法。

十四。。。明次梢間各樓出檐及瓦隴。　明間正樓用廡殿瓦片；長按斗栱長，加兩頭出檐，按本身寬除去斗栱寬餘若干，即是頭出檐，再加斗栱長，共湊即是瓦片長寬按大額枋高一份，斗科高一份，共湊高若干用十分之七分是寬，即三五出檐，高按寬折半，即是高。

分瓦隴按柱子見方十分之一分是底蓋各直寬按算直寬分前後檐正隴長隴按正脊長除去角脊厚用一四斜二分餘若干分之得若干加倍即是長隴數要底瓦坐中。 斜短隴按瓦通長除正隴尺寸，餘若干分之。 長隴長按瓦片寬除去正脊厚餘若干折半即是。 步架按八舉加粺，即得長。

兩廈當分正隴按正脊厚，餘若干分之，要底瓦坐中。 斜短隴按瓦片寬除去正隴尺寸，餘分之，長隴長按瓦片長除去正脊長若干折半即是。 山步架爲股檐步架用八舉得高爲勾，以勾股求弦長，即得隴數。

次梢間瓦片，即按次梢間斗科算，俱同明間法，分隴數並長寬，俱同前。

十五。 各間小樓及邊樓 小樓，明次間挑山做，梢間一頭挑山一頭廡殿做。 面闊俱按柱子見方七分之十五分。 進深俱按柱子見方七分之十二分半。 高按進深十分之七分，如正脊帶吻做，再高按本身高折半，共湊即是通高。 一斗二升廡葉斗科，要空當正中前後正面正攢各二攢，兩邊半攢各二攢。 其梢間一頭廡殿做，前後加倍即得長，高按瓦片高四分之三分，厚按高七分之四分。

瓦片，上角脊帶做獸頭獅馬，每塊上四道。　各長按瓦片寬除正脊厚，餘折半，即步架爲股，又將瓦片長除脊長餘折半，即山步架爲勾，用勾股求弦長若干爲斜，平步架又爲股，將檐步架用八𨶒得若干，又爲勾，又用勾股求弦得長若干，再加上斜，按本身高一份，高按正脊高十分之六分厚，按高三分之一分，厚至四寸止。

小樓挑山上正脊帶吻，長按小樓面闊，除山瓦長二份，餘若干即是長，高按小樓通高二分之一分，厚按高折半。

邊樓上長按小樓面闊，一頭除去排山瓦長一份，一頭除去步架長，按進深四分之一分，餘若干即是長，高厚同上。

小樓上垂脊帶做獸頭正座，每座四道，邊樓每座二道。　各長按瓦隴一坡長五分之四分，高按正脊高十分之六分，厚按高三分之一分，厚至四寸止。

邊樓上角脊，每樓二道，長同正樓角脊法，寬同垂脊法。

按上列諸條爲夾桿石以上部分，以下爲夾桿月台菘礎雜項

十六　夾桿。

夾桿；　夾桿每根柱子用二塊，各自月台往上露明高，按柱子帶廂桿寬八分之十五分，即是明高。　埋頭隨柱子埋頭，共湊即是寬，隨柱子寬，厚按寬除去柱子見方，餘若干折半，即是厚。

十七　噙口。　噙口每座二塊，核見方算長按夾桿見方六分之十分即是長，寬按長折半，厚按寬四分之一分，外加落下土襯槽。

十八　管脚樺。　柱下管脚樺頂，見方按夾杆見方八分之十分，厚按見方十一分之五分做管脚樺眼。

十九　豆渣石裝板。　管脚頂下豆渣石裝板，見方按柱頂見方加倍，按路數分寬厚，按柱頂厚折半。

二十　月台。　月台進深，掐口土襯見方三份，即是進深。　面闊按各柱通面闊，加進深一份，共湊是通面闊。　露明高一踊五寸，埋頭下至管脚頂下皮。

二十一　堦條。　堦條長按面闊進深湊算，厚按柱子見方四分之一分，寬按厚三份。　本身厚十分之一分，噙口下掐夾杆土襯合見方算長，外兩頭各加金邊，按噙口露明高折半得金邊寬若干，加倍再加前噙口長，共湊即是通長，寬按長折半，厚同噙口連落槽同上面滿落。　噙口樺對縫，下鐵錠。

二十二　海墁。　堦條裏口海墁進深，用單路數算分寬厚同堦條。海墁進深按月台進深三分，即是通進深。　面闊按月台通高面闊，加兩頭山進深，按月台通進深，餘若干加之，即是通面闊。按此條意義含混疑有脫簡待考。

二十三　牙子石。　海墁四面牙子石長按面闊進深湊算，寬按城磚一立一平尺寸，厚按磚寬尺寸。

二十四　地脚。　小夯灰土地脚；寬按月台進深外兩邊加押槽，各寬按明間柱子明高八分之一分，共湊卽是寬。　按月台長，兩頭加押槽，寬共湊卽是長步架，如不安裝板，按柱子見方二分之一分有一寸得一步，如每裝板三分之一分有一寸，得一步。

二十五　下丁。　豆渣石裝板下地丁；按即打樁　寬按裝板寬一份外兩頭押槽各寬按裝板寬六分之一分，共湊是寬，長按柱中面闊加寬一份卽是長。　豆渣石空當砌磚，築小夯灰土。

二十六　搭雲羅架子。　搭雲羅架子每一縫計一間。　通面闊按柱中面闊若干，加梢間柱子連理頭，除榫長尺寸，卽是通面闊，高按明間柱子通高三分之二卽是高。　每折見方一丈五尺用

桅木一根

每丈用架木三十根

每四丈用松木九根

二十七　拉扯。　明次間柱子頭上用拉扯繼環，裏口徑按柱子上榫徑六分之七分，外口徑按裏口徑加寬二分。　兩邊靶各長按柱子見方，除去外口徑，餘若干折半，得若干二分之三分卽

是靶長寬同上，厚按寬十分之三分半。

梢間柱子用拉扯，裏外口長寬同上，兩邊有靶。

二十八　鐵梢。　大額枋下面每塊用鐵梢按即鐵錠又稱鼓卯二個。　雷公柱下面每塊用鐵梢二個，如下面有榫，卽不用梢。　斗科每塊用鐵梢二個。　小樓每塊用鐵梢二個。　以上鐵梢長七寸，見方二寸五分。

第三　琉璃牌樓

三間四柱七樓琉璃牌樓

一　總釋。　四柱七樓牌樓一座，計三間，內明間面闊一丈九尺六寸，二次間各面闊一丈六尺二寸，夾桿外皮至外皮通面闊五丈四尺四寸，進深六尺六寸五分，通高三丈四尺五寸。　台基通面闊五丈九尺一寸，進深一丈零六寸，明高一尺七寸，埋深四尺，安啞叭中柱邊柱萬年枋，安砌青砂石土襯套頂，青花石斗板押面，前後連三踐蹄二座。　券內海墁，夾桿廂桿須彌座，字匾，並券門三座，豆渣石底墊二層，檐石上身灰砌舊樣城磚二面。並兩山貼落（按貼落係北平匠工術語即貼裝之意）。淺花琉璃中柱，邊柱，額枋，縧環，花板，雀替，高栱柱。一正樓三座用歇山，夾樓二座用夾山，邊樓二座係內側夾山，外側歇山，俱安琉璃單翹單昂斗科。頭停瓦七樣黃色琉璃瓦心，綠色鑲邊。海墁背墻並琉璃花活斗科頭停背面灰砌舊樣城磚，墻身四面（按即不貼落琉璃處）抹飾紅灰提漿。

一　地基刨槽面闊七丈，進深二丈，築打灰土九步，週圍押槽黃土十五步。

二　中柱。　啞叭中柱二根各高二丈一尺五寸，外埋深二尺徑一尺。

三　邊柱。　啞叭邊柱二根，各高二丈外埋深二尺徑一尺。

四　萬年枋。　萬年枋三根，內一根連兩頭榫長二丈零六寸，二根各連榫長一丈七尺三寸，高一尺一寸，厚九寸。

以上俱用北柏木。（按中柱邊柱即啞叭柱與萬年枋同在壁內爲牌樓之骨架）

五　台基。　台基面闊五丈九尺一寸，進深一丈零六寸，明高七寸，不露明高一尺。

六　土襯。　三面青砂石土襯十八塊，凑長七丈四尺三寸，寬二尺，厚一尺。

七　套頂及底墊。　青砂石套頂四個，各見方三尺，厚一尺。　套頂週圍及夾桿須彌座下豆渣石底墊一層，厚一尺。

八　週圍押面。　週圍青花石押面十六塊，（按押面即壓面）凑長十三丈一尺四寸，寬二尺，厚七寸五分，

第五十二圖　須彌座夾桿石(北海琉璃牌樓)

第五十三圖　須彌座(頤和園琉璃牌樓)

第五十四圖 門券彫刻(北海琉璃牌樓)

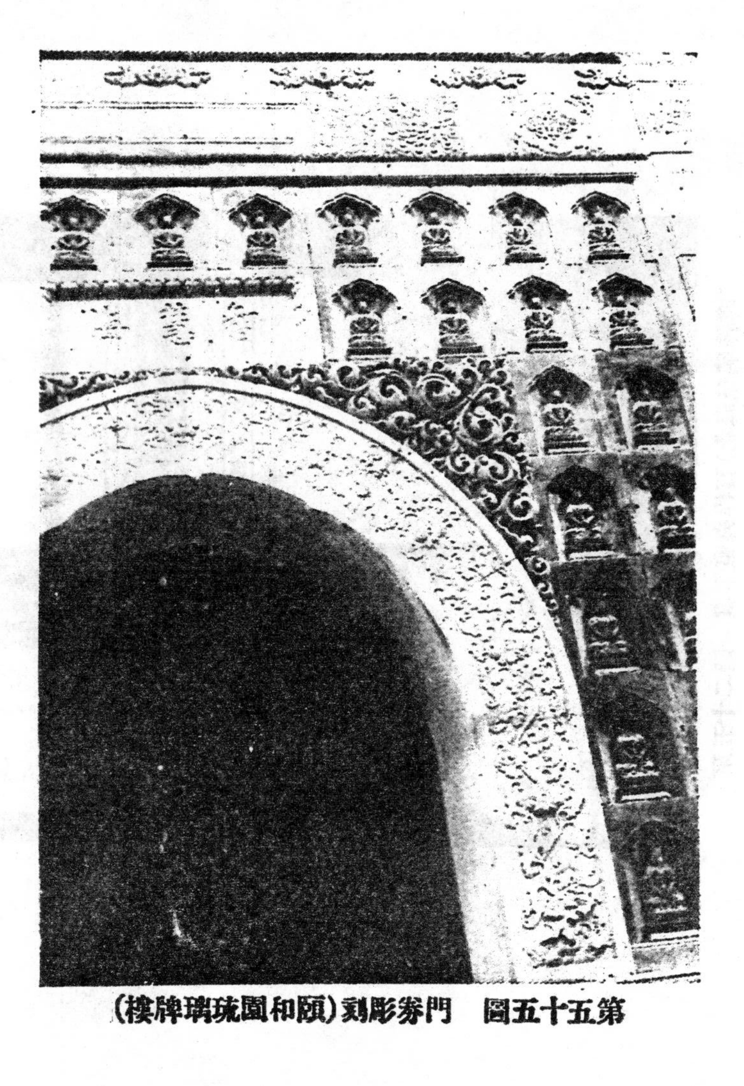
第五十五圖 門券彫刻(頤和園琉璃牌樓)

明高七寸。

九　斗板。　青花石斗板八塊，湊長三丈七尺四寸，寬一尺，厚五寸。

十　蹼踩。　前後連三蹼踩二座，面闊五丈二尺，進深三尺五寸，內平頭土襯四塊，湊長二丈二尺，寬一尺二寸，厚五寸。

蹼踩石八路，每路計八塊，湊長四丈四尺，寬一尺，厚五寸。

十一　垂帶。　垂帶八塊，各長三尺九寸，寬二尺，厚七寸。

十二　象眼石。　象眼石四塊，各長三尺，高一尺，厚五寸。

十三　牙子石。　牙子石二路，計二十塊，湊長十丈零五尺二寸，寬一尺，厚五寸。

十四　台基底墊。　台基豆渣石底墊，面闊五丈九尺一寸，進深一丈，均厚一尺五寸，二層。

十五　海墁。　劵內海墁明間一段，面闊九尺八寸，寬六尺六寸，二次間海墁二段，各面闊六尺四寸，寬六尺六寸，青花石厚七寸。

十六　海墁下砌磚。　明間海墁下背砌城磚一段，面闊八尺六寸，進深七尺三寸，高一尺。二次間海墁下背砌城磚各一段，湊長二丈零一寸，寬七尺三寸，高一尺。

十七　須彌座夾桿下土襯。　須彌座夾桿下土襯四段，露明青花石，不露明青砂石，厚七寸。

十八　夾桿。　青花石夾桿八塊，各高六尺零五分，見方二尺四寸。

十九　夾桿背後砌磚。　夾桿背後四段，內二段各面闊二尺四寸，寬一尺八寸五分，高六尺零五分；二段各面闊一尺四寸，寬一尺八寸五分，高六尺零五分，俱用城磚，內除柱子四段。

二十　兩山夾桿後砌磚。　兩山夾桿上背砌二段各長二尺三寸，至額枋下皮高九尺六寸，進深厚八寸，用城磚，內除雀替一段，長二尺三寸，折高一尺七寸，厚七寸，折見方尺二尺七寸三分七釐。

二十一　廂桿。　青花石廂桿二塊，各高六尺零五分，寬一尺八寸五分，厚一尺。

二十二　明次間及兩山須彌座。　青花石須彌座六塊，各面闊三尺六寸，進深寬六尺四寸五分，高四尺零五分。

二十三　明間劵門及門內須彌座。　明間劵門一座，裏口面闊一丈零四寸，中寬一丈三尺五寸，進深六尺。

須彌座高四尺，進深六尺零五分。

青花石平水石四塊，內二塊各高二尺，二塊各高一尺七寸，寬一尺四寸，進深連花頭長六尺三寸。

青花石劵石十一塊，進深各連花頭長六尺三寸，內中一塊上口寬二尺，下口寬一尺三寸五分，餘十塊上口各寬一尺九寸五分，下口寬一尺五寸五分，厚一尺四寸，外加灣寬厚二寸。

券臉二道，各折湊長三丈八尺三寸四分，寬一尺四寸，花活。

二十四　次間券門及門內須彌座　二次間券門二座，每座裏口面闊七尺，中高一丈一尺六寸，進深六尺。

須彌座高四尺，進深六尺零五分。

每座青花石平水石四塊，內二塊各高二尺二塊各高一尺七寸，寬一尺四寸，進深連花頭長六尺三寸。

每座青花石券石九塊，內中一塊，上口寬二尺，下口寬一尺二寸五分，八塊上口各寬一尺七寸五分，下口寬一尺三寸，厚一尺四寸，外加灣厚二寸。

每座券臉二道，各共湊長五丈五尺二寸八分，寬一尺四寸，花活。

二十五　明次間須彌座後砌磚　明間須彌座背後一段，面闊一丈七尺六寸，寬五尺九寸，至額枋下皮高一丈三尺二寸，用城磚，內除券門一座，面闊一丈三尺二寸，進深五尺九寸，折高九尺九寸，夾桿頭二段，各高一尺九寸，寬二寸五分，厚五尺九寸，雀替四段，各長五尺一寸，折高一尺九寸，厚七寸，折見方尺八百零三尺七寸四分。

二次間須彌座上背砌二段，每段面闊一丈四尺二寸，寬五尺九寸，至額枋下皮高一丈一尺六寸，內除券門一座，面闊九尺八寸，進深五尺九寸，折高八尺，夾桿頭二段，各長五尺九寸，高一尺九寸，厚二寸五分，雀替四塊，各長四尺，折高一尺五寸，厚七寸，折見方尺四百八十四尺九寸六分五釐。

二十六 各間琉璃柱。 明間黃色綠色琉璃中柱，二面計四根，各通高一丈四尺八寸五分，寬二尺。 每根分爲十一件，每件寬二尺，厚八寸。

兩梢間並兩山檐角黃色綠色琉璃方柱，二面計四根，各通高一丈四尺八寸五分，面闊寬二尺，厚二尺。 每根高分爲十一層，每層計二件，每根共計二十二件。

二十七 各間柱後砌磚。 明間中柱背後二段，各高一丈四尺八寸五分，寬二尺，厚四尺七寸，用城磚，內除柱子高一丈四尺八寸五分，徑一尺，折見方尺十一尺一寸三分五釐。

二十八 各間雀替。 明間二面貼落黃綠色琉璃雀替四塊，每塊計七件，厚六寸。

二次間二面貼落黃綠色雀替八塊，每塊計五件，厚六寸。

兩山每山貼落黃綠色琉璃連二雀替一塊，計八件，厚六寸。

二十九 各間小額枋。 明間小額枋二面計二根，各長一丈七尺六寸，高一尺七寸。 每道計十件，寬一尺七寸，厚七寸五分。

二次間小額枋，二面計四道，各長一丈四尺二寸，高一尺七寸。 每道計八件，高一尺七寸，厚七寸五分。

兩山貼落小額枋二道，各長二尺三寸，高一尺七寸。每道計二件，高一尺七寸，厚七寸五分。

三十　小額枋後砌磚。　明間小額枋背後，長一丈七尺六寸，高一尺七寸，進深四尺八寸，城磚砌。

次間小額枋背後二段，各長一丈四尺二寸，高一尺七寸，進深四尺八寸，城磚砌。

三十一　各間縧環板花板　明間縧環板花板，前後二面，每面計九堂，黃綠色。　摺柱十根，各高一尺七寸五分，寬五寸，厚七寸。　花板九塊，各高一尺七寸五分，寬一尺四寸。　背面一段，長一丈七尺六寸，高一尺七寸五分，進深四尺六寸，城磚砌。

二次間縧環花板，前後四面，每面計七堂。　摺柱八根，各高一尺七寸五分，寬四寸，厚七寸。　花板七塊，各高一尺七寸五分，寬一尺五寸五分，厚七寸。　背面二段，各長一丈四尺二寸，高一尺七寸五分，進深四尺六寸，城磚砌。

兩山每山貼落花板一堂，及摺柱二根。摺柱各高一尺七寸五分，寬四寸，厚七寸。　花板一塊，高一尺七寸五分，寬一尺五寸，厚七寸。

三十二　各間大額枋及背後砌磚。　明間大額枋二面，計二道，至次樓高栱柱，各長二丈六尺八寸，高一尺八寸。　每道計十八件，各高一尺八寸，厚七寸五分。　背面一段，長二丈六尺八寸，高一尺八寸，進深四尺五寸，城磚砌。

二次間大額枋，二面計四道，各長一丈四尺二寸，高一尺八寸。　每道計八件，高一尺八寸，厚七寸五分。　背面二段，各長一丈四尺二寸，高一尺八寸，進深四尺五寸，城磚砌。

兩山貼落大額枋二道，各長二尺三寸，高一尺八寸。　每道計一件，高一尺八寸，厚七寸五分。

三十三　明間正樓尺寸。　明間正樓一座，高栱柱外皮至外皮面闊一丈二尺四寸，進深六尺。

三十四　明間正樓高栱柱。　明間正樓黃綠色琉璃高栱柱每座二根，二面計四根，各高六尺五寸，見方一尺四寸，每根分爲六件。　背面二段，各淨高五尺一寸，寬一尺四寸，厚三尺二寸，城磚砌。

三十五　明間正樓龍門枋。　明間龍門枋（按卯木牌樓之單額枋此云龍門枋與前不符待考）二面計二道，各長九尺六寸，高一尺四寸。每道計六件，高一尺四寸，厚七寸。　背面長九尺六寸，進深四尺六寸，城磚砌。

三十六　正樓兩山龍門枋。　兩山龍門枋二道，各長三尺二寸，高一尺四寸。　每道計二件，高一尺四寸，厚七寸。　背面二段，湊長六尺四寸，高一尺四寸，厚七寸。

三十七　明間正樓平板枋。　四面黃綠色琉璃平板枋二十八件，寬八寸，厚五寸。　背面面闊一丈零六寸，進深四尺二寸，寬五寸，城磚砌。

三十八　明間正樓匾。　明間正樓中心青花石匾二塊，各長七尺二寸，高三尺一寸，厚一尺八寸。青花石字匾，週圍龍邊，二面，每面計十八件，俱寬八寸，厚一尺一寸，黃綠色琉璃。　龍邊裏口週圍綫磚二面，每面計二十二件，寬五寸五分，厚二寸，綠色。

綠色線磚外口立花黃色線磚二面，每面計六件，寬五寸五分，厚二寸。

匾背後並龍邊面闊九尺六寸，高五尺一寸，進深厚二尺六寸。城磚砌。

三十九　明間正樓斗科及樓頂。　明間正樓四面擺安單翹單昂黃綠色琉璃斗栱，內角科四攢，每攢計三件，平身科十六攢，每攢計三件。　直栱板二十件，（即翹栱板）押摺二十件，（即盞斗板）機枋三十八件，機枋頭四件，花桁十六件，素桁條十件，花桁條頭四件。

背面面闊折長一丈零四寸，進深折寬四尺四寸，自平板枋上皮至桁條上皮高二尺二寸，城磚砌。

正樓頭停堆頂正身面闊折長一丈零四寸，寬六尺，連椽子背後折長一尺二寸，城磚週圍擺砌用黃綠色。　角梁四件，黃虛錯角四件，（即寶瓶）斜椽二十四件，連檐四十八件，套獸四件，起翹十六件，（即襯頭木）板椽二十二件。

頭停苫背正身面闊一丈一尺四寸，坡深一丈一尺四寸，兩廈當溝長二丈零四寸，寬二尺八寸。

大脊一道，用七樣黃色琉璃正吻二支，吻座二套，劍靶二件，背獸二件，正當溝二十二件，押帶條二十二件，群色條十六件，通脊五件，扣脊瓦八件。

垂脊四道，用垂獸四支，獸座四件，托泥當溝四件，正當溝二十件，押帶條五十二件，平口條二十件，垂脊十二件，扣脊瓦十六件。

角脊四道，用角獸四支，獸座四件，斜當溝十六件，押帶條三十二件，角脊四件、三連磚四件，撬頭四件，捎頭四件，方眼螳螂勾頭八件，仙人四件，走獸八件，遮朽瓦四件，扣脊瓦四件。

博脊二道，用正當溝十件，押帶條十件，博脊連磚二件，博脊瓦二件，掛尖四件。

二山博縫用博縫磚十二件。

三山排山用勾頭十四件，滴水十六件，板瓦十六件。

窯瓦。

四十　次間次樓　　二次間次樓二座，每座高栱柱外皮至外皮面闊九尺，進深六尺。

四十一　次樓高栱柱　　黃綠色琉璃高栱柱，每座二根，二座二面計八根，各高六尺五寸，見方二尺四寸，每根計六件。　背面二段，各淨高五尺一寸，寬一尺四寸，厚三尺二寸，城磚砌。

四十二　次樓龍門枋　　龍門枋（按應作單額枋）二面計四道，各長六尺二寸，高一尺四寸。　每道計四件，高一尺四寸，厚七寸，三座四段。　背面二段，面闊六尺二寸，進深四尺六寸，城磚砌。

四十三　次樓二山龍門枋　　兩山龍門枋，每座二道，各長三尺二寸，高一尺四寸，每道計二件高一尺四寸，厚七寸。背面湊長六尺四寸，高一尺四寸，城磚砌。

四十四　次樓平板枋　　次間次樓，每座四面平板枋二十四件，寬八寸，高五寸，二座。

第五十六圖　次樓詳部(北海琉璃牌樓)

第五十七圖　雀替大小額枋花板(北海琉璃牌樓)

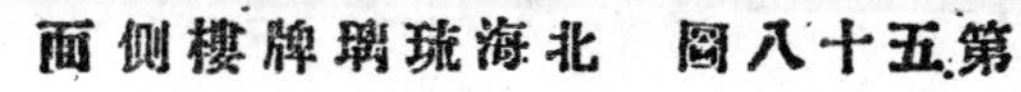

第五十八圖　北海琉璃牌樓側面

第五十九圖　北海琉璃牌樓側面詳部

背面面闊七尺二寸，寬四尺二寸，高五寸，城磚砌二座。

四十五　次樓匾。　二次間次樓每座龍匾二面，每面面闊五尺，高三尺九寸。　分三層，內下一層計四塊，高一尺二寸五分，中層計三塊，上層計四塊，俱高一尺三寸，厚七寸，深花二座四面，龍匾週圍白字平面綠色線磚十八件，寬四寸，厚七寸，二座四面。

白字外口平面黃色線磚十八件，寬二寸，厚七寸。

龍匾並線磚背面面闊六尺二寸，高五尺一寸，均厚四尺四寸，城磚砌。

四十六　次樓斗栱及樓頂。　次間次樓每座四面擺安斗栱單翹單昂，每座內角科四攢，平身科十二攢，每攢俱計三件。　直栱板十六件，押㮰十六件，機枋二十八件，機枋頭四件，花桁條十四件，素桁條八件，花桁條頭四件，二座。

背面面闊折長七寸，進深折寬四尺四寸，自平板枋上皮至桁條上皮高二尺二寸，城磚砌。

次間正樓二座，每座頭停堆頂，正身面闊七尺，寬六尺，連椽子背後折高一尺二寸，城磚砌。　週圍擺安黃綠色琉璃，每座用角梁四件，套獸四件，黃虛錯角四件，起翹十六件，斜椽二十四件，板椽十四件，連檐四十二件。

頭停苫背正身面闊七尺六寸，進深二丈一尺四寸，兩廈當湊長二丈四尺，寬二尺八寸。

大脊一道，用正吻四支，吻座四件，劍靶四件，背獸四件，正當溝二十八件，押帶條三十六件，羣色條二十件通脊六件扣脊瓦十件。

垂脊四道用垂獸八支獸座八件托泥當溝八件正當溝四十件押帶條一百零四件平口條四十件垂脊二十四件扣脊瓦三十二件。

角脊四道用角獸八支獸座八件斜當溝三十二件押帶條六十四件角脊八件三連磚八件攛頭八件梢頭八件方眼螳螂勾頭十六件仙人八件走獸十六件遮朽瓦八件桁脊瓦八件。

博脊二道用正當溝二十件押帶條二十件博脊連磚四件博脊瓦四件掛尖八件。

二山博縫二座用博縫磚二十四件。

二山排山二座用勾頭二十八件滴水二十八件板瓦三十二件。

宼瓦。

四十七　夾樓斗栱及樓頂。　夾樓二座每座通面闊七尺二寸五分進深六尺。

平板枋二面計二道各長七尺二寸五分每道計五件高五寸厚八寸二座用四道。

背面長七尺二寸五分寬四尺二寸高五寸城磚砌。

二面擺安單翹單昂斗栱內平身科十攢每攢三件。　直栱板八件押搘八件機枋十八件花桁條八件素桁條四件。

頭停堆頂面闊七尺寬六尺連椽子背面折高一尺二寸城磚砌。　二面擺安黃綠色板椽十四件，連檐十四件。

貼落平面綠色琉璃墜山花二縫，每縫計六件。各均長二尺九寸，均高七寸，厚二寸五分。

頭停苫背面闊七尺二寸五分，坡身一丈一尺四寸。

二山披水二道，用披水十六件。

大脊二座二道，用正吻四支，吻座四件，劍靶四件，正當溝二十八件，押帶條三十二件，羣色條二十件，正通脊六件，扣脊瓦八件。

垂脊二座四道，用垂脊八支，獸座八件，托泥當溝八件，平口條六十四件，押帶條八十八件，罨脊十六件，扣脊瓦三十二件。

瓮瓦。

四十八、邊樓斗栱及樓頂。　邊樓二座，每座通面闊四尺五寸，進深六尺。

三面平板枋十三件，寬八寸，高五寸。

背面面闊三尺七寸，進深四尺二寸，高五寸，城磚砌。

三面攛安單翹單昂斗栱內角科二攢，平身科六攢，俱每攢計三件。　直栱板七件，押搯七件，機枋十三件，機枋頭二件，花桁條六件，素桁條四件，花桁條頭二件。

背面面闊折長三尺五寸，進深折寬四尺四寸，自平板枋上皮至桁條上皮高二尺二寸，城磚砌。

頭停堆頂面闊折長三尺五寸，寬六尺，連椽子背後折高一尺二寸，城磚砌。三面擺安黃綠色角梁二件，套獸二件，黃虛錯角二件，起翹八件，斜椽子八件，板椽六件，連檐二十一件。

一山貼落平面綠色壂山花一縫，計六件，各均長二尺九寸，均高七寸，厚二寸五分。二座每座頭停苫背正身面闊三尺八寸，坡身一丈一尺四寸，厦當長一丈零二寸，寬二尺八寸。

一山披水用黃色披水四件，二座，每座調大脊二座，二道，用正吻四支，吻座四件，劍靶四件，背獸四件，正當溝八件，押帶條十二件，羣色條八件，正通脊二件，扣脊瓦二件。

垂脊二座四道，用垂獸八支，獸座八件，托泥當溝八件，正當溝四十件，押帶條一百零四件，平口條四十件，垂脊二十四件，扣脊瓦三十二件。

角脊二座二道，用角獸四支，獸座四件，斜當溝十六件，押帶條三十二件，角脊四件，三連磚四件，撺頭四件，稍頭四件，方眼螳螂勾頭八件，仙人四件，走獸八件，遮朽瓦四件，扣脊瓦四件。

博脊二座二道，用正當溝十件，押帶條十件，博脊連磚二件，博脊瓦二件，掛尖四件。

一山博縫二座，用博縫磚二十四件。

一山排山二座，用勾頭十四件，滴水十四件，板瓦五十六件。

瓷瓦。

大額枋，龍門枋，綠色箍頭四十件。

（完）

宋石刻牌樓

前文付刊後，復於國立北平圖書館見宋石刻「平江圖」拓本，府治之北有天慶觀三門，比列南向，綴以短垣，若昌平明陵之龍鳳門，當爲烏頭門與櫺星門二者過渡之物。 城內各街口有牌樓五十七處，什九作冲天式，柱端貫斜木，內高外低，相對若八字，疑爲桓表變體，與營造法式日月版及近世火焰牌樓之雲版，殆同出一源。 額枋之上，類具斗栱，覆以四注廡殿式之頂，與今制同，亦偶有柱不出頭之例，然二者牓書坊名，則皆一致，前文疑「牌坊」二字與坊門有關，觀此益足徵信，若近代柵門，係具體而微之里門坊門，更無詞費矣。 敦楨附記

宋石刻牌樓

哲匠錄目錄 續

第一　營造

清

梁　九　雷發達 子金玉 家瑞 金玉季子聲澂 家璽三子景修 聲澂長子家瑋次子家璽三子 景修三子思起 思起長子廷昌　賈漢復　姚之夔

高　第　馬鳴蕭　張自德　黃攀龍　余　忱　程兆彪　張　衡

嵇曾筠　陳　儀　俞兆岳　僧祖印　姚蔚池　史松喬　谷麗成

潘承烈　文　起　黃　晟　黃履暹　黃履昊　黃履昴　李毓德

李　斗　吳學成　王明頒　胡紹箕　袁保齡　陳　璧　楊斯盛

謝甘棠　詹天佑　熊羅宿

哲匠錄（續）

紫江朱啓鈐桂辛輯本
新會梁啓雄述任校補

第二 營造

清

梁九

梁九，順天（在今河北省境。）人。自明末迄清初，凡大內興造，皆九董其事。康熙三十四年重建太和殿，九手製木殿一區，獻于尚書所，以寸準尺，以尺準丈，不逾數尺，而四隅重室，規模悉具。工作以之爲準，無爽，殆絕技也。初，明時有工師馮巧者，董造宮殿；至崇禎間老矣；九往執業門下，數載終不得其傳，而服事左右不懈益恭。一日，九獨侍，巧顧曰：「子可教矣！」於是盡授其奧。巧死，九遂隸籍工部，代執營造之事。

清王士禛梁九傳（見帶經堂集蠶尾續文卷七） 康熙三十四年重建太和殿有老工師梁九者蓺匠作年七十餘矣自前代及本朝初年大內興造梁皆董其事一日手製木殿一區獻於尚書所以寸準尺以尺準丈不踰數尺許而四阿重室規模悉具殆絕技也初明之季京師有工師馮巧者董造宮殿自萬歷至崇禎末老矣 九往執役門下數載終不得其傳而服

事左右不懈益恭一日九獨侍巧顧曰子可教矣於是盡傳其奧巧死九遂隸籍冬官代執營造之事予因嘆夫一技之必有師承不妄授受如此矧道德文章之大者乎柳子厚作梓人傳謂畫宮於堵盈尺而曲盡其制計其毫釐而構大廈無進退焉殆類是歟乃爲之傳

雷發達

子金玉　金玉季子聲澂　聲澂長子家瑋次子家璽三子家瑞　家璽三子景修　景修三子思起　思起長子廷昌

雷發達，字明所，江西南康府建昌縣（今改名永修縣）人。生於明萬曆四十七年，卒於清康熙三十二年。（1619-1693）清初以藝應募赴北京，是爲「樣式雷」一家發祥之始。康熙中葉營建三殿，發達以南匠供役其間。據故老傳聞云：「時太和殿缺大木，倉猝拆取明陵楠木舊梁柱充用。上梁之日，聖祖親臨行禮。金梁高舉，卯榫（凡剡木相入，以盈入虛謂之卯，以虛入盈謂之榫，亦曰筍。）懸而不合，工部從官相顧愕然，皇恐失措。所司乃私畀發達冠服，使袖斧猱升，斧落榫入。禮成。上大悅，面敕授工部營造所長班。時人爲之語曰：「上有魯般，下有長班，紫微照命，金殿封官。」」年七十始解役，後四年歿，葬金陵。

金玉，字良生，生於順治十六年，卒於雍正七年。（1659-1729）發達長子也。繼父業，任營造所長班，供役圓明園楠木作樣式房掌案。以內廷營造功，欽賜內務府七品官，並食七品俸。有子五人，獨稚子聲澂世其業。

聲澂，字藻亭，生於雍正七年，卒於乾隆五十七年。（1729-1892）生三日而金玉就木，奉旨馳驛歸葬江蘇江寧縣。四兄盡室南行，聲澂母張氏獨撫幼子，留居北京，繼承父業。

家璋，字席珍，生於乾隆二十三年，卒於道光二十五年。（1758-1845）聲澂長子也。乾隆中曾奉派查辦外省各路行宮及隄工。與其弟家璽、家瑞先後繼武承辦營建事業於乾嘉兩朝。

家璽，字國賢，生於乾隆二十九年，卒於道光五年。（1764-1825）乾隆五十七年承辦萬壽山、玉泉山、香山園庭、熱河避暑山莊及昌陵等工程。又承辦宮中年例燈彩、西廠焰火、及乾隆八十萬壽典景樓臺工程。嘉慶中又承值圓明園東路工程及同樂園演劇之切末、鼇山、珠燈、屜畫等。

家瑞，字徵祥，生於乾隆三十五年，卒於道光十年。（1770-1830）聲澂幼子也。隨其兩兄承辦內廷工程，任樣式房掌案頭目。嘉慶中大修南苑，家瑞承辦楠木作內簷硬木裝修，嘗至南京採辦紫檀、紅木、檀香等料，并開雕於南京。

景修，字先文，號白壂，生於嘉慶八年，卒於同治五年。（1803-1866）家璽三子也。年十六，即隨父在圓明園樣式房學習世傳差務。勤奮自勵，克紹祖業。惟年僅廿二，即失怙，以差務繁重，恐辦理失當，乃遵遺命將掌案名目倩其夥伴郭九代辦，而自居其下。至咸豐二年，郭九死，乃收回自辦。家中裒集圖稿燙樣模型甚多，世守之家法賴之以不墜。

思起，字永榮，號禹門，生於道光六年，卒於光緒二年。（1826-1876）景修三子也。同治四年營建定陵，思起以力作之功，以監生賞鹽大使銜。十三年時，有修復圓明園之議，思起與其子廷昌因進呈園庭工程圖樣，蒙召見五次。

廷昌，字輔臣，又字恩綬，生於道光二十五年，卒於光緒三十三年。(1845—1907) 思起長子也。光緒三年，惠陵金券合龍，隆恩殿上梁，廷昌適供差樣式房。以候選大理寺丞列保賞加員外郎銜。同時普祥、普陀二陵大工亦方起，而三海、萬壽山、慶典工程又先後踵興，廷昌均與其役。

朱啟鈐樣式雷考　雷發達字明所江西南康府建昌縣人生於明萬歷四十七年卒於淸康熙三十二年(1619—1693)雷氏本江右鉅族本枝蕃衍子孫分居豫章各郡縣者不一籍北山支起於元延祐初有雷起龍者自千秋崗移居縣城之新鄉北山社遂自號北山翁按雷氏大成族譜譜稱雷氏以方雷公得姓受世故自雷公始以周易六十四卦紀世系至煥公已六十四世乾元再周至起龍適爲百世（譜以再周之口卦計則三十六世）起龍三子在元代皆以儒顯長曰洪科舉中選拔進士官吏部右丞次曰溥舉進士任峽州儒學教諭三曰源任陵路東山書院山長分居三宅洪之子善性始稱北山支善性之子宗正元末遭亂避居新奉其子文達以明洪武元年僉身回籍自號東山翁娶妻復業晚年生本莊乃以繼子本端應役於國家見於東山翁自記所謂役者殆別於儒與匠耶在明季本莊之子景常又稱北山前房支景昇則稱北山上房支景昇生子中義孫正藏曾孫永虎景昇之玄孫玉成避明末流寇之亂與子振聲振宙徙家於金陵之石城而玉成遂爲遷金陵之支祖發達振聲子淸初與其堂兄發宣（振宙子）以藝應募赴北京又爲樣式雷家發靭之始祖康熙中葉營建三殿大工發達以南匠供役其間故老傳聞云時太和殿缺大木倉猝拆取明陵楠木梁柱充用上梁之日聖祖親臨行禮金梁舉起卯榫懸而不下工部從官相顧愕然皇恐失措所司私畀發達冠服袖斧猱升斧落榫合禮成上大悅面敕授工部營造所長班時人爲之語曰上有魯般下有長班紫微照命金殿封官年七十解役歿葬金陵長子金玉繼其業

雷金玉字良生發達長子生於順治十六年卒於雍正七年(1659—1729)先以監生考授州同繼父業營造所長班後投充內務府包衣旗供役圓明園楠木作樣式房掌案以內廷營造功欽賜內務府七品官並食七品俸年七十時蒙太子賜

古稀二字匾額初娶劉氏無出繼娶柏氏生長子聲沛又娶潘氏生二子聲清聲洋又娶鈕氏無出繼又娶吳氏生子聲湫及張氏生子聲澂蒙恩賞盤費銀一百兩奉旨馳驛歸葬江蘇江寧府江寧縣安德門外西善橋聲沛聲清聲洋聲湫初均遣歸惟張氏所生幼子聲澂獨留居北京海甸槐樹街張氏撫幼子繼其業故雷氏家譜以金玉爲遷北京之支祖樣式房一業終清之世最有聲於匠家亦自金玉始也劉氏柏氏潘氏鈕氏俱合葬江寧張氏歿葬北京　雷聲澂字藻亭金玉幼子生於雍正七年卒於乾隆五十七年(1729—1792)生三日而金玉就木奉旨歸葬金陵諸子護窆南行獨張氏撫幼子留居北京繼承父業初方聲澂之幼孤也樣式房掌案爲其夥伴所攘奪其母張氏出而泣訴於工部迨聲澂成年乃得嗣業(其母張氏抱子詣工部聲訴恩准以聲澂嗣業乃雷氏子孫傳述者譜中不載)按其生卒年而定其生存年代則知彼承值內廷正在乾隆中葉土木繁興之際而譜中於聲澂一生遭遇及所執藝事略無紀載亦可異也惜其孫景修筆記云同治四年於張氏墓上立石表揚祖妣盛德或有所本歟　雷家瑋字席珍聲澂長子生於乾隆二十三年卒於道光二十五年(1758—1845)乾隆中曾奉派查辦外省各路行宮及隄工等處及灘內鹽務私開官地等事隨鑾供奉或一年二載不時歸還蓋南巡盤時各省備辦行宮樣式雷氏奉派南行事所必然而淮上鹽商競獻供張沿途點景爭妍鬭靡清客匠作亦走於其間皆有奇贏李斗揚州畫舫錄之工段營造錄師承出於內廷工程作家可爲斯時確證也　雷家璽字國賢聲澂次子生於乾隆二十九年卒於道光五年(1764—1825)於乾隆五十七年承辦萬壽山玉泉山香山園庭工程及熱河之避暑山莊中間因辦昌陵工程出外以弟家瑞領圓明園掌案其長兄家瑋則時赴外省查看行宮堤工兄弟先後繼武供事於乾嘉兩朝工役繁興之世又承辦宮中年例燈彩及西廠焰火乾隆八十萬壽典景樓臺工程爭妍鬭靡盛絕一時其家中藏有嘉慶口年圓明園東路檔案一冊手紀承值同樂園演劇鰲山切末燈彩屜畫雪獅等工程漢宮舊事猶見一斑　雷家瑞字徵祥生於乾隆三十五年卒於道光十年(1770—1830)聲澂幼子其兄家璽因昌陵吉地出差辦理陵

工家瑞在樣式房料理一切官事蒙內務府蘇大人添派爲樣式房掌案頭目後因嘉慶中大修南苑工程家瑞承辦楠木作內簷硬木裝修至南京採辦紫檀紅木檀香等料並開雕於南京家璽陵工告竣仍歸圓明園辦楠木作事家瑞雕工完亦回京辦理料木歸公安擺工竣始辭退當差回家盖當乾嘉盛時樣房工作內外兼營家琮家璽家瑞兄弟三人通力合作是以家道繁昌家瑞又於南行時赴江西建昌祖籍重修大成宗譜　雷景修字先文號白璧又號鳴遠家璽三子生於嘉慶八年卒於同治五年(1803—1866)年十六即隨父在圓明園樣式房學習世傳差務奮力勤勉不辭勞瘁道光五年父故以差務繁重惟恐辦理失當謹遵遺言將掌案名目倩夥伴郭九承辦者十餘年而自居其下後於咸豐二年郭九逝世乃爭回自辦迨至咸豐十年八月圓明園被焚檔房停止乃移居西直門內東觀音寺景修一生中工作最勤家中裒集圖稿燙樣模型甚夥築室三楹爲儲藏之所經營生理積貲數十萬並修譜錄塋舍規畫井然世守之工家法不墜者賴有此耳子思起孫廷昌於同光之間因緣時會以陵工蒙異數得貤封通奉大夫贈二品封典　雷克修字雨田行五金玉胞弟金鳴之曾孫與景修同輩實共高祖之兄弟也生於乾隆三十七年卒於道光三十年（1772—1850）隸順天宛平民籍入學爲庠生由四庫館議叙選授河南信陽州州同於嘉慶十四年自海甸槐樹街祖宅遷出別居東直門北新倉於道光七年撰有雷氏支譜世系圖錄序例謹嚴邊欄刊有龍劍堂三字龍劍堂爲北山支本宗之堂號其時各房子孫有以爭充樣式房世業又有槐樹堂者爲雷家蓄養奴婢所生子孫異姓冒宗更成一派克修自好之士乃以業儒自別家譜跋云槐樹街老宅幾不能容余別有執業常居京師遂遷居北新倉云云克修故能文而於其家藝術事譜中皆略而不言豈門戶之分寓有隱痛歟　雷思起字永榮號禹門景修三子生於道光六年卒於光緒二年(1826—1876)同治四年以定陵工程出力以監生賞鹽大使銜思起自記同治十三年因園庭工程進呈圖樣與子廷昌蒙召見五次蓋其時有修復圓明園之議也　雷廷昌字輔臣又字恩綬思起長子生於道光二十五年卒於光緒三十三年（1845—1907）光緒三年

惠陵金券合龍隆恩殿上梁廷昌適供差樣式房以候選大理寺丞列保賞加員外郎銜後納貲爲祖父母父母捐請二品封典匠家子孫遂列在縉紳斯時大工正當普祥普陀陵工方起三海萬壽山慶典工程又先後踵興內而王公貴胄外而疆吏富商捐貲報效輦金請益者踵接於門樣式雷之聲名至思起廷昌父子兩代而益彰亦最爲朝官所側目

賈漢復

賈漢復，字膠侯，別號靜菴；清山西曲沃縣（今名同）大莊里人。明季爲淮安副將，順治二年降清。十三年官工部右侍郎，督修諸陵。累陞副都御史、兵部尚書，兩撫豫秦。漢南棧道爲寇所毀，公捐貲募工且授以開鑿之法，自寶（即今陝西寶雞縣）。至褒（今縣名。在陝西南鄭縣西北四十里。）六百餘里門補葺如舊。濬長安之龍首（渠名，在陝西大荔縣西。）通濟（渠名，在今陝西長安城西南。）二渠，以爲民利。又補刻西安學宮孟子石經，重葺關中書院。

碑傳集卷六十二國初督撫下賈公漢復墓誌銘　公諱漢復字膠侯別號靜菴曲沃縣大莊里人明季時爲淮安副將順治二年豫王下江南歸命入京隸籍正藍旗爲牛彔章京甲午簡授都察院理事官掌京畿道事丙申陞工部右侍郎丁酉以兵部右侍郎都察院右副都御史巡撫河南晉兵部尚書庚子謝事康熙壬寅以原官再起巡撫陝西戊申改用回京候補丁巳七月十五日卒于私第享年七十有二公之在工部也方修治關左諸陵公於風雪中馳數千里經營相度告厥成功復由喜峯古北口巡視邊牆爲綢繆固圉之計僕夫告痛弗顧也適三殿大工並興公潔己釐奸省金錢鉅萬計有昌平灰戶挾私請以西山老虎洞爲煅地者奉旨命公往勘地界公至其地大驚曰此爲玉泉山迺都城龍脈河物奸民妄言致斷與主其事者力爭上卒從公言事得已中州當四方之衝兵燹孑遺凋殘未復公一意與民休息平刑節賦拊循而噢咻

之然念安民必先察吏飭有司懲胥役斷斷持三尺法由是民樂公之寬而吏憚公之嚴蹕遊久困疏請與東省分路民得以息肩勸墾荒地至一萬八千餘頃溫旨優叙然衛輝實荒地一千四百餘頃積歲賠累者則又未嘗不題請豁免也撫秦七載民安吏肅如其撫豫時民力稍暇以其時修廢舉墜漢南棧道爲寇所毀公捐貲募工授以開鑿之法自寶至褒六百餘里閒補葺如舊公私便之濬長安龍首通濟二渠以爲民利昔人所稱且溉且糞長我禾黍者迄於公再見焉尤留意文學事其在豫省以私錢創造貢院延儒開館各成兩省通志全書嗣後衛文淸相國奏請天下通行修輯實自公啟之又補刻西安學宮孟子石經重葺關中書院……

曲沃縣志人物志　賈漢復字膠侯少負奇氣有大志怨家造非言中害頻死不屈明崇禎末漢復奉檄徵高傑兵傑署漢復副總兵王師南下漢復單騎北指豫王見而奇之招隸麾下辭不獲世祖章皇帝知其才授都察院理事官遷工部侍郎督修奉先殿特命撫豫加宮保藏命撫秦其所興舉皆關大計比卒奉旨歸葬賜祭如例先是碑洞石經缺漢復毅然鐫補。又平雲棧復龍首修蒼龍嶺秦人稱之

陝南視察記（見民國廿一年十一月十二日大公報）　……觀音碥昔名閻王碥順治中中丞賈漢復因架木支棧修理不易乃用火煅石以醋沃之石碎路成臨水危崖護以木石欄杆其工今尚存在……

姚之夔

姚之夔，字龍友，淸直隸宣化縣（今名同。民十七改隸察哈爾。）人。順治初，官柳州州判，州灘河有三十六斗、七十二灘者，水石衝激，上官知之夔能，檄視之。築隄鑿石，險者以平。

乾隆宣化府志卷二十九人物志下　姚之夔字龍友宣化人由廩生入國學授柳州判州灘河名三十六斗七十二灘者水石衝激屢壞舟之夔奉檄往視築隄鑿石險者以平上官知其才屢委署篆在南寧詳免省徧遠解在東蘭親詣蠻洞諭

輸積逋丙寅調任太平按僞劄時多脅從之夔力言于上官令自首付火保全者衆尋陞廣東提擧親理塲竈疏通脚引商民便之以丁艱不復出居家以孝友稱

高 第

高第，清直隸阜平縣（今河北阜平縣）人。順治二年、由拔貢授鞏昌同知理刑推官。三年、大兵入川平賊，奉檄開秦州至漢中棧道七百里。親裹糧入山，懸立賞示，勸慰交至，夫役踴躍，一月而工竣。復造三百餘舟以資挽運；餉糈賴以無誤。叙勞遷河南彰德府同知；踏勘西華荒田五千餘頃，詳請蠲免，百姓感之。

光緒畿輔通志卷二百三十七列傳四十五國朝十二正定府阜平縣　高第順治二年由拔貢授鞏昌府同知理刑推官時陝右初定訟牒紛紜第部決如流民情悅服三年大兵入川平賊奉檄開秦州至漢中棧道七百里親裹糧入山懸立賞示勸慰交至夫役踴躍一月而工竣復造三百餘舟資挽運餉糈賴以無誤敘勞遷河南彰德府同知踏勘西華荒田五千餘頃詳請蠲免百姓感之

馬鳴蕭

馬鳴蕭，字和鑾，號子乾；清直隸青縣（今河北青縣）人。順治四年進士；授工部主事。監修乾清宮，暴身烈日中；上見憫之，賜以御用雨蓋。

大清畿輔書徵卷二十一天津府一　馬鳴蕭字和鑾號子乾青縣人順治四年進士歷官浙江湖州府推官內授工部主事監修乾清宮暴身烈日中上見憫之賜以御用雨蓋工竣賜表裏銀馬有差後監督蕪湖關抽分溢額二萬一千六百餘兩商民懷之立去思碑陞員外郎三年告歸

張自德

張自德，字元公，別號潔源，順天豐潤（今河北豐潤縣）人。順治初，由慶都令累官右副都御史，巡撫河南，工部尚書。性伉直，諳習河務。所著四要六弊諸篇，與所修築遙隄縷隄之屬，所言若合符契，允爲治河之準的。

碑傳集卷六十二國初督撫下毛際可張中丞公自德傳　公諱自德字元公姓張氏潔源其別號也世爲順天豐潤人……諳習河務所著四要六弊諸篇與泣任時修築遙隄縷隄之屬所言若合符契工程省什之三帑金省什之一允爲治河之準的云

黃攀龍

黃攀龍，清湖南桂東縣（今名同）人。精於攻木。康熙初，武昌黃鶴樓勢傾斜，攀龍曳而正之。桂陽縣（在湖南今名同）下瀼有橋，地峻水急，植木爲基不旋踵即毀，延攀龍至，橋遂就。邑有溪堰屢修屢決，攀龍親鑿石架木修復之，遂不復壞。

清李元度黃攀龍傳（見國朝耆獻類徵初編卷四百八十一方技一）　黃攀龍桂東人精於攻木康熙初武昌黃鶴樓勢傾倚攀龍挈整如舊省費萬計人皆神之桂陽下瀼有橋地峻水急植木爲基不旋踵毀延攀龍至橋遂就邑泉溪有田資灌上堰屢修輒壞攀龍親鑿石架木出人意表至今永固

余忱

余忱，字士元，清康熙初浙江龍游縣（今名同）人。嗜學好古，淹貫經史百家言。又喜營建，嘗築藏書樓，顏曰「書種」。又於城西北隅築鏡園，穿池引流，結構閑雅。晚年優游其中，賦詩爲樂。

余紹宋龍游縣志卷十九人物傳　余忱字士元亦嗜學好古每剗除程課至老年猶不懈淹貫經史百家言作爲詩文沈雄高古天眞爛然尤善交結名流尤侗韓菼李漁諸人咸有贈答至其仁孝友愛則一門性習攸同人無間然待人接物愷悌慈祥接其言笑者皆如坐春風中如飲醇不覺致醉也好施與皆以急難輒傾心營助惟恐不及亦無德色遠近皆敬愛之性喜營建倣築樓藏書其首顏曰書種又於城西北隅築鏡園穿池引流結構閑雅晚年優游其中賦詩爲樂

程兆彪

程兆彪，字慰書，清安徽休寧縣（今名同）人。康熙間佐相國張公治河。在河工先後二十餘年，淮黃利害多所贊畫。每興築與河卒均勞苦，寒暑不輟，如期工竣，堅緻永固。有治河書十八卷，黃運兩河圖二卷，皆適於用。

清錢陳羣程兆彪墓誌銘（見國朝耆獻類徵初編卷百四十四）　君姓程氏諱兆彪字慰書徽之休寧人……君弱冠入太學遭母喪服除鄉舉不遇因謁選授兵部司務擢刑部雲南清吏司主事所至以才著曹長咸器之時年未三十也念父大耋而兄遠仕陝遂請急省親歸里生瓷病醫死郤諉其孝當是時相國遂寧張公方督治河請於朝擇才以佐遂舉君兄弟君自服闋在事在河工先後二十餘年淮黃利害多所贊畫每興築與河卒均勞苦暑雨凍雪指揮河堧竣工如期堅緻不壞若高堰石工安東汛土埽工擔離安山宿虹陳溝蔡道口諸險工挑山清口河築柳園范莊諸土埽工隄竹楗石以丈計且逾萬積勞久至手顫耳鳴病歸於鄉以老可惜也然自仁皇帝親河召君偕從行五六里顧問詳備賜宸翰寵之以至河督大臣相次奏君功績爲河員最因敘增秩不爲不知君矣嘗摒擋慶河防通判不以鄙曹貫輕倅事曰爲人臣安往不

可謂職且吏治吾好也於是設學校濟雌法數補務能供給撫民者修壩隔以利輓輸而資洩洩甫三月以大工旋河上民思之若習久安之一旦失之者事兄諧終兄身不析箸於河於家事必諮兄兄歿後爲同官經畧君命子仁鋭身白冤卒得白昔誠親王書孝友二字貽君爲不愧云既宦而貧不能歸寓吳養病受子養以卒雍正十年冬也年六十又三……君所著治河書十八卷黃運兩河圖二卷皆適於用……

張衡

張衡，字友石；清景州（今河北景縣）人。康熙初，官工部郎中，充琉璃窰廠監督。時値造築陵工、瀛台、及內殿門、觀約百餘所。衡親勘督建，費少而功倍。

大淸畿輔先哲傳卷十九文學　張衡字友石又字毅文號喘峯景州人父培貞字存之順治三年舉人有孝行母歿三年不履中門不茹葷酒居堊室顏曰負劬作鮮民之生文述哀讀者流涕衡年十二通經史能詩文尤精鍾王筆法順治十八年成進士授內閣中書舍人康熙十一年典試山西稱得士陞戶部主事歷升工部郎中以才能薦督窰廠時造築陵工瀛台內殿門觀約百餘所衡親勘督建費少而功倍……

嵇曾筠

嵇曾筠，字松友；清江蘇江寧縣（今名同）人。康熙四十五年進士。雍正元年，河決河南中牟縣（今名同）十里店，詔曾筠馳往堵築；逾數月工竟。五年，兼管山東黃河隄工。七年、授河南山東河道總督。八年、署江南河道總督。任河務十餘年，其治水用引河殺險之法，故動奏奇績。又善建壩，每於迎溜頂衝之處，輒爲磯以挑之；至今有「嵇壩」之稱。累官文華殿大學士，兼吏部尙書。有坊河奏議（雍正十一年刻本）爲治河名論。曾筠卒，其第三子璜，亦由治河有功，官大學士，繼其武。

淸史稿列傳九十七本傳　嵇曾筠字松友江南長洲人父永仁諸生從福建總督范承謨死事母楊守節撫曾筠成立事分見忠義列女傳中曾筠康熙四十五年進士選庶吉士授編修累遷侍講雍正元年直南書房兼上書房擢左僉都御史署河南巡撫即充鄉試考官遷兵部侍郎河決中牟劉家莊十里店諸地詔往督築逾數月工竟二年春奏言黃沁並漲漫溢銚期營秦家廠馬營口諸隄循流審視窮致患之由見北岸長沙灘逼水南趨至倉頭口繞廣武山根迤迤屈曲而下官莊峪又有山嘴外伸河流由西南直注東北秦家廠諸地頂衝受險請於倉頭口對面橫灘開引河俾水勢由西北而東南毋令激射東北並培釘船幫大壩更於上下增築減水壩秦家廠諸地險勢可減又與河督齊蘇勒會奏培兩岸隄北起滎澤至山東曹縣南亦起滎澤至江南碭山都計十二萬三千餘丈皆從之授河南副總河駐武陟疏言鄭州大隄石家橋迤東大溜南趨應下埽簽樁復於埽灣建磯嘴壩一中牟拉牌寨黃流逼射應下埽護岸建磯嘴挑水壩二穆家樓隄工坐衝亦應下埽加鑲陽武北岸祥符珠水牛趙二處隄工近因中牟迤下新長淤灘大溜北趨成衝應順埽加鑲又言小丹河自辛句口至河內清化鎭水口二千餘里昔人建閘開渠定三日放水濟漕一日塞口灌田日久閘夫賣水阻運請嚴飭仍用官三民一之法違治其罪又言祥符南岸回回寨對面淤灘直出河心致河勢南趨逼省城請於北岸舊河身濬引河導水直行上諭蘇勒用曾筠議四年奏衛河水盛請於汲湯陰內黃大名諸縣築草壩二十七又請培鄭州薛家集諸處埽壩五年命兼管山東黃河隄工尋轉吏部侍郎仍留副總河任六年疏言儀封北岸因水勢衝急甯家寺上首灘崖刷成支河請將舊隄加幫接築土壩跨斷支河以防掣流侵隄青龍岡水勢縈紆將上灣淘作深兜與下灣相對請乘勢開引河導水東行尋擢兵部尚書調吏部仍管副總河事奏請培蘭陽耿家寨北隄下埽簽樁築壩七年授河南山東河道總督疏請開荊隆口引河八年署江南河道總督疏言山水異漲匯歸駱馬湖溢運浮黃河湖合一請於山盱周橋以南開壩洩水並啟高

賓請堰分水入江海高堰山盱石工察有樁腐石欹順砌卑矮者應築月堤加高培實其年久傾圮者全行改築興工之際築壩攔水留舊石工爲障俟新基築定再除舊石仍留舊底二層以禦風浪又奏禹王臺壩工爲江南下游保障沭水源長性猛壩工受衝請於見有竹絡壩二十七丈外依頂衝形勢建石工六百餘丈接連岡阜仍築土隄並濬沭河口門使循故道直趨入海十年奏揚州稻芒河閘商工草率改歸官辦並增設閘官十年加太子太保十一年四月授文華殿大學士兼吏部尚書仍總督江南河道予一品封典十二月丁母憂命在任守制曾筠奏懇回籍終制溫詔許之以高斌暫署仍諭曾筠本籍距淮安不遠明歲工程就近協同經理十二年四月同高斌奏增築海口辛家蕩隄閘同副總河白鍾山奏修清江龍王閘濬通鳳陽廠引河十三年諭曾筠葬母事畢赴工高宗御極命總理浙江海塘工程乾隆元年兼浙江巡撫尋命改爲總督兼管鹽政曾筠條奏鹽政請改商捕爲官役嚴緝私販定緝私賞罰地方有搶鹽奸徒官吏用盜案例參處又疏請於海寧築尖山壩建魚鱗石塘七千四百餘丈入覲加太子太傅二年疏請築淳安淳河石磡三年疏請修築清濱海隄又疏請發省城義倉運溫台諸縣平糶並從之尋召入閣治事以疾請回籍調治上令其子璸歸省又遣醫診視卒贈少保賜祭葬謚文敏祀浙江賢良祠又命視靳輔齊蘇勒例一體祠祀曾筠在官視國事如家事知人善任恭慎廉明治河尤著績。。。。。。。。。用引河殺險法前後省庫帑甚鉅第三子璸亦由治河有功官大學士繼其武

清陸燿稽曾筠小傳(見國朝耆獻類徵初編卷十六)　稽曾筠字松友無錫人……著有防河奏議

陳　儀

陳儀，字子翽；清直隸文安縣(今河北文安縣)人。康熙五十四年進士，官至侍讀學士。善治水，雍正三年、直隸大水，諸河泛濫，壞田廬。儀以諳習直隸省水利，贊襄怡親王相度濬治；教令章奏，皆出儀手。

33720

五年，任天津水利營田局，兼督文安大城隄工。直隸大小諸河七十餘，疏故濬新，儀所勘定者殆什六七。

清史稿列傳七十八本傳　陳儀字子翽順天文安人康熙五十四年進士改庶吉士散館授編修爲古文辭治經世學大學士朱軾器之雍正三年直隸大水諸河泛濫壞田廬世宗命怡親王允祥偕軾相度濬治王求諳習畿輔水利者軾以儀對延見諮治河所宜先儀曰朱子言治河先低處天津爲古勃海逆河之會百川之尾閭今南北二運河東西兩淀盛漲爭趨三岔口而强潮復來拒之牴牾洄漩而不時下下溢則上溢其勢宜然故欲治河莫如先擴達海之口欲擴海口莫如先減入口之水入口之水減則達海之口寬北永定南子牙中七十二沽皆得沛然入三岔口而東注矣四年春從王行視水利敎令章奏皆出儀手軾以憂歸王薦於朝命以侍講署天津同知轉侍讀擢庶子仍署同知如故五年王奏設水利營田四局儀領天津局兼督文安大城隄工二縣地卑下積潦不消若秋復大水隄內外皆巨浸儀購秫稭十餘萬束立表下橛以禦水隄本民工儀言於王請發帑興修招民就工代賑隄得完固南運河長屯隄地隸靜海吏舞法歲調發霸州文安大城民協修百里裹糧咸以爲苦儀爲除其籍畿輔大小諸河七十餘疏故濬新儀所勘定殆十六七云八年擢侍講學士時議設營田觀察使二員分轄京東西以督率州縣命儀以僉都御史充京東營田觀察使營田於天津倣明汪應蛟遺制築十字圍三面開渠與海河通潮來渠滿閉渠蓄水以供灌溉白塘葛沽間斥鹵盡變膏腴豐潤玉田地多汨洳儀教之開渠築圩皆成良田十一年大雨山水暴發沒田廬儀疏聞詔籌賑即命儀董其事凡賑三十四萬餘口十二年轉侍讀學士尋罷觀察使還京師儀篤於內行先世遺田數百畝悉推以讓兄既仕分祿畀昆弟周諸故舊有故人子貧甚屬門生爲謀生業事爲人所訐吏議當降調乾隆二年授鴻臚寺少卿儀以老乞歸七年卒年七十三子玉友雍正八年進士官臺灣知府勤其官有惠政

俞兆岳

俞兆岳，字岱禎，清浙江海甯縣（今名同）人。康熙中，由宣平教諭選大田知縣。乾隆間，官至吏部左侍郎。善築塘，雍正初，築蘇松海塘，疊層石而中貫以鐵筍，犬牙相銜，鎔鐵灌之，膠結衆石爲一。即巨濤衝擊，海潮怒撼，亦不搖動。先後督撫如李衛，尹繼善，皆奏上其法，爲築海塘式。

李文藻吏部左侍郎俞公兆岳傳（見碑傳集卷二十九） 俞公諱兆岳字岱禎浙江海甯人父宣瑔官大竹知縣公生十一歲而孤母吳知書有志節陳說古事教督公公循蹈義法童而知方康熙中由廩生捐貢肄業國子監期滿授宣平教諭選大田知縣喜曰庶幾乎少白吾母之教乎則徒步微服抵縣一童襆被隨寓逆旅中訪利病數十日始出片紙召胥隸一縣大驚自是無留獄縣以治調臺灣縣……遷開州知州遭母憂去官服闋補松江同知……言海塘易潰宜易土以石上官是其言俾督其役大學士高安朱公出視海塘奇公才特疏薦之且曰兆岳如苦行頭陀年向衰矣及早用猶可得其死力有旨召見入對上甚壯之授青州知府是時雍正五年也是年山東旱公以事至省城謁大府大府召優觴公公曰久不雨天子減膳撤樂矣爲人臣子忍對歌舞安坐終讌乎立飲三爵趨而出大府怒思中傷之公即引疾去疏入召詣闕上望見公曰强項吏上官所不便朕知其非病也顧宰相曰此人可何官宰相據例對上曰俞兆岳非常士也亦拘以例乎授通政司參議適江南海水溢決壞海塘數處惟公所築塘屹然如舊督撫言諸朝特擢公太僕寺卿總理海塘時崇明潭沒死者相枕籍公出賞格募人掩骼招流民赴工就食閱七載成石塘七千一百二十八丈自柘林城至金山城凡四十五里復于金山漴缺險要地捐俸築片石小塘五百五十丈以衛之民得安堵乾隆改元今上即位擢都察院右副都御史巡撫江西……七閱月而召爲吏部左侍郎疏請便省墓至里……時海甯方大築塘閣部無錫嵇公總其事公爲嵇門生聞公至

使使候公公進使者曰天子發內府錢築塘而派夫擾及七縣沿隄取土壞民田墓怨聲流道路吾朕聞之矣今日吾不言于師則負師不言于朝則負君其何以處我使者乘程返告厥明則馬上傳箭諸不便事悉罷到部未久江西巡撫岳公奏公前解關稅較常年缺額九萬餘兩下刑部鞫之實浮減免銀二萬五千兩除賞官兵其無款可銷者才三百八十兩事在赦前得免議奉特旨昭雪而公已卒年七十有七公天性耿介能勞苦勇於有爲……而築海塘則功在嶽松其法壘層石而中穿之貫以鐵笱其橫犬牙相銜鎔鐵灌之膠結衆石爲一水即甚怒不可動先後督撫如李公衛尹公繼善皆奏上其法爲築海塘式……

僧祖印

祖印，清四川眉州（今改眉山縣）洪塔寺僧。乾隆二十一年，重修洪塔寺石橋。祖印罄其所蓄，鳩工庀材。「經營度始一絲一粟不仰於衆，一木一石不假於人。凡所選之材，必堅固完好，可垂久者，然後用之。」且親董其役，科頭跣足，策杖指揮。八越月而長橋成。

濟王我師重修洪塔橋記（見嘉慶四川通志卷三十三輿地志津梁眉州）乾隆丙子秋余涖彭庠之九越月邑侯張公治彭之六載也凡關國計民生綱維備舉惟彭志未修以草創委余因攜庠弟子一人爲鄉導徧觀夫橋梁道路山川名勝已見除道成梁收塲畚挶不蔑民功有後無匱矣十月有金剛山之遊至洪塔橋鼛功負石喧聲四達一僧科頭跣足策杖指揮於其間余已心異之橋工未畢馬不能渡因溯堰溝而上但見沿溝傍塍者爭開渠道余曰當此築塲納稼正宜朋酒爲歡何由鬨鬨如是也弟子曰自邑侯新開通濟堰以故水得導引是以如是其急也是夜宿文子庄具燈火挾伊父拜於前余見是叟也吐屬清朗叙及所見修橋事叟曰是僧也是橋也是僧之橋也是僧之修也自經營始度一絲一粟不仰於衆一木一石不假於人必期堅固完好可垂久遠而後已余曰僧何故而發此大願力也叟曰僧殆悟徹菩提於見聞中

而得冥慧者也僧名祖印本洪雅縣祝氏子家世甲科以業儒不就棄而爲僧洪塔寺爲前僧敗鄉人接祖印爲香火主甫一稔積所獲爲合搬莊嚴至今金碧流輝佛光高耀依然一古刹也厥後博遊城市歸則瞑目跏趺錙銖必謹出納愈愼詰者曰僧欲攀躋上西天也印曰吾始以刻木塑泥爲功德府吾今而後乃知利物利人爲功德梯航也自歷忠孝雙江橋上見奔流浩浩來往嬉嬉坐可避風日行無憚褰裳此宰官身先事於民者也吾何舍此而他求哉因是悉出所蓄鳩工選材八越月而長橋落成矣余不禁興歎曰古必擇二千石賢牧令者爲其呼吸相通好惡相同耳不意浮屠氏一經感觸如影隨形逃墨歸儒所謂豚魚吉不言而信存乎德行誠不虛矣異日侯爲霖雨舟楫僧將甘露垂滋一葦西渡理有然也次日立馬金剛山頂舉頭放眼勁豁空明俯視全邑瞭如指掌第見村庄籬落桑麻鷄犬宛然作息天民遺風未遠愈識賢侯之六載辛勤治化翔洽也而彭山之志稿已半脫於心目間矣茲於黃鐘月廿四日鄉人魏雲龍以修橋碑記請余錄此以應謂爲余之遊記也可謂爲碑記也可俾勒諸石

姚蔚池　史松喬　谷麗成　潘承烈　文起　黃晟　黃履暹　黃履昊　黃履昂

姚蔚池，清乾隆間蘇州人。有異才，善圖樣。

史松喬，清乾隆間人。出樣異常。

谷麗成，清蘇州人。乾隆間，由兩淮製造之內府裝修，圖樣尺寸，皆出麗成手。

潘承烈，字蔚谷，清乾隆間人。精宮室裝修之製。

文起，字鴻舉，清乾隆間，江蘇江都縣（今名同）人。精於工程做法。

黃氏兄弟：晟，字東曙；履暹，字仲昇；履昊，字昆華；履昂，字中荷。本徽之歙縣（今名同）潭渡人，清乾隆間，寓居揚州，以鹽筴起家。好搆名園，嘗以千金購得秘書一卷，爲營造之法。每一造作，雖淹博之才，不能攷其所從出。

揚州畫舫錄卷二草河錄下　姚玉調蘇州人……子蔚池有異才善圖樣平地頑石搆製天然　又　史松喬出樣異常

又卷十二橋東錄　谷麗成蘇州人精宮室之製凡內府裝修出兩淮製造者圖樣尺寸皆出其手　又　潘承烈字蔚谷亦精宮室裝修之製而畫得董巨天趣　又　文起字鴻舉江都人博學精於工程做法所見古器極多稱賞鑑家　又

黃氏兄弟好搆名園嘗以千金購得秘書一卷爲造製宮室之法故每一造作雖淹博之才亦不能攷其所從出……黃氏本徽州歙縣潭渡人寓居揚州兄弟四人以鹽筴起家俗有四元寶之稱晟字東曙號曉峰行一謂之大元寶家康山南築有易園……易園中三層臺稱傑搆履暹字仲昇號星宇行二謂之二元寶家倚山南有十間房花園……四橋煙雨水雲勝槩二段其北郊別墅也履昊字昆華行四謂之四元寶由刑部官至武漢黃德道家闕口門有容園履昴字中荷行六謂之六元寶家闕口門有別圃改虹橋爲石橋其子爲蒲築長隄春柳一段爲荃築桃花塢一段

李毓德

李毓德；清乾隆間人。直隸樂亭縣南有大慈寺，年久失修，瓦礫傾頹，惟正殿一間搖落僅存；毓德謀諸住持，圖恢宏之。毓德親董其役，計儲磚瓦，搆木石，去除舊腐物而悉易以新。層基亘地高閣摩空。毓德往返督監，年逾七十不倦。

張作霖大慈寺記（見樂亭縣志寺觀）　樂邑之坤隅三十里曰馬頭營之南一里許舊有東西兩寺西寺入於河觀音浮歸南海東大慈寺厥昉不可考稽諸宏治四年碑記僧人眞良等嘗於天順成化時重加繕葺云今歲幾三百瓦礫傾頹惟

正殿一間搖落僅存李公毓德見而憫之謀及住持圓為恢宏之計俾磚瓦搆木石一切腐物棄置不用適於其左廣數丈許合觀音寺建之層基亘地高閣凌空歷年於玆積費數千金往返督監年逾古稀不倦郎謂今之須達長者可也雖然此地濱於河素患淵湃自為招提勝境當必造庚辰驅支祈永作一方保障則斯寺之建公其尤有深心乎余客玆土聞其事最悉爰備誌之以垂不朽乾隆五十年因黴河逼近形將冲塌李君維藩移建於營東維藩毓德子

李　斗

李斗，字艾塘，清江蘇儀徵縣（今名同）人。博學工詩，通數學音律。所箸揚州畫舫錄十八卷，於名勝，園亭，寺觀，風土，人物，蒐採詳贍。末附工段營造錄（即畫舫錄之第十七卷）。於清代工程做法提要鈎玄，頗多心得。

續纂揚州府志卷十三人物志文苑儀徵　李斗字艾塘諸生博學工詩通數學音律著有永報堂詩集八卷艾塘樂府一卷晚年以疾食防風而愈名所居曰防風館所作揚州畫舫錄十八卷於名勝園亭寺觀風土人物蒐採詳贍阮文達公為序其集

吳學成（按人物志之次，此人似為乾嘉間人。）

吳學成，江西義寧州（今改修水縣）人。性好善，州西燕子崖沿河最險處路仄不踰尺，上臨絕壁，下瞰深淵，頑石礙道，路行者危之。學成鳩工鑿山經營彌年，行者稱便。

同治南昌府志卷五十人物志義寧州善士　吳學成太學生義寧州人性好善州西燕子崖十餘里沿河最險處路仄不踰尺上臨絕壁下瞰深淵頑石礙道路行者危之學成鳩工鑿山經營彌年行者稱便兄徒梁修梅店石橋兄子儀賓亦於

要津修橋不求名凡所修建不爲碑碣

王明頌 按人物志之次，此人似爲乾嘉間人。

王明頌，字三錫，清江西武寧今縣名人。里中羊腸灘，石險壞舟，人多溺斃；里人咸病之。明頌輸金督工鑿平之。又鑿洋坑石棧數里。

光緒江西通志卷一百四十列傳南昌府　王明頌字三錫諸生武寧人里中羊腸灘石險壞舟人多溺明頌輸金鑿之夜夢神人戒止不聽神復降於庭獸面獰獰圍犀作金鐵聲家人震駭明頌不爲動督工鑿益急竟平其險又鑿洋坑石棧數里

胡紹箕 按人物志之次，此人似爲道光間人。

胡紹箕，清湖南安化縣今名同人。都有鹿角砦峭壁斗絕，中通鳥道一綫，行者攀巖而過，目不能瞬。紹箕鑿險成夷，往來稱便。又高隴磯水駛如箭，險灘也；岸仄不容一足，挽舟逆水而上，揷足不定則水陸命懸。紹箕鑿平之。其他艱險處，莫不竭力經營。

光緒湖南通志卷一百八十二國朝人物安化　胡紹箕性好濟利本都鹿角砦峭壁斗絕中通鳥道一線行者攀巖而過目不能瞬紹箕鑿險成夷往來稱便高隴磯水駛如箭險灘也岸仄不容一足挽舟逆水而上揷脚不定則水陸命懸紹箕鑿平之其他艱險處莫不竭力經營

袁保齡

袁保齡，清河南項城縣今名同人。光緒間以直隸候補道督築旅順軍港。開山濬海，築攔潮壩；工程浩大。保齡於氷雪風霧中督工役，晝夜無斁色。又跋山涉海，測地鳩工以築礮臺，不數月東西兩岸七臺成。堅緻曲折，險冠華北。

章梫袁保齡傳（見一山文存卷五）　袁保齡甲三次子同治元年舉人……光緒五年……賞二品頂戴保齡歷官內閣中書侍讀十有三年於天下要聞博考遠覽熟悉掌故……八年……直隸總督疏請以道員留直隸補用乃益銳請整頓軍實是年冬赴奉天旅順口督海防工兼辦水陸軍防務先是奉檄履勘沿海通籌形勢無以易旅順者跨金州半島突出大洋水深不凍山列屏嶂口門五十餘丈口內兩澳四山闌拱形勝天然誠海軍之奧區也於此濬淺灘展口門創建船塢分築礮臺廣造庫廠設外防於大連灣屯堅壘於南關嶺與威海各島造爲聲援遠馭朝鮮近蔽遼瀋實足握東亞海權匪第北洋要塞也至是規畫建築九年李鴻章奏飭駐工督率稱北洋防務以旅順最爲繁鉅西國恃此天險可爲水師窟穴必以全力駐之北洋歲收經費有限祇可就現在財力逐段竭蹶經營開山濬海工大費鉅購料運器於西洋派員僱夫於直省與內地工程迥異初旅順於七年間試辦築壩濟澳久無成功灘地沮洳海潮怒撼百計不足捍禦保齡受任迭與提督宋慶丁汝昌臬司周馥道員劉含芳等察勘妥籌次第興作其築攔潮壩一役於氷雪風霧中督工役植立壩上四十日仿栗鍼美石壩純用塊石護之始獲堅穩時荒島初闢海聲硠硠內地賓僚率相視裹足保齡甞督洋匠土夫工作夜則篝燈草文書恆以一身兼數任其勞苦非常人所能耐法越搆衅法人聲言北犯旅順口僅成黃金山礮臺一座保齡跋山涉海測地鳩工不數月而東西兩岸七臺成又設備戰十臺無數分置克虜伯大礮添置防營環營數十丈植梅花樁阱沿岸伏旱雷海口伏水雷以防敵兵暗襲其時津沽旅順陸路二千里未設電綫急請興建聯絡防軍節節布置聲勢俱壯……

陳璧

陳璧，字玉蒼，福建閩縣（民二併閩縣，侯官，爲閩侯縣。）人。生於清咸豐二年，卒於民國十七年。（1852-1928）官至郵傳部尚書。性長綜核，好營造，所至輒興土木；皆工堅而矩度有法，財亦無虛糜。光緒庚子之役，乘輿西幸，各國聯軍犯京師，輦轂騷然，璧以御史巡視五城，適當其衝；設協巡局，徵循市廛，實導京城市政之先。繼任順天府尹，規復宮禁，修繕蹕路，及時關治，無役不從。迴鑾以後，又奉旨修葺東西兩陵工程，及重建正陽門城樓闕樓。凡所勘估，絕不假手胥吏，而所費皆省於舊例。宣統初元，命估修監國攝政王府及崇陵工程。以省費不中王意，忤旨去職。有望嵩堂奏議十二卷行世。

清史本傳（清史館待刊稿） 陳璧字玉蒼福建閩縣人光緒三年進士授內閣中書……改御史旋管街道疏溝渠平道路衆稱便……二十六年命巡視中城拳匪亂作奏請立團練力主剿匪兼護民敎全活甚衆……聯軍既入官吏盡走獨衣冠乘馬出巡手繕示諭安民密書請全權大臣李鴻章入京時聯軍畫地分守越問民事乃挺身出與抗議……設總理公所……全權大臣咨步軍統領順天府尹三署同集自十月朔始八十餘日不輟三署推璧主其事……擢順天府丞二十七年遷太僕寺少卿全權大臣奏留會辦五城事宜和議成聯軍陸續歸國充接收五城地面專員……擢順天府尹首裁吏設立善後派辦處遴員分科辦事積蠹一清……開辦工藝局與工業設織紡局敎女工……亂後興學時論翕然稱之兩宮回鑾召見頤和園嘉勉命充政務處總辦西陵園寢被兵蹂躪特派爲估修大臣正陽門燬於拳匪並命估修皆工堅而費省……三十三年擢郵傳部尚書兼參預政務大臣規畫路電航郵四政大綱……璧精核任勞怨勤於職事最爲孝欽皇太后所倚畀……逮兩宮升遐朝局一變……革職罷官後仍居京師於西城闢蘇園日以蒔花種蔬課孫嗣讀爲事……戊辰年卒年七十有七

業恭綽清故郵傳部尚書陳公玉蒼墓誌銘(見遐庵彙稿)……公諱璧字玉蒼晚號蘇齋福建閩縣人曾祖登祖春芳父鴻英潛德不耀公少慧弱冠以廩生舉於鄉中光緒三年進士授內閣中書……公性長綜核好營造所至輒興土木而矩度有法財無虛費政府有大建築悉以命公若六陵七園寢之修理惠陵景陵裕陵及正陽門樓之恢復所費皆倍省於昔向主其事者深惎焉及兩宮崩命公估計陵工公猶狃前事估計甚賤遂有人騰說謂公薄待大行皇帝而估建攝政王府第亦以費省不中王意

陳宗蕃清故郵傳部尚書陳公玉蒼年譜　清咸豐二年壬子六月十九日公生於福州城外之蘇坂鄉孝友第公諱璧字玉蒼晚號蘇齋福建閩縣人先世自明萬曆間遷於蘇坂六世祖天南公以農兼讀家境漸裕有祭田五十畝世守其業曾祖登祖春芳父鴻英俱儒讀潛德不耀　光緒三年丁丑公年二十六歲成貢士……以內閣中書用　十八年壬辰公年四十一歲升授體部鑄印司員外郎……南苑天壇等處工程監督稽查京通十七倉事務萬壽慶典總辦　二十年甲午公年四十三歲……六月奉派充醇賢親王園寢宮門園牆工程監督　二十二年丙申公年四十五歲二月奉命管理街道事務前三門外官溝自乾隆十八年奉旨派王大臣修濬以後久已淤塞公建議修復用欵八千兩開通一萬餘丈商民稱便　二十六年庚子公年四十九歲二月奉旨巡視中城時拳匪事起城面不靖五城會奏開辦團練事宜得旨報可……設局於倉場內實義倉五城各設分局……七月二十日有兩宮西巡之變城中秩序大亂搶刦紛起公率團勇百名分守平糶局練勇局捕殺搶犯十餘名人心賴以稍定……二十三日公騎馬衣冠巡於市並出示曉諭居民謂和好在即官商居民照常安業人心因而大定……十月特旨升署順天府府丞　二十七年辛丑公年五十歲……巡視中城御史任滿奉旨留任一年七月補授太僕寺少卿同月補授順天府府尹並會辦五城事宜……十二月奉派估修西陵工程親往勘估不帶算房書吏人等一改從前積弊　二十八年壬寅公年五十一歲正月奉派估修東陵……五月親往西陵驗工

六月奏設京師工藝局於外城下斜街並附設農工學堂……十一月往西陵查工十二月奉派估修正陽門工程　二十九年癸卯公年五十二歲三月往西陵查工奏修左翼節孝祠五月西陵工程告竣前往驗工閏五月初七日正陽門工程開工所有大樓闉樓一切工作共估價銀四十二萬九千九百餘兩較從前工程估價約減三分之二……八月奏請工藝局附設農科工藝局開辦以來募致外洋外省專門工師來京分科製造器物教習藝徒計農務則有鑿井鐵工二科織工則有洋毛巾斗文布二科漆工則有畫漆雕漆二科木工則有華洋式木器各一科籐工則有華洋式籐器各一科此外又有繡工箱工鏞磁胰皂玻璃各科多係京中未有之工藝又於南苑領出荒地招農開墾先開稻田教以種法餘種葡萄桑麻以備釀酒繅絲打索之用規模粗備京師工藝之增進自茲始……九月卸順天府尹任……　三十年甲辰公年五十三歲……五月往惠陵驗工並奉派估修景陵工程　三十一年乙巳公年五十四歲……八月東陵歲修開工馳往驗視……九月奉派查勘東陵工程親往勘估並驗收西陵歲修工程　三十二年丙午公年五十五歲……四月往惠陵勘工並驗收東陵歲修工程……是月奉派承修裕陵聖德神功碑亭工程……惠陵隆恩殿工程完竣親往驗收……　三十三年丁未公年五十六歲……六月十九日正陽門工程告竣……同月奏呈籌畫全國鐵路軌線圖說分畫經緯支幹全國鐵路規模始定於此……　三十四年戊申公年五十七歲……十一月派繪估承修監國攝政王府第工程……　宣統元年己酉公年五十八歲公自京尹擢卿貳皆以興利除弊爲主不避嫌怨壹意孤行嗾之者久欲排擠以爲快攝政王當國親貴干政俱不滿於公於是御史謝遠涵摭拾蜚語以入告朝命孫家鼐那桐查辦迄以事出有因查無實據復奏部議革職……　民國十七年戊辰公年七十七歲閏二月初五日卒於家……　民國十九年庚午葬於北平阜城門外田村之原

楊斯盛

楊斯盛，字錦春，江蘇川沙（今縣名）人。幼失怙恃，家貧，業圬於上海，以工自給。然穎敏有巧思，爲儕輩所重。光緒中葉，江海關建新樓，稅務司懸求最新西洋建築圖式，招華人構築；無敢應者，斯盛獨應之。落成，西人歎賞不置。厥後業日盛而積蓄亦日增。遂出貲規築洋涇陸家渡，六里橋南諸路。又自以少年失學識字無多，見貧苦兒童無力從師就學，憫然憐之，乃捐貲創設學校於滬及川沙廳。晚年又捐貲改築殿家橋，以士敏土爲橋身，以鋼鐵爲骨幹，日親往指揮，甫匝月以積勞卒。羣匠遵其遺法，猶能完成其工。性孝友，與人交然諾不欺，凡工人有一技之長，必加奬拔，或出貲助之，故人皆樂爲之用云。

清史稿列傳二百八十五孝義三本傳　楊斯盛字錦春江蘇川沙人爲圬者至上海上海旣通市商於此者咸受廛焉斯盛誠信爲儕輩所重三十後稍稍有所蓄乃以廉値市荒土營室不數年地貴利倍蓰善居積擇人而任各從所長設肆以取贏迭以助賑叙官光緒二十八年詔廢科舉設學校出貲建廣明小學師範傳習所越三年又建浦東中小學青墩小學凡糜金十八萬有奇上海業土木者以萬計衆議立公所設義學斯盛已病力贊其成事立舉海濱潮溢居民多死者斯盛出三千金以賑又集貲數萬全活甚衆浦東路政局科渡捐急民大譁官至毀其輿斯盛力疾往揮衆散捐亦罷又出貲規築洋涇陸家渡六里橋南諸路改建殿家橋創設上海南市醫院諸事畢舉建宗祠置義田佽故友族人咸有恩紀及卒遺命散所蓄助諸不給遺子孫者僅十一

中國人名大辭典　楊斯盛清川沙人字錦春幼孤業圬於上海光緒中葉江海關建新屋稅務司懸最新之西式招華人搆築無敢應者斯盛獨應之落成大爲西人歎賞業遂日盛晚年積貲四十萬折其大半創設中小學校於黃浦江之東成

就其多

章梫楊斯盛傳（見一山文存卷五）……浦東嚴家橋日久將圮斯盛謀新之又捐銀六千圓築塞門德土爲橋身以鋼鐵爲骨榦日往指揮甫一月而斯盛卒羣匠遵其遺法橋竟成功

謝甘棠

謝甘棠，字寄雲，江西建昌府南城縣（今名同）人。光緒十三年，郡北郭萬年橋毀於水，橋跨盱水上，長一百十八丈三尺，爲甕二十有三，闊一丈八尺三寸，爲江右稀有巨工。十七年知縣洪汝濂集官紳議修復，甘棠時以兵部主事居家，被推董其役，是年夏始工，凡四年蕆事，復以餘材築西岸堤五里，濬城內外溝濠，葺留衣大成坊二橋及文武廟、小橋亭路等二十餘處。所著萬年橋志八卷，於堰水築基諸法圖釋詳明，曲盡其制。末卷橋工日記約四萬言，循名覈實，尤多經驗之談，清代言橋工者，當推此書爲巨擘。

洪汝濂重修萬年橋序　郡城北郭十里有萬年橋綿亘百十餘丈誠合郡山水一大關鍵也曩奉恩詔橋池道路令有司不時修理余忝乏斯任下車後接見紳耆適李穆門比部將有入都之行以橋事請曰斯橋傾圮於丁亥三月前此屢欲修復未果危君子垣有倡捐萬元之說卒無承其事者斯橋上通閩浙下達豫楚爲往來必經之地失此不修後更難爲力矣惟工鉅費繁非得人望素優能任勞怨者僶勿克勝諳以謝君寄雲爲言越日謝君答拜余即以橋事奉商辭之者再且曰當此時艱籌費難同人襄事不能和衷難非爲買有司始終鎮定議論多而成功少難之尤難余强之曰天下事移山塞海非不難也亦視任之者何如耳寄雲迫於大義爰集同事諸君擇吉會議於三皇宮稟請大府詳定規章四月八日與諸紳

盟心告廟時觀者數百人欣欣然有喜色余亦私心竊喜事可期成也八月水涸興工司事諸君經營無間日夜振袂歎呼幾忘其爲公家事余公暇常親臨其地與諸君慰勞苦惜向無橋志水底工程難於臆度猝遇洪水冲破數次余與諸紳虔誠叩禱屢現神鐙於工次其尤異者計匠數百之多在工五年之久無一損傷顯仆非所謂誠則能感歟西岸長堤計五里崩齧數十丈居民患之復爲修築保堤即以護橋也他如社稷壇先農壇上諭亭文武廟城內外瀦滯界山關隘以及小橋亭路計三十餘所復爲善後計造店屋百餘間可謂百廢皆興有善必舉矣今大工告成回憶寄雲任事之勞諸君襄事之苦烈日淒風備嘗艱阻卒能不私於己不擾於民余得藉是而稍爲免過雖曰天幸豈非人事哉且因此而益服穆門之先見寄雲之先慮諸君之樂從即此工役小道而各盡乃心始終堅忍推其所爲至於遠大又何所施而不可也是役也經始於辛卯四月告成於乙未八月計用白金四萬有奇至諸君之姓氏與考工理財寄雲日記已詳言之無待贅述謹撮其大要弁之於端

詹天佑

詹天佑，字眷誠，廣東南海縣（今名同）人。生於清咸豐十一年，卒於民國八年。(1872-1919) 心計精敏，留學美國，畢業於耶路大學。歸國後，充福建船政局廣東博學館各教授。光緒中葉以後，歷充天津津盧、錦州萍醴、新易、潮汕各鐵路工程師，及京張、張綏、川漢、粵漢各鐵路總工程師。最後任漢粵川鐵路督辦。論其一生功績，以京張路工爲最卓著。京張路者，即今平綏鐵路之自北平達張家口之一段也。路長僅三百七十餘里，然自南口以北，層巒疊嶂，巨壑縱橫，故地險而工艱。天佑乃躬足履勘，繪圖計工，引軌循山麓曲折而上，闢峽爲路，復鑿洞三千五百餘尺。閱四年而全路告成。

徐世昌故交通部技監漢粵川鐵路督辦詹君之碑（見碑傳集補卷末）……君之遊美國也年甫十二時清同治十一年爲國派學生出洋之始至光緒七年畢業始歸其所入學校爲美之威士哈吩小學𩃙哈吩中學耶路大學其充教員則爲福州船政局廣東博學館廣東海圖水陸師學堂其充工程師則爲天津津盧錦州萍醴新易潮汕各鐵路其充總工程師則爲京張張綏川漢粵漢各鐵路最後任漢粵川鐵路督辦而以京張路工爲尤著京張路者自京師達張家口長三百七十餘里南口以北岡巒重疊溪澗紛歧地險而工艱出居庸關則八達嶺橫蔽於前其上爲古長城峭壁百尋駭心怵目君初履勘擬由石佛寺向西北鑿洞六千餘尺其後乃改由東面斜行就青龍橋施工闢峽僅鑿洞三千五百餘尺耳當是時君所攜習工程學者僅二人晝則繭足登山夜則繪圖計工無一息之安既而其二人者或以事他調議者竊以謂吾國人未有當此任者益冥心孤往不以無助而少弛其志凡十八月而山洞蕆事四年而全路告成開車之日王公士庶及東西人士觀者數萬咸嘖嘖歎爲前古所未有……君遽以民國八年四月二十四日歿於漢上年五十有九其遺呈三事語不及私知與不知罔不嗟悼鐵路同人呈於八達嶺立祠鑄像以志景行……君名天佑字眷誠廣東南海人所著有京張工程紀略及圖各一卷（銘略）

京綏鐵路旅行指南路綫情形　全路大勢由東南而西北漸入高原行於平原者十之七八行於山嶽者十之二三全路坡度爲百三十分之一惟南口岔道城之間崗巒重疊峭壁參天最爲險峻原測居庸關一帶以阻隔關溝擬建巨橋傍山直上後慮行車出險經往復測勘凡數易始定今綫其間開闢堅巨石峒凡四處共長一千七百二十七公尺路線繞山腰蛇行灣曲半徑有至一百九十公尺坡度有三十公尺內竟高一公尺者掘山鑿崖輒深至三十公尺循溝築堤輒高至二三十公尺其工程之困難概可想見此外沿路尚有艱巨橋工山坡與堤工多處賴我國工程名家悉心經營措置咸宜絕

未借才異國當鳩庀之日外人均疑華人弗克勝任及成功後歐美人士遠來瞻觀莫不驚嘆斯誠我國路界一異彩也。

熊羅宿

熊羅宿字繹元，江西豐城（今縣名）人。本故家子，先世藏書甚富，羅宿博覽羣籍，兼通百家。光緒丙申丁酉間，以高材生從善化皮鹿門講經於章門之景陸堂，嘗以明堂制度相難；羅宿嘗謂考工五室，恐是先儒誤句，觀下言「內有九室，外有九室」可知。師甚然之，因箸明堂圖說一卷，疏證考工記句讀尺度後世注解之誤，其自序及自繪明堂圖步算釋文，概除諸家紛說，自成一貫，蓋以經師兼疇人而究心於營造者也。丙戌黨禁，皮鹿門被黜去國，羅宿亦竄迹日本，曾習圖繪印刷。返國乃僦居滬上，從事製圖刻書，以喪貲傾其家。晚年來北平，參觀故宮制度，流連客邸，老病且死，猶於斗室中伸紙作繪，欲舉其說。不幸於民國廿年物故。箸作頗多，叢稿皆燬於兵火，刊本僅存明堂圖說一卷，而最後所繪之圖，幅廣盈丈，更不知遺落何所。

熊羅宿明堂圖說序　明堂之說言人人殊余舊著通考盈卷未攜行篋且未有圖因作此補之悟前書仍有未是復約略爲之說前人互謬都在誤讀考工疏剔隱滯揭於左首戴記及逸禮遺文既是先秦古書並錄附參檢示非孤證諸家紛說概置弗道不欲以羣言淆本義也好古君子其以爲何如　說幾什一適歲暮徵假南旋忽忽付印中多未是不及修改然距擬稿時已二旬有奇上距發議時更十有四年矣憶丙申丁酉間侍先師皮鹿門先生談經於章門之景陸堂師嘗以明堂制度相難宿嘗謂考工五室恐是先儒誤句觀下言內有九室外有九室可知師甚然之屢促成書未就嗣後頻年奔竄復羈身異國經義一道久荒而不治矣邇來重理舊業增衍成篇雖瑕瑜不掩仍俟礎磨其大致尚云不謬惜師已歸道山

無從請益全書卒業又不知定在何時宿之右負於先師滋不堪言耳書此以警方來冀他日終有以續成毋再爲半途之廢宿又記

又明堂圖說附錄　大戴禮盛德篇曰明堂者古有之也凡九室一室而有四戶八牖三十六戶七十二牖以茅蓋屋上圓下方明堂者所以明諸侯尊卑外水曰辟雍南蠻東夷北狄西戎明堂月令赤綴戶也白綴牖也二九四七五三六一八堂高三尺東西九筵南北七筵上圓下方九室十二堂室四戶戶二牖其宮方三百步在近郊近郊三十里通典引明堂月令云堂方百四十四尺坤之策也屋圓徑二百一十六尺乾之策也太廟明堂方三十六丈通天屋徑九丈陰陽九六之變圓蓋方載六九之道八闥以象八卦九室以象九州十二宮以應十二辰三十六戶七十二牖以四戶八牖乘九室之數也戶皆外設而不閉示天下不藏也通天屋高八十一尺黃鐘九九之實也二十八柱列於四方亦七宿之象也堂高三尺以應三統四鄉五色各象其行外博二十四丈以應節氣也　周禮考工記曰夏后氏世室堂脩二七廣四脩一五室三四步四三尺九階四旁兩夾窗白盛門堂三之二室三之一殷人重屋堂脩七尋堂崇三尺四阿重屋周人明堂度九尺之筵東西九筵南北七筵堂崇一筵五室凡室二筵室中度以几宮中度以尋堂上度以筵野度以步涂度以軌廟門容大扃七个闈門容小扃三个路門不容乘車之五个應門二徹參个內有九室九嬪居之外有九室九卿朝焉　謹按明堂制度見於先秦古書者祇此三處餘悉後人肊度茲不備載前人就此三說稽別同異咸以考工五室與九室之說大相逕庭聚訟數千年莫能考正愚謂考工明言內有九室外有九室本無五室之言言五室者出自後人誤句曾不思下有明文何可誣妄又不思考工立義本是言脩解家謬以廣求之宜其不可通耳今以三書互相鉤勘尺度實較若畫一因據圖之而別說考工於左數千年之誤一旦昭若發矇墳不可易得不爲之狂喜乎

（未完）

附識

(一)清代營建事業，視歷代初無遜色；然營造工師獨寥寥無幾者，何也？擘揆厥由，可區為四：

(1)燕京之營建，肇自遼代，以迄明季，規模大備。清承明後，順治康熙二朝仍依明制庀役。雍正以後，勅六部九卿議定物料價值。乾隆中，復頒行工部工程做法則例，及內廷工部則例；條律繁密，嚴禁浮報。監修大員，往往有賠修之例。職是之故，廉正之士，不敢輕預土木；而司工事者，不一其官，不一其人，互相箝制，以杜弊端；即有一二特出之士，厠身其間，其名亦不彰。其內廷工程，多出自內旨，用料用工，歸之欽定，匠作獻技者，一切取決旨意，不敢自居其名。迨清之季，陵寢宮苑大工，輒付之木廠商人承修，等於唐宋之和雇，今世之包工；王公貴胄，主持其間，倖進者流，附名保案，碌碌多不足紀。

(2)本編取材，多采自官書，間及私家文集，碑傳，筆記之屬；第大臣言行，每不涉土木，名工巧匠，亦鮮收錄；而晚近方志付刋者甚尠，蒐集資料，尤感困竭。逆知清季哲匠，遺珠尙多，補充遺漏，尙有待乎博雅君子。

(3)清代有「樣式房」，「銷算房」，書辦制度，皆世守之工，分掌營造事業。凡興作，首由樣房進呈圖樣，仰決旨意，再發工部或內務府算房，編造各作做法與估計工料。樣房雷氏，受職於康熙中季，綰樣式房掌案二百餘年，近承其裔孫雷獻瑞，雷獻華，以家譜見示，得以編入本錄。其「算房劉」有名者，有劉廷瓚，劉廷琦，劉廷琳。「算房梁」，傳為梁九之裔，有梁椿，梁宇安。「算房高」有高芸，高芬。又有呂德山，陳文煥，王雲漢諸人，其名偶見載記，而事蹟不明，姑懸以俟補。

(4)清康乾間，西洋教士，馬國賢，艾啓蒙，郎世寧，潘廷璋，安德義，王致誠，蔣友仁等，以善畫供奉畫院，相傳謂圓明園中之西洋「Baroque」式建築，構圖監工者，即郎世寧，蔣友仁，王致誠諸人。彼等雖屬外籍，然受清政府宦職，終身服務掖庭，本可收入清代哲匠錄。奈考諸載籍，亦有同一之失望，故虛懸以俟補者，尚有上述諸外卿也。

（二）清代以治河名家者頗不乏其人，前此以此類人才無多，暫歸入營建類；至是附庸已蔚爲大國，似有另設「河海工」一專類之必要，惟中途變例有所未便，故擇其工程與建築相近者，仍歸錄之，一俟全書編竣，再行改屬。

（三）清儒名物考據之學，邁越前古。顧炎武、任啟運、江永、戴震、張惠言、焦循、阮元、洪頤煊、黃以周、王國維諸人，於古代宮室制度，各有考證，雖懸解尚多，未能定讞，然惠我致力於營建學者，抑亦多矣！本錄暫收熊羅宿一人，餘俟補。

中國營造學社彙刊 第四卷 第一期

明代營造史料

單士元

目次

引言

明代立國垂三百年，營造之事至繁本社蒐集此類文獻首重發表史料，俾與學者共同研究，但史料蒐集求備綦難故本社對於史料之發表不期其備雖片紙隻字以早獲公開爲原則想爲讀者所樂許也。

一 工部組織沿革述畧

工部之名，在隋代始列六曹，主營繕者，則有匠作寺，官名曰將作大匠。開皇二十年改將作寺爲將作監，見隋書百官志。唐承隋制未改，至龍朔時乃改爲繕工監。武后臨朝（光宅）改爲營繕監，神龍中宗復國，復爲將作監，宋代仍之，舊唐書職官志、宋史職官志可考也。五代時局擾攘，官制紊亂，史文略而不詳，遼金略仿宋制，洎至元世，則工部官屬名稱較多。遼金以下說採清代官修歷代職官表 明代立國，事事皆上仿唐宋，吳元年，（洪武紀元前一年）即置將作司，主營繕，洪武元年，始定六部之制，明太祖實錄「洪武元年八月中書省奏定六部官制，部設尚書正二品，侍郎正四品，郎中正五品，主事正七品，先是中書省惟設四部，以掌錢穀禮義刑名營造之務，上乃命李善長等議建六部，以分理庶務，至是乃定置吏戶禮兵刑工六部官……」先是惟設四部一語，四部何名，闕而未言。按吳元年四月辛丑，與將作司同時立者，尚有太常司農大理三司。單安仁爲將作司卿，成立六部，以將作隸工部，又以安仁爲工部尙書，則所謂四部者，即此四司也。

明初工部設尙書侍郎，內分四部，曰營部，（初名總部）曰虞部，曰水部，曰屯部。後改營部爲營繕，虞部爲虞衡，水部爲都水，屯部爲屯田，俱稱清吏司。見明會典 營繕司以下復設營繕所，營繕所即將作司之改組。將作於洪武元年隸工部，但不屬於四司，至廿五年改司爲營繕所，將作之名至此乃革。太祖實錄『洪武廿五年四月庚申改將作司爲營繕所，秩正七品，設所正所副各二員，以木匠瓦匠漆匠土工匠搭材匠之精藝者爲之』。又歷代官職表於明工部組織沿革考曰：『洪武置工部及官屬，以將作司隸焉。六年增尚書侍郎各一人，設總部，虞部，水部，屯部爲屬部，總部設郎中員外郎各二人，餘各一人，總部主事八人，餘各四人，又置營造提舉司。八年增設四科，科設尚書侍郎郎中各一人，員外郎二人，主事五人，照磨二人。十年罷將作司。十三年定官制，設尚書一人，侍郎一人，四屬部各郎中員外郎一人，主事二人。十五年增侍郎一人。廿二年改總部爲營部。廿五年置營繕所，秩正七品，設所正所副所丞各二人，以諸匠之精藝者爲之。二十九年又改四屬部爲營繕，虞衡，都水，屯田清吏司。嘉靖後添設尚書一人，專督大工。……』　按洪武初既設工部，將作仍存，其後將作司改爲營繕所，終明之世承之不改。欲考明代營造，則將作營繕其重要機關也。

二　內府與營造

明會典卷百八十一『內府造作，大者莫如宮殿，……』又『……凡內府造作，洪武二十六年定，凡宮殿門舍墻垣，如奉旨成造及修理者，必先委官督匠，度量材料，然後興工。……』又『嘉靖三十九年題准，凡內府及在外各項大工，例應內官監估計。……』　自上觀之，工部雖有營繕司，營繕所，職掌營造；但是凡屬宮殿之營建，以及在外各項大工一切估計之權，全操諸內府，是內府實居於指揮地位，而工部奉行而已。內府之參與營造，實非作俑於明朝，吾人一考史乘，即知歷隋唐宋皆爾也。　蓋明之內府，即前代少府監，少府在隋之世，其權尚小，不過司織染，鎧甲，弓，掌冶而已。洎至唐宋，則權及於營造。　舊唐書職官志工部職掌：「……掌經營興造之衆務，凡城池之修濬，土木之繕葺，工匠之程式，咸經度之。凡京師東都有營繕，則下少府將作以供其事。」　宋史職官志工部職掌：「……工料則飭少府將作監，檢計其所用多寡之數。」　可知唐宋兩代遇有營繕，則少府皆須參與其間，但其權不如明代之大。　蓋唐宋少府之地位，與工部非平等，其於營繕事，工部有命令之權，如前引唐宋工部職掌，一則曰下少府，一則曰飭少府，自文字方面解釋，其地位固在工部下也。　至於明代內府，與工部爲敵體，其權威且有過之。　緣內府本爲君主之親信，故易增其勢燄，勢燄既增，則百弊由之而生。　昔日朱竹坨論清代工部與內務府，有曰：「……工部四司每受制於內務府，一失其意，雖材美工巧，不以爲良……」(註)不知明世有尤甚焉。試繙明歷朝實錄，每遇大工，則侵帑納賄，冒銷工料，擅調工匠等事，乃內府嘗有之現象。　如正德十年，巡按御史宋鉞劾內臣祖臣侵越眞定烙印木植，見武宗實錄嘉靖四年內府各監局濫收軍匠人匠工兵工二部皆上疏爲軍民請命，見世宗實錄。　又如隆慶二年九月，工部尚書雷禮上疏乞修曰：「因本部上供錢糧已經奉詔節省，而爲太監滕祥所執，危言橫索，事事掣肘。　如近者傳造櫥櫃，採辦膠漆，修補七壇樂器，祥輒自加徵，所靡費以巨萬，而工廠存留大木圍一丈長四丈以上諾，該監勤以御器爲辭，斬截任意，用違其材，臣力不能爭，但憤慨流涕而已。今嫌隙既成，事體亦悖，若留臣一日，則增多事於一日，乞早賜罷，以全國體」「上覽疏不悅，令改仕去」見穆宗實錄。叉歷代職官表於明工部按語曰：「明代興作之事，其初悉歸工部，廠後漸以宦官督理，蓋自永樂中已遣太監阮安營北京城池宮殿，諸司府廨，工部特奉行而已。嗣自內臣日益恣橫，往往擅興工役，侵漁乾沒，不可殫計。如成化時李廣建顯宮及諸神祠神廟，至帑金七窖皆盡。他若炭廠窰亦多以內監爲提督，以致侵撓有司，刻剝閭里，工匠廝役傳奉得官，其弊皆由之而出……」所營與史實合。但內府侵越事蹟尙多，上列數則，特其一班。要知明代內官秉政誤國，史不勝書，營繕事其小焉者爾。

註　見隱齋卓集工部主事席政齊墓誌，清之內務府，即明之內府，不過非如明代多用內監也。

三　工匠供役法

明初定工匠供役二等：曰輪班，（註）曰住坐，輪班匠三歲一役，役不過三月。住坐匠月役一旬。輪班屬工部，住坐隸內府，輪班匠散處外省，住坐匠常居京師，此其別也。

輪班匠。

明會典卷百八十九工匠二「凡輪班人匠洪武十九年令籍工匠驗其丁力，定以三年爲班。

更番赴京輸作，三月如期交代，名曰輪班匠，仍量地遠近以爲班次，置勘合給付之，至期至部聽撥，免其家他役。』輪班之法本定於洪武初，定而未行，至十九年工部侍郎秦逵增益量地遠近以爲班次之法，後乃實行，見太祖實錄及國朝列卿記秦逵傳。

輪班法初雖定爲三歲一役，但各色工匠役作有繁簡，遂不能盡繩以三歲，乃率三年或二年輪當，給與勘合，凡二十三萬二千八十九名，計各色人匠一十二萬九千九百八十三名，此爲初定輪班匠額，蓋卽常備匠也。景泰五年，又改訂輪班辦法，凡二年三年者，俱令四年一班，重編勘合。

玆錄會典所載洪武定制工匠名稱數目於左：

五年一班

木匠三萬三千九百二十八名

裁縫匠四千六百五十二名

四年一班

鋸匠九千六百七十九名

瓦匠七千五百九十名

油漆匠五千一百三十七名

竹匠一萬二千七百八名

五墨匠二千七百五十三名
妝鑾匠五百七十三名
雕鑾匠五百二名
鐵匠四千五百四十一名
雙線匠一千八百九十九名
三年一班
土工匠一千三百七十六名
熟銅匠一千二百四名
穿甲匠二千五百七名
搭材匠一千一百一十二名
織匠一千四十三名
筆匠一百二十名
絡絲匠二百四十一名
挽花匠二百九十一名
染匠六百名

二年一班

石匠六千十七名

艌匠九千三百六十名

船木匠一萬五百六名

櫓蓬匠四百七十七名

櫓匠三十九名

蘆篷匠二十二名

戧金匠五十四名

絲匠一百四十九名

刊字匠一百五十名

熟皮匠九百九十二名

扇匠六十六名

燈匠七十五名

氈匠二百九十九名

毯匠一百五十八名

捲胎匠一百九名

鼓匠一百二名

劄籐匠四十八名

木桶匠九十四名

鞍匠一十三名

銀匠九百一十四名

銷金匠五十九名

索匠二百五十五名

穿珠匠一百四名

一年一班

表背匠三百十二名

黑窯匠二千三百七十三名

鑄匠一千六十名

繡匠一百五十名

蒸籠匠二十三名

箭匠四百二十一名

銀硃匠八十四名

刀匠一十二名

琉璃匠一千七百一十四名

剉磨匠一千一百二十五名

弩匠一百一十二名

黃丹匠二十二名

籐枕匠三十四名

刷印匠五十八名

弓匠一百六十二名

鏇匠四十六名

缸窯匠一百九名

洗白匠三十名

羅帛花匠六十九名

住坐匠

33749

內府各監局所屬住坐匠始於永樂朝，內分軍匠民匠，居於京師，附籍大興宛平二縣。會典卷百十九，「凡住坐人匠，永樂間設有軍民住坐匠役；宣德五年令南京及浙江等處工匠，起北京者附籍大興宛平二縣，仍於工部食糧。」住坐匠分於內府各監局者，成化間額存僅六千餘名，其後拓收，倍於原額。至嘉靖十年，清查工匠，裁其老弱殘疾者，存留一萬二千二百五十五名，令為定額。至四十年清查官匠已至一萬八千四百四十三名，復裁去一千二百六十五名，留一萬七千一百七十八名為額。隆慶元年復於嘉靖四十年定額內，革去六百二十二名，存留一萬八百八十員，載入會典者此為最後之數。（明會典，初修於弘治重校於正德，續修於萬歷；本文所據為萬歷本。）住坐匠額數雖堂皇載諸會典，但內府仍歲有增益，甚至有名無人，冒濫錢糧，且創幫工之說。茲錄國朝典彙及閑述所記關係住坐匠史料二則，可見當日冒濫之情形，至於住坐匠名稱以及各監局應有之數，當於本刊下期補之。

典彙：

嘉靖廿五年三月，先是掌錦衣衛都督陳寅請申明制典，寬查革事，上曰：該衛既差役繁難，免查，但中間工所負緣寄名及臨時添名者，查明盡行革去。給事中陽上林等因查錦衣衛軍餘匠敖等五千人，託名幫工，靡費餼廩，言匠敖等各役見於正德二年投充，十六年奉例查革，所謂匠敖姓名，乃正德間投充故名也。嘉靖七年，李學等因之而奏復一千一百卅名，後王允申等沿之而奏復三千八百七十名大率羣小無知公肆欺冒假張認李援午成牛，因影索形國用日耗若不盡革此冗食何時已哉。御史沈越亦言錦衣官校軍旗原係侍衛，既參擁杖之班，不在荷鋤之役不知何人創爲帮工之說使游惰之人環聚而耗公廩況朝廷工役不常，今日匠敖等三千八百七十名李學等一千一百卅名皆所以耗國家之財者也……又奏言內府各監局，今查見在食糧新舊軍匠，計二萬五千二百五十八名，各監局多者數過三千少者不下數百率多假公廩以獵班緵役私門而恣影射，或營册開逃仍造食錢粮，或收令除任意冒濫，或已經事故不行開除，或不由驗送私自僉補或解到戶丁不行掣回新匠或食糧有名局監無人，甚者名在六府，不能飭入材籍，冢百工，不能通世業操緵而嬉者什九，餼廩稱事者什一。……

閑述：

工部班匠每年例該分撥內府各該監局做工，數各不等東廠每季該匠五十名，折價九十兩自僱匠作應用積襲歲久，以爲舊規嘉靖改元，一切弊政，俱奉詔例釐革，惟此干涉緝事衙門無敢議者，一日營繕司郎中楊最言曰廠中匠價有礙，予曰當革，乃令四司送匠彼有修造支價僱匠與用，廠中官校乍見闋然然數以危言恐各司官吏作等有被逮繫者，賴提督東廠芮公賢覺之，兩次密遣謹厚椽吏問予，予曰舊行事體，豈敢一概釐革但公守備留都清聲美譽中外傳聞，今受朝廷重託，匠價雖微，終係宿弊，不請改正，他日訪知，視予爲何如人，以此查照舊規，送匠候有修造，郎中支價應用，如此庶不累公清德，芮聞喜，遣人齎刺來謝，自此歲省匠價數百餘兩，此一事耳，非楊郎中之直不敢曰，非芮太監之賢不能從，非朝廷所致新政清明，中外臣工，可豈得翕然奉行如此也。

（註）按明史食貨志賦役載「匠戶二等，曰住坐，曰輪班，住坐之匠，月上工十日，不赴班者輸罰班銀月六錢，故謂之輪班」，未言及輪班匠之名，效輪班匠不到班者，亦須輸銀，不僅住坐匠已也。

四　徵用夫役法　附四人供役

凡營造有工匠，必有夫役，夫役乃助理工匠者也。明代工匠供役法，已見上文，至於夫役之來源有二途，甲農民，乙軍士，雖曰夫役，然有民匠軍匠之稱，非盡爲助理之務，但以常備工匠額數，會典已有定制，軍士營造又非其職，故明代營造有調集民夫或調用軍士，皆謂之曰助役，蓋別于常備匠之意也。

（甲）農民：

屬於甲類者，爲明世賦役之一法，係按田出夫，名曰均工夫。其制始於洪武朝。明太祖實錄「洪武元年二月乙丑，命中書省設議役法，上以立國之初，經營興作，必資民力，恐役及貧民，乃命中書省驗田出夫，於是省臣奏議田一頃出丁夫一人，不及頃者，以別田足之，名曰均工夫，直隸應天等十八府州及江西饒州九江南康三府計田三十五萬七千二百六十九頃，出夫如田之數。……」按此時天下尙未大定，嗣後徵用人數已不止此，至洪武二十六年，嚴震直任工部尙書時，調民夫六十餘萬，開鑿燕脂山河道，其數已超洪武初定制矣。事見國朝列卿記嚴震直傳。

（乙）軍士：

軍士供役營造，會典並無明文，但每有營造，軍士供役人數，皆幾佔其半，而內府更任意需求，兵部常以爲苦，如弘治十七年清寧之役，勑兵部撥軍萬人，尙書劉大夏請減十之五，至以去就爭，即其一例。明之季世，武備之不修，工役之累，未始非一端也。下列軍士助役營造史料，多通以供參考。

軍士服役史料

洪熙元年十一月壬寅，行在工部尙書吳中奏南京修理殿宇未完，請於直隸鎭江等府衛撥軍士二萬人助役。上曰，南京閒曠軍士亦多，不須別取，其再計議。於是中與尙書張本等原下西洋官軍百餘人，間久可令協從之。宣宗實錄

宣德七年六月乙巳，行在工部言築東安門外黃牆，計用六萬五千人，民夫不足，請以成國公朱勇所部士卒三萬五千人助役。上曰，炎暑如此，豈宜興役，待秋涼爲之。宣宗實錄

天順三年十月辛亥，都察院右僉都御史王儉等奏，各王府造作，多出已資，惟喪葬動勞軍民。今大同城中見有代府等十三府將軍儀賓宅第三十餘處，未出閣郡王將軍及郡縣，又不知其數，見有造作，輒求軍夫工料，見今修理府第尙有一十餘所未完，軍衛有師供給不暇，況大城中止有一縣兩衛，而王府校衛庫子廚役及長史司皂隸役使人數，俱在內撥取，上命工部計議以聞。　英宗實錄

天順八年三月庚子，甘州五衛修葺城堡寨墩臺計百九十餘處。　憲宗實錄

成化十年三月庚子，初大慶法王劄實巴死，有旨如大慈法王例葬，中官遂請造寺建塔，未嘗造寺，況今歲歉民貧，寺費難給，宜准建塔，上是其言，命撥官軍四千供役。　憲宗實錄

成化六年四月丙子，太監黃順等奏，安定西直二門城垣修理，工程浩大，人力不敷，恐後雨水時難以用工，乞撥官軍併力修，上命三大營撥官軍五千與之。　憲宗實錄

成化十年八月甲申，命工部左侍郎王詔都督同知芮成，董後府所屬諸衛軍千人，修葺南海子行殿及圍垣，既而會昌侯孫繼宗等言，後府屬衛軍少，乞行五府所共撥千人，從之。　憲宗實錄

成化十二年三月丙午，兵部覆議覆英國公張懋等所言修省，止京營軍官工作事，謂修理營建，有緩急大小，若一概撥動官軍，必至勞人挫銳，宜令工部遇有內府工作及垣事不容

已者，仍奮奏撥軍士，其餘止用工匠修理，若工作甚殷，匠不足用，然後具實奏撥，詔可。憲宗實錄

成化十二年六月丁亥，浚通河成，自都城東大通橋至張家灣深河口六十里，與卒七千人。憲宗實錄

弘治十七年九月，時修淸寧宮，有旨下兵部撥用軍夫萬餘人，尙書劉大夏謂工少人多，蓋監督內官有所利而爲此，奏請減去十分之五。監督者訴於上，上命司禮監語內閣曰：劉大夏不以朝廷大工爲重，率意減去人夫，即擬旨來詰責之。大學士劉健曰：愛惜軍力，兵部職也，近劉尙書每以老辭，朝廷溫旨勉留，尙請未已，若詰責旨下，彼將以不職固辭，吏於何處討這等人來贊他司禮監入，上欣然，如大夏議。國朝典彙 工匠門

嘉靖四年二月丁未，修都城，發團營卒五千人。世宗實錄

弘治四年，中官奏修沙河橋，請發京軍二萬五千及長陵五衛軍助役。明會要工部尙書賈俊傳

囚人供役

囚人供役，係以工代罪，視罪之重輕，定工役之繁簡，定有准工則例，其制亦始於洪武朝，見於太祖實錄。會典卷百八十八工匠，載其法如下：「國初造作工役，以囚人罰充，役滿，工部咨送刑

部都察院，引赴御橋叩頭發落。」又「凡工役囚人，洪武二十六年定，在京犯法囚徒，或免死工役終身，或免徒流笞杖罰役准折，如遇造作去處，量度所用多寡，或重務者用重罪囚徒，細務者用笞杖之數，臨期奏聞，移咨法司，差撥差人監督管工。其當該法司，造勘合文冊一本，發工部收掌，一本發內府收貯。如遇囚徒工完，委官查理工程無欠，行移原問衙門，再查犯由明白，於內府銷號，合疎放者，發應天府給引寧家；合充軍者，咨呈都府，照地方編發。若在工有逃竄之數，即便差人勾提，果有病故等項，相視明白，埋瘞，移咨原問衙門銷號。如是缺工未完，移文撥補。」

准工則例：「每徒一年，蓋房一間，餘罪三百六十日，准徒一年，共蓋房一間，杖數不拘，每三名共蓋房一間。」准工之法，尚有買辦物料，擔土打墻等事，茲從略。

五　木料之來源及採木官 附閑述記運木事

明代歷朝營建宮殿，其木料之來源，多取之於湖廣川貴，每有大興作，則遣欽差，曰總督採木，或曰提督採木，其事至為鄭重，皆奉勅行事，不由工部派遣，故採木官皆一二品大員，有尚書，時有侍郎，時有御史，時而湖廣等省巡撫，以地方官之關係，則為當然之襄理人員，有時即令採木官兼理巡撫，或巡撫加工部職銜，兼理採木，是又為採木便利之設施也。　以上事迹，屢見明代歷朝實錄，按奏對錄載，採木官初遣二員，後改一員，而佐以郎中二員，副使二員，奏對錄所言，為嘉靖三十六年事，但以後採木人員，亦非盡如上說。明人徐學聚所輯國朝典彙中列採木門，於明代歷次採木官及採取地方記錄頗多，典彙取材於實錄，記載堪信，但起永樂迄嘉靖，洪武事迹，實錄不詳，嘉靖以後，則待吾人之增補也。（明史食貨志載採木事自永樂營造北京宮殿始，蓋亦以洪武事迹實錄不詳故耳）明代南京宮殿木料有取於北平元故宮之說，但實錄中並無一字相告，至於毀元故宮事，實錄中亦不載一語，元之內殿，在永樂未營建北京宮殿以前，確未嘗毀，如洪武初年燕王分封北平，用元之舊內殿，此爲工部尚書張允文之建議，事在洪武三年，明太祖實錄及祖訓錄皆有明文，建文卽位，曾以燕府爲僭越，朱棣（永樂）上建文書有「此蓋皇考所賜，自臣之國二十餘年，不曾一毫增益，蓋祖訓營繕條，燕因元之舊，有非敢僭越。……」（見明太宗實錄）則明南京宮殿如用北平元故宮木料，當爲蕭洵故宮遺錄中所言之一部，非元故宮之全部也。茲摘錄典彙中採木各條，並由實錄及明史食貨志中增益數則，臚列於後，一時搜求，難期完備，拾遺補闕，請俟異日。

永樂四年閏七月，工部尚書宋禮往四川採木兵部右侍郎古松往江西，吏部右侍郎師逵，刑部右侍郎金純往湖廣，右副都御史劉觀往浙江，僉都御史仲誠往山西，提督採木。

十年，復命宋禮採木四川。

洪熙元年四月，命副都御史戈謙等巡視採木。（時命內官謝安侍郎楊和等往四川起運木植，有貪橫厲民之事）。

宣德元年修理南京天地山川壇殿宇，命侍郎黃宗載吳廷採木湖廣。

宣德四年四月，命吏部左侍郎黃宗載往湖廣採宮殿大材。

宣德六年九月，工部令各處採木，送淮安修船，又合福建造船海運，上曰、山東江西等府採木減其半，福建地遠不可造船，且度關踰險，縱有船豈能度淮，役民當度人情地勢，此事尤不可行。

宣德九年六月，工部尙書吳中言，湖廣山西蔚州產木，山塲宜禁民採伐，上曰，卿爲國計之意甚厚，但山林川澤之利，古者與民共之，今不必屑屑已之。

天順三年正月，命工部侍郎翁世資往淮徐督運大木。

正德九年十月，命工部侍郎劉丙兼僉都御史，總督湖廣採木。

正德十三年七月，命工部侍郎陳雍，總督川貴湖廣採木。

正德十四年正月，命工部侍郎趙璜督運大木以備營造。

正德十五年二月，四川等處採運大木至京者多空朽不堪用，採木尙書司官俱被奓停俸。

嘉靖四年八月戊子，陞工部虞衡司署員外郎范總李煌年泰俱署營繕司郎中事，總湖廣常德辰州等處，煌四川馬叙等處，泰貴州石阡鎭遠等處各買辦大木。

嘉靖四年八月戊子，升巡撫四川右副都御史王軏爲工部右侍郎兼僉都御史，總理收買大木。

嘉靖二十年宗廟災，遣工部侍郎潘鑑、副都御史戴金於湖廣、四川採木。

嘉靖二十二年三月，上諭工部曰：廟建大木採辦日久，未至深切。原任兵部尚書樊繼祖可改工部尚書兼副都御史，令詣湖廣地方提督採發運大木，趣之速往。其四川採木太平諸務，令潘鑑專任之，毋得彼此推延。

嘉靖二十三年，復遣工部侍郎劉伯躍採木川湖貴州。

嘉靖三十六年六月，敕四川、湖廣、貴州巡撫都御史黃先昇、李憲卿、高翀同三省巡按御史督採朝殿樓內大門。

嘉靖三十六年六月，命工部侍郎劉伯躍兼僉都御史，總督四川、湖貴採辦大木，改戶部侍郎張舜臣於工部，提督大石。

嘉靖三十六年六月，遣工部郎中方國珍管湖廣，李佑管川貴，添設湖廣副使張正和管湖廣，四川副使盧考達管川貴，各採大木，虞衡司郎中戴愬查驗各處大木。時工部會議修復殿、朝門、午樓，請先查神木廠、通州、漷縣至儀眞、龍江、關、蕪湖等處遺留大木，解京興工。上謂查料過半方遣愬往。十月，劉伯躍劾奏襄知府李一經、郎中戴愬、儀眞知縣師儒，各抗違旨遲慢大工。上怒，俱命歸衣衛，遣官校補，各黜爲民。

嘉靖三十六年十月遼王獻大木七根，襄王獻大木二十根，各賜獎諭。

嘉靖三十七年淮揚巡撫李遂奏鳳陽府五河縣有大於一株圍一丈五尺，長六丈六尺，湧出泗水沙中。臣等竊惟中都祖陵所在，此木忽現，謂由河而下，原所出之區，謂從江淮而入，又無逆流之理。是蓋祖宗啓祐，淮泗效靈，與大工全不偶然也。其成祖重修三殿，有巨木出於盧溝，因以神木名廠，二百年來美談再續。臣等謹拜手以獻，上命即聲送至京以助昇建。

嘉靖四十年二月湖廣宣慰使彭明輔彭翼南各獻大木三十株，麗江軍民府土官獻木植銀三千八百兩。

附閑述紀運木事 閑述趙璜撰

國朝列卿記工部侍郎趙璜傳引閑述云：正德中營建乾淸坤寧等宮，工部差郎中三員，詣四川湖廣貴州三省分採大木，侍郎一員總督，俱領勅行事，數歲木無運至者，至者又多空朽。時永順宣慰彭明輔進大木五百餘根，皆堅實美材，頭號圍一丈四尺三尺，二號圍一丈二尺一尺，俱長四丈五丈不等，共百餘根，餘俱三號四號以下，圍長丈尺不等。至天津河涸水僅三四尺，餘楠木沉重，食水五六尺餘，至張家灣十日之程，一天價費一兩，近京地方公私空匱，不堪起派，自灣至神木廠陸路半日之程，大車兩輛，併作一輛，名曰雙脚車，止運木一根，索價七八十兩，甚至人騾被壓即死，車戶往往逃避，雖有閘河，淤塞難運，工部差左侍郎劉永修濬，費價千兩，迄無成功，在部及採木堂司等官，俱停俸，尚書李公鐩長太息而已，予曰國初營建大木，俱取於三省，豈神運鬼輸乎，予敢任其事，明日李公對衆抗言，差趙亞卿事罔不濟，衆曰諾，乃會議請勑，差予提督運大木，予乃議領天津三衛下班官軍運木，以蘇地方派夫之苦，疏濬閘河運木，以免僱車之費，餘皆賞罰等項事宜，議悉奉須依，比至天津，河涸木鉅，有獻議者云，取大剝船實土於中，壓之食水四尺許，每船約二大木於兩幫，横施三鐵鍬於上，用櫓木結去土，船起木隨以浮，雖淺可行，予從之，又有獻議者云，土遲以軍代之，合散特一呼吸間，予亦從之，凡百餘船一日而就，時順風驟作，湧浪高至數尺，船行甚速，凡十餘日抵灣，風止浪平，木不可動，人謀力實兩濟之，乃濬閘河，凡修六七閘，惟河口無閘，水易傾瀉，乃作一木閘，俱有啟閉，木由閘入，凡數日抵神木廠，拽入打截，運入台基廠造作，於是工乃就緒，所有公私夫價不下數十萬兩，濬河造閘，多出主事孔鳳之計，事賴以濟，予奏薦宮殿棟梁俱用楠木，時三省近山屢經採伐，無大楠矣，惟遠山有之，險阻不能出水，必須採伐在山，候霖雨降，洪水漲，銜出水次，方可運也，此木多歷年所，諺云，十楠九空，有地空，止下截空，有節空，止中截空，若天空，則上中下俱空矣，一木採運不下千兩，到京空朽不堪，何辭以解，以此在部及採木堂司等官俱被參停俸，予乃寓書三省委官，備悉大木事宜，自此木皆堪用，官亦免罰，不數年而宮殿落成，神廠始有堆積大木，前此所未有也。

覆艾克教授論六朝之塔

劉敦楨

日前傾談甚快，垂詢各節，適小病數日，致稽裁覆，甚歉，茲逐項奉答如次；

（一）日本奈良東大寺中門挿栱上之橫枋，日人稱為「通肘木」，其發音為 Torihijiki。

（二）尊論南北朝之塔平面多作方形，證以山東歷城縣神通寺四門塔及雲崗雕刻，俱能一致，洵顚撲不破之論。但當時多角形之塔，業已萌芽；如北魏建造之嵩山嵩嶽寺甎塔平面即作十二角形，較此時代稍後之棲霞山隋舍利塔，亦作八角形，注一 皆不失為重要之史料。

注一 棲霞山舍利塔之建築年代，支那佛教史蹟引攝山志及金陵梵剎志，謂係五代南唐時重建，惟鄙人據最近發現證物，論為隋末唐初之物，見本社彙刊第三卷第一期玉蟲廚子之建築價值並補注一文。

（三）南北朝之塔，散見諸書者，有石造，甎造，木造數種，就中華化程度最甚者，無如木塔一類。木塔之起源，論者每引 Babar-Khana 佛寺故址，與魏書釋老志 注二 及漢末笮融故事，注三謂我國古代佛寺之平面配置，作正方形，寺之中央置塔，其制傳自西方，同時並疑乾陁羅雀離浮圖注四與我國木塔有關。注五 鄙意前者略無疑義，惟木塔之演進，尙須更求有力之証物，始能決定。 蓋東漢民居有樓，史籍及畫石所示，其例不遑枚舉。劉繇傳及陶謙傳所稱之重樓，爲普通二層之樓，仰爲二層以上之塔，文義含混，不能定其何似，且後漢書中已有浮屠之名注六同在一書，陶傳云樓不云浮屠，似不能斷爲後世多層之塔。故笮融所建之樓，與其謂爲受西方影響，勿寧謂爲中國式樓閣之上，飾銅槃九重，乃浮圖華化之絕好資料，較爲適當。 洎後中上流階級捨宅爲寺，注七或改舊宅爲寺，注八其風盛極一時，而帝室經營之寺，四向闢門，門上每有樓觀，頗類漢以來宮闕丞相府制度。注九 塔之環境既如是華化，塔之形狀，爲勢不能獨異，必自印度式與乾陁羅式，逐漸變遷，遂至繞以欄楯，覆以短簷，成爲樓閣式之木塔。 其時代據笮融之例，注十宜在魏晉六朝之間。 同時社會固有嗜尙與工程簡易，俱足使木塔易於發達，不失爲次要原因。

注二 魏書卷一百十四釋老志，『自洛中構白馬寺，盛飾佛圖，畫迹甚妙，爲四方式。凡宮塔制度，猶依天竺舊狀而重構之，從一級至三五七九，世人相承，謂之浮圖，或云佛圖。晉世洛中佛圖有四十二所矣。』

注三 後漢書卷一百三陶謙傳，『笮融大起浮屠寺，上累金盤，下爲重樓，又堂閣周回，可容三千許人』。是書成於宋范曄手，較晉陳壽所撰三國志時代稍晚，三國志所載笮融事，見該書吳志卷四劉繇傳，『乃大起浮圖祠……垂銅槃九重，下爲重樓閣道，可容三千餘人」，與范書大體略同，惟明言銅槃九重，爲較詳耳。

注四 洛陽伽藍記卷五引惠生行記道榮傳宋雲家記等謂「乾陁羅城東南七里，有雀離浮圖……悉用文石爲階陛砌，櫨栱上構衆木，凡十三級，上有鐵柱高三丈，金盤十三重」。

注五 見美術研究第十六號田中豐藏支那佛寺之原始形式一文。

注六 後漢書卷七十二楚王英傳「晚節更喜黃老學，爲浮屠齋戒祭祀」。又「詔報曰王誦黃老之微言，尚浮屠之仁祠」。

注七 洛陽伽藍記卷一段暉捨宅爲光明寺；卷二杜子休捨宅爲靈應寺；廣平王捨宅爲平等寺，其餘類此紀載甚衆，不遑畢舉。

注八 前書卷一建中寺條，寺本劉騰宅，朱門黃閣，以前廳爲佛殿，後堂爲講室。

注九 前書卷一永寧寺條「浮圖北有佛殿一所，形如太極殿……寺院墻皆施短椽，以瓦覆之，若今宮墻也。四面各開一門；南門樓三重，通三道，去地二十丈，形制似今端門，東西兩門皆亦如之，所可異者唯樓二重，北門一道，不施屋，似烏頭門」。

南史卷七梁武帝紀，大通元年開大通門，對同泰寺南門。 中大通元年百辟詣寺東門，奉表請還臨宸極，三請乃許。

又齊書卷五十六呂文度傳，建康禪靈寺南門有門樓。

注十 笮融建浮圖之年代，據三國志劉繇傳「融依徐州牧陶謙……曹公攻謙，徐土騷動，融將男女萬口，馬三千匹，走廣陵」，未詳記歲月。 考後漢書卷八靈帝紀，及後漢書三國志謙本傳，謙以靈帝中平元年 (A. D.

184）黃巾起，爲徐州刺史，中平五年(A.D. 188)改刺史新置牧，獻帝初平四年(A.D.193)曹操東擊謙破彭城傅陽，屠取慮睢陵夏丘，殺男女數十萬人，雞犬無餘，謙退保郯，翌年（即興平元年 A.D. 194）復略瑯琊東海諸縣，謙病死。前述劉繇傳稱謙爲徐州牧，未云刺史，則融依謙當在中平五年改刺史爲牧以後，其起寺年代雖不可考，約在是年至初平四年之間。(A.D. 188-194)

（四）塔之上部有柱，高聳瓦上，飾以露盤相輪寶珠，謂之剎。亦作刹。按玉篇『剎，柱也』。以露盤等皆附屬於柱，故統以剎呼之。「剎」之一字起於何時，尚未獲明確之答解，據前述笮融建重樓，累銅盤九層，已有實物，宜有其名。三寶感通錄謂魏明帝宮西有剎，往往斥見宮內，注十一雖係後人追述舊事，頗疑漢末三國時已有此稱。其後晉六朝人謂寺塔爲寺剎，建塔曰立剎，又以剎代塔而言，其例甚多，不遑枚數。

注十一 三寶感通錄上謂『魏明帝洛城中本有三寺，其一在宮之西，每繫幡剎頭，輒斥見宮內，帝患之。』

（五）我國六朝隋唐之木塔已無實例存在，僅於日本見之。日本法隆寺五重塔爲東邦最古木塔，有中心柱，自塔頂寶珠直達下部，以木爲之。考高僧傳初集卷十四慧受傳，『初立一小屋，每夕復夢見一靑龍從南方來，化爲剎柱，受將沙彌至新亭江尋覓，乃見長木隨流而下，受曰必是吾所夢見者也，於是雇人牽上，豎立爲剎，架一層，道俗競集，咸嘆神異』。所述雖涉怪誕，然可證『剎柱』爲塔之重要構材，微『剎柱』則塔無由建立。且慧受所構之塔，雖僅一曆，已非長木不可，則塔上之刹，必自頂直達下部，刹而兼柱，故曰刹柱。然則日本之中心柱，當卽高僧傳之「刹柱」法隆寺之制，疑傳自我國。又廣弘明集卷十六呂文强謝勅賚柏刹柱並銅萬斤啟，謂「柏刹柱一口，銅一萬斤，供起天中天寺」，並足證「刹柱」二字爲六朝通用之名詞。視此時代稍後，扶風縣石刻記載唐重修法門寺記云：「天復元年施相輪塔心樣柱方一條」按方卽枋，見營造法式，依建築結構言，既有塔心樣柱枋，自應有塔心樣柱，雖名謂與前述六朝之例不同，亦爲塔心有柱之一證。其餘磚造之塔，爲固定露盤相輪及施工便利計，亦每有刹柱埋於塔心，最近修理杭州五代保俶塔，卽發現此物，承葉遐庵先生以修理像片見寄（第一圖）其直徑就像片推之，當在一尺左右，又北平研究院張嘉懿先生攝有北平近郊僧塔像片，約高一丈四尺，外形作喇嘛式，已半毀，有中心柱自頂直達底部，第二圖所示，係本社邵力工君所攝，亦徵露柱頂俱足證古代木塔國內雖已無存，而中心柱之制，迄今尚未全廢。

（六）近歲岸熊吉氏發現法隆寺五重塔中心柱下，有空穴一處，徑三尺七寸，左右深九尺六寸，論者每疑爲增加塔之彈力而設，惟關岸熊氏之圖，現存中心柱仍置於石上，非懸於空中（第三圖）似與塔架之彈性抵抗力無涉。關野貞氏謂「穴下大石中央掘有小穴，覆以銅板，殆爲安放舍利地點」，又謂「中心柱插入地下部分，其四周以小木圍之，以防腐敗，今土

第一圖 杭州保俶塔中心柱

第二圖 北平西郊僧塔

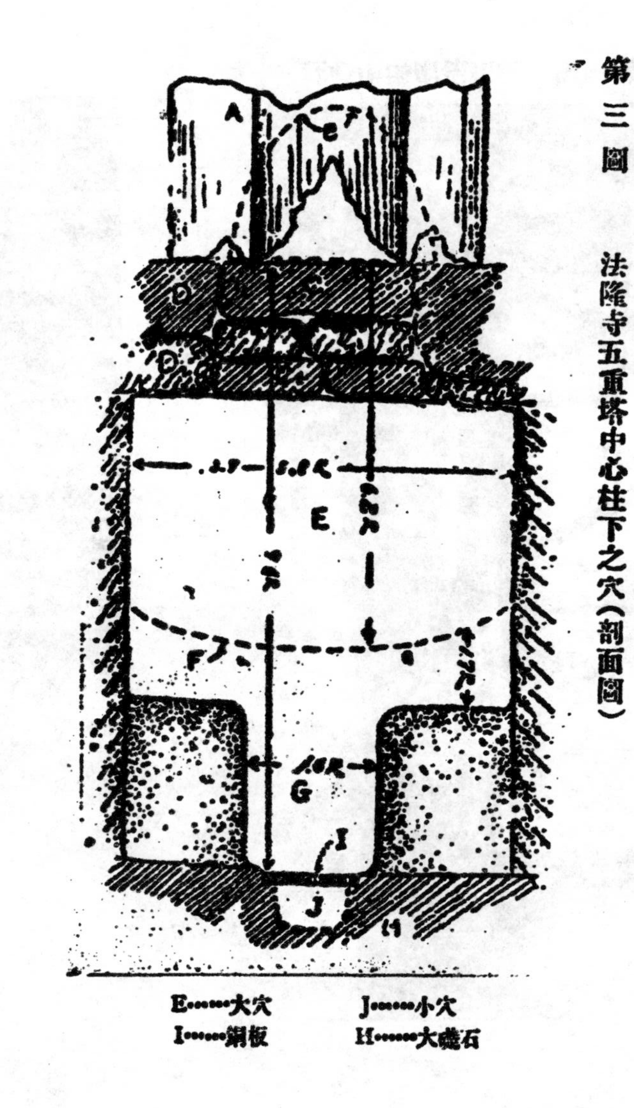

第三圖　法隆寺五重塔中心柱下之穴（剖面圖）

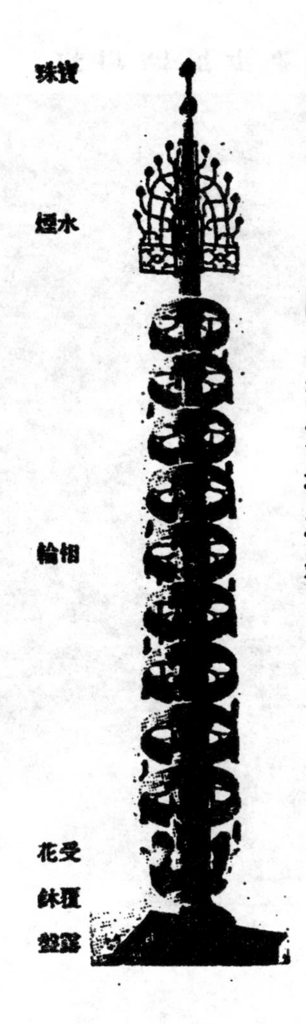

第四圖　法隆寺五重塔之剎

面跡痕猶可辨識，惟木質入土，究易朽蝕，故銅和四年修理時，鋸去此部，另以小石自側承之，遂成此狀」。愚意頗以此說爲當。蓋穴下現存大石之面積較穴更大，當爲舊時中心柱下之礎石，否則無置巨石於此之必要。又依建築方法言，古代無起重機，其樹立剎柱，必預掘深穴，以柱根就穴，再以繩曳起之，若今豎立電桿木之狀，故中心柱下之穴，乃施工必然之結果，而木塔中心柱所受各層重量，較四隅之柱更大，絕無懸空之理，似不能以今日力學觀念，與鐵骨構造或鋼筋三合土構造衡之。至於我國古代之習慣，凡營建佛塔，必於塔下藏舍利、髮爪及施捨金銀珍寶，其處謂之「龍窟」。據梁書卷五十四扶南國傳，梁武帝中大通三年，重建建康阿育王寺三層塔，塔創於晉孝武帝太元十六年，「初穿土四尺，得龍窟及昔人所捨金銀鐶釧釵鑷等諸雜寶物，可深九尺許，方至石磉，磉下有石函，函內有鐵壺，以盛銀坩，坩內有金鏤罌，盛三舍利，如粟粒大，圓正光潔，又有琉璃碗，得四舍利及髮爪，爪有四枚，並爲沉香色」。雖未言龍窟適在剎柱之下，以日本飛鳥時代法隆寺、法輪寺、巨勢寺、禪寂寺諸塔推之，除中心柱下外，另無安放舍利之地點。最足異者，龍窟深九尺餘，亦與法隆寺塔不期巧合，寧非怪異。又塔柱入地之例，見北魏洛陽永寧寺九級浮圖，注十二衒之謂塔焚周年，其烟未滅，固屬過甚其辭，惟塔柱入地，或爲事實，可與法隆寺塔互相參證。

注十二　洛陽伽藍記卷一永寧寺條，「永熙三年二月浮圖爲火所燒……火經三月不滅，有入地柱，火尋柱周年猶有烟氣。』

（七）木塔之結構，當然利用我國建築固有之方式，如窗戶，金釘，鋪首，注十三 枓栱，檐椽，珠網等注十四 咸見諸紀載，可略知分件名稱，與普通建築無異。

注十三 洛陽伽藍記永寧寺九級浮圖，『浮圖有四面，面有三戶六窗，扉上有五行金釘，復有金環鋪首。』齊書卷十九五行志『永明八年四月六日雷震會稽山陰恒山保林寺，刹上四破，雷火燒塔下佛面窗戶不異也。』

注十四 廣弘明集卷三十上，王訓和梁簡文帝望同泰寺浮圖詩『重櫨出漢表，層栱冒雲心，』『積栱承彫桷，高檐掛珠網。』

（八）日本佛塔上部之裝飾名稱，與我國舊籍所載，大體符合，然亦略有出入，茲就見聞所及，考訂如次。

（甲）日本刹下之方座，曰露盤，其上爲覆鉢，再上爲受花（第四圖）。考露盤古云承露，見史記封禪書，與佛教初無關係，注十五 陶謙劉繇二傳亦止云銅盤，無承露盤之稱，注三大抵後世以露盤高聳塔上，援用漢武故事，因以名之。惟我國近世之盤，多作圓形，周飾蓮瓣，仰置刹下，與法隆寺之例異，據梁簡文帝望同泰寺浮圖詩，似六朝時已有仰置之法，注十六 但不能斷此制卽起於六朝耳。又當時數盤累疊，爲數非一，如洛陽伽藍記永寧寺九級浮圖，「寶瓶下有承露金盤三十一重周匝皆垂金鐸」，及廣弘明集卷十五列塔像神瑞迹，「沙門慧達感從地出高一尺四寸廣七寸露盤五層」，所云露盤，未諳是否相輪之誤，無從究詰，使果爲露盤，不但與法隆寺五重塔異，亦爲我國近代諸塔所未有。 其餘露盤之名，見梁書卷五十四建康阿育王塔條，陳書卷五宣帝紀莊嚴寺條，高僧傳初集卷五道安傳，卷十一佛圖澄傳，洛陽伽藍記長秋，景明二寺，及廣弘明集卷十六陳僧聰謝勅賚銅供造善覺寺塔露盤啟，無慮十數處，茲不一一贅及。

注十五 史記卷二十八封禪書，「其後又作柏梁銅柱承露仙人掌之屬矣」。

注十六 廣弘明集卷三十上梁簡文帝望同泰寺浮圖詩「露落盤恒滿桐生鳳不雜」。

（乙）相輪亦稱九輪，法隆寺五重塔之相輪九枚，皆直徑相等，此式我國亦有之，如宋泉州鎮國寺塔與順德元開元寺塔，卽皆如是。 但我國近代之例，相輪之外輪線，（Out line）自上至下，多作魚肚形，卽中央一輪直徑最大，自此上下諸輪直徑逐漸減小。查北魏建造之嵩嶽寺塔，雖非金屬製之相輪，外輪線亦作魚肚形，足證此式導源甚古。 至於相輪之名，見晉書卷九十五佛圖澄傳，及梁書卷五十四建康阿育王寺塔條。 前者有「澄曰相輪鈴音……云云」一語，可證古代相輪下有鈴與洛陽永寧寺塔之露盤同一情狀。今趙州元柏林寺塔卽與佛圖澄傳一致。

(丙)法隆寺五重塔相輪上之水煙(第四圖)以同寺金堂內四天王所持之塔(第五圖)，及時代稍後之藥師寺東塔(第六圖)證之，決爲圖案化之火焰，毫無疑問。考火焰施於建築物者，我國多置於寶珠之周圍，稱爲火珠，典籍及彫刻壁畫所示，六朝時已用於塔上，注十七 北齊開鑿之北響堂山第四窟彫刻，則施於梁之中央(第七圖)，唐代或用於塔，注十八 或飾於天樞殿閣之項，注十九 及正脊中央(第八圖)，宋李明仲營造法式載琉璃製用於殿閣滴當及佛道寺觀正脊當中者曰火珠，施諸椽頭彩畫者曰出焰明珠，注二十 明清二代則置諸牌樓額坊中央，僅云火焰，頗疑日本之水煙，係南北朝時傳自我國，惟「水煙」二字於形未似，於義未合，非火焰之訛音，卽因厭勝之故，改爲水煙耳。

注十七　廣弘明集卷三十上王訓和簡文帝望同泰寺浮圖詩「露晚盤猶滴，珠朝火更明」，前句隱露盤，後句隱火珠。

注十八　酉陽雜組續集卷六「翊善坊保壽寺本高力士宅，天寶九年捨爲寺……二塔火珠受十餘斛」

注十九　資治通鑑唐紀武后延載元年建天樞「上爲騰雲承露盤，徑三丈，四龍人立捧火珠，高一丈」。

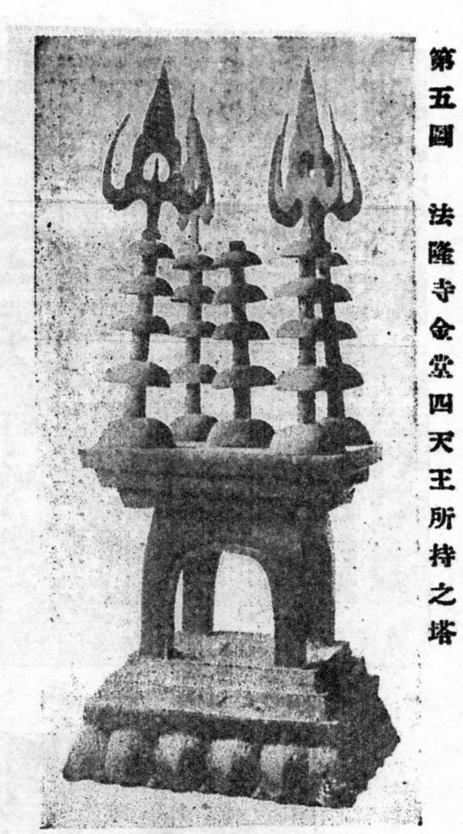

第五圖　法隆寺金堂四天王所持之塔

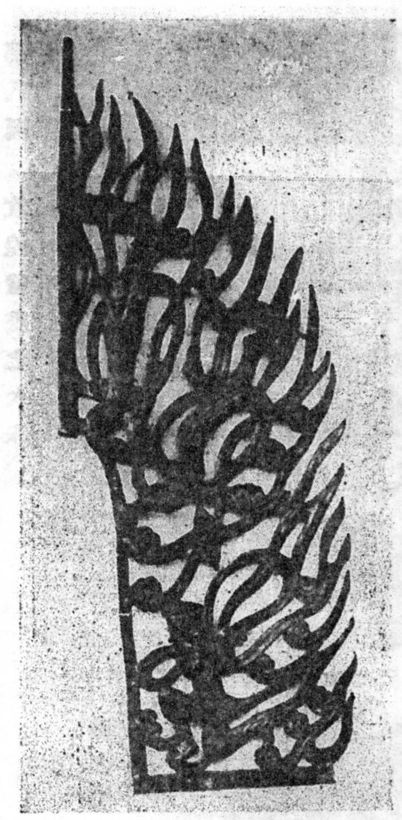

第六圖　藥師寺東塔之水煙

第七圖　北響堂山第四窟彫刻

第八圖　敦煌壁畫之火珠

第九圖　北響堂山第一窟彫刻

又唐封演封氏見聞記東都明堂條『開元中改明堂爲聽政殿頗毀徹而宏規不改頂上金火珠迥出空外望之赫然』所云毀徹據唐會要係改爲八角樓『樓上有八龍騰身捧火珠珠周圍五尺』。

注二十 見營造法式卷十三瓦作制度卷三十五瓦作়作工限及卷十四彩畫作制度。

(丁)法隆寺刹頂冠以寶珠此制我國隨處有之無煩贅述。

(戊)洛陽伽藍記載永寧寺九級浮圖刹上有鐵鎖四道引刹向浮圖四角與北響堂山彫刻一致(第九圖)今南方諸塔猶偶用之知衒之所述初非虛妄。

以上雜書所見殊乏條貫希釐正爲感。

二二、三、六、

33775

本社紀事

（一）營造法式新釋

李明仲營造法式一書爲宋代宮殿建築之法典，亦爲我國舊式建築書中最完善之一部，但此書宋刊久已絕跡，歷賞後世傳抄之本，魯魚亥豕，觸目皆是，往往一字出入，致法式比例無法循求，爲之廢讀，而著者復爲時代所限，所繪各圖，無精密比例，圖內亦未詳注分件名稱，數百年來，輾轉重錄，頗失宋式建築原形，益令讀者感隔閡之苦。本社朱桂辛陶蘭泉二先生，於民國十四年以四庫文溯閣藏本，上海徐氏商務石印丁氏諸本互校，刊行倣宋營造法式，深知原圖缺點所在，主張「旁求博采補所未備，俾一綫絕學發揮光大」。近歲社員梁思成君調查宋遼金元諸代遺構多處，以實際測量古物之結構，詮釋原文，經長時間之檢討全體比例與分件名稱地位形狀，舊日不易了解處，大多數得以朗然大白，文字疑難，亦往往隨之附帶解決。梁君近以石作大木二項研究結果，編營造法式新釋第一冊，以淺近通暢文體說明艱澀難解之術語，並依據原書比例與實例所示，逐項另繪新圖數十幅，俾讀者圖文互釋，知宋代建築究作何形狀，一洗諸本模棱不確之弊，此後研究李書與應用宋代建築於實際設計者，驪珠在握，一切自能迎刃而解。第二冊彩畫作制度，由劉敦楨君根據永樂大典殘本像片及故宮本營造法式作初步整理，尚待徵求實例，始能定稿。以上二冊原擬於彙刊第四卷第一二期發表，嗣因圖版過大，難於容納，改爲專刊，用八開紙精印，第一冊不日即可問世。

（二）校勘故宮本及文津閣本營造法式

本社整理營造法式一書，除前述調查實例另繪新圖外，於版本校讎，亦未忽視，本歲三月陶蘭泉先生於故宮圖書館發見抄本營造法式一部，原度南書房，行數字數體裁，與宋紹興本殘頁像片一致，除卷六小木作制度脫第二頁全頁外，其大木作『慢栱第五』一條，全文俱在，大木間架諸圖與彩畫花紋顏色標注等，異常精審，能與書中原則大體符合，當為抄本中最善之一部。又熱河文津閣四庫全書抄錄最晚，校勘最精，現藏國立北平圖書館，所收營造法式一書，脫簡與訛誤較少，卷三十二天宮樓閣佛道帳及天宮壁藏二頁後，復有『行在呂信刊』與『武林楊潤刊』題名各一行，疑當時直接錄自紹興本，惜所用宣紙過厚，致各圖臨摹失真，頗為遺憾。以上三書經劉敦楨謝國楨單士元林徽田四人詳校二過，於丁本陶本文字釐正多處。

（三）彙刊出版愆期

本社彙刊自第三卷起，改為定期刊物，以來第四卷第一期，原定本年三月底出版，詎意易歲以還，强鄰壓境，時局惡化，莫可端倪，其時故都文化機關紛紛南遷，本社研究工作雖未中輟，然多年收集之貴重圖書標本，勢不能不移藏安全地點，社員工作因之略為遲鈍，已成之稿，亦不能按期付刊，致第一期出版日期約遲三月有餘，勞海內同好，遠道紙詢，殊深慚𠔁，特此道歉，諸希　亮原。

本社自廿二年一月起至三月底止受贈各界書報表列於左敬表謝悃

寄贈者	書或報若干冊
日本建築士會	日本建築士三冊
滿洲建築協會	滿洲建築協會雜誌三冊
上海市建築協會	建築月刊二冊
國立北平研究院史學會	北平二冊
中國礦冶工程學會	礦冶一冊
湖南大學學生自治會	湖南大學期刊一冊
國際建築協會	國際建築三冊
國劇畫報社	國劇畫報二張
上海女子中學	兩週紀念特刊一冊
美術研究所	美術研究二冊
人文編輯所	人文月刊四冊
中央研究院歷史語言研究所	東北史綱初稿一冊
東方文化學院東京研究所	東方學報一冊
河北省工業試驗所	概況報告一冊

寄贈者	書或報若干冊
中國殖邊社	殖邊月刊三冊
建築學會	建築雜誌三冊 近代建築式樣概觀一冊
社會調查所	社會科學雜誌一冊
安徽省立圖書館	學風一冊
中華全國道路建設協會道路月刊社	道路月刊二冊
滿洲技術協會	滿洲技術協會會誌二冊
中國科學社刊物部	科學三冊
國立北平圖書館	北平圖書館館刊二冊
國立北平研究院	院務彙報一冊
河北第一博物院	河北第一博物院半月刊八份
中華學藝社	學藝一冊
廣東國民大學圖書館	住戶須知一冊 全球抗日同情一冊
中法大學	中法大學月刊一冊
北平社會局	時代教育一冊

中國營造學社彙刊　第四卷　第一期

每冊八角　郵費六分
全年四冊三元　郵費在內

中華民國廿二年三月出版

編輯者　中國營造學社

發行者　中國營造學社
北平中山公園內
電話南局二五三六號

印刷者　京城印書局
北平和平門內北新華街
電話南局四五七〇號

寄售處　國立北平圖書館
北平米市大街新月書店
天津法租界廿六號路利亞書局
南京中央大學對過蓁巷口鍾山書店
上海福州路五五六號作者書社

BULLETIN OF THE SOCIETY FOR RESEARCH IN CHINESE ARCHITECTURE

Vol. IV, No. 1. July, 1933.

Published by the Society at Chung-shan Kung-yuan, Peiping, China

中國營造學社彙刊

[illegible][illegible]圖

33781

本社啓事

我國營造術語，因時因地，各異其稱，學者每苦繁賾難辨。年來辱承 閱者垂問質疑，不絕於途 且有涉及史事考據及圖書介紹，本社同人每就可能範圍，竭誠奉答。並擬擴大通訊一門，與訂閱諸君共同商榷討論，圖斯學之進展，如蒙 賜教，無任感禱。

中國營造學社發行專刊啓事

本社為研究專精起見，將本社重要工作，分別刊印為專刊集，用八開道林紙精印發行

第一集　清式營造則例　梁思成著　甲種八元預約五元　乙種五元預約三元

第二集　宋營造法式新釋　石作 大木作　梁思成著　印刷中　六元

第三集　宋營造法式新釋　彩畫作　劉敦楨著　編著中

第四集　平東三遼構　自營造學社彙刊重印　梁思成著　印刷中

第五集　正定古建築上　隆興寺宋構　梁思成著　編著中

第六集　正定古建築下　陽和樓及其他　梁思成著　編著中

本社出版書籍

(一)彙刊第一卷一二期　(絕版)　每冊六角

(二)彙刊第二卷一二三期　(絕版)　每冊六角

(三)彙刊第三卷一二三四期　(絕版)　每冊六角

(四)彙刊第四卷一二三四期　每冊八角

(五)工段營造錄　李斗著　四角

(六)一家言居室器玩部　李笠翁著　三角

(七)元大都宮苑圖考　四角

(八)營造算例　梁思成編訂　八角

(九)梓人遺制　元薛景石著　五角

(十)牌樓算例　劉敦楨編訂　五角

(十一)岐陽世家文物圖像冊　甲種每部十元　乙種每部四元

(十二)岐陽世家文物攷述　八角

(十三)哲匠錄(營建類)　(印刷中)　壹元

社友出版物之介紹

瞿兌之先生方志考稿

甲集分裝三冊三號字白紙精印定價四元

總發行北平東四前拐棒胡同十七號瞿宅　天津法租界卅五號路七八號任宅

代售處北平琉璃廠直隸書局

謝剛主先生晚明史籍考

連史紙精印定價九元　毛邊紙定價七元

總發行國立北平圖書館　代售處各大書店

中國營造學社彙刊第四卷第二期目錄

論著

雜俎

正定調查紀略目錄

正定調查紀略

梁思成

緒言

今春四月正定之遊，雖在兵慌馬亂之中，時間匆匆，但收穫却意外的圓滿。除隆興寺及四塔之外，更有陽和樓及縣文廟兩處重要的發現，計攝影或測量的建築物十八處，詳細測量者六處，略測者五處，其餘則只攝影而已。歸來整理，覺得材料太多，非時半載不辦，而且篇幅過大，非彙刊所能容，所以先作紀略，作爲初步報告，所以稱「紀略」者，因記而不考，故曰「紀」，紀而不詳，故曰「略」。至於詳細報告則將俟諸日後，作中國營造學社專刊第五六兩集出版。

二十二年八月思成志。

紀遊

「榆關變後還不見有甚麼動靜，灤東形勢還不算緊張，要走還是趁這時候走」朋友們總這樣說，所以我帶着繪圖生莫宗江和一個僕人於四月十六日由前門西站出發，向正定去。平漢車本來就糟，七時十五分的平石通車更糟，加之以「戰時」情形之下，其糟更不可言。沿途接觸的都是些武裝同志，全車上買票的只有我們，其餘都是用免票「因公」乘車的健兒們。

車快到涿州，已經緩行，在鐵路的西邊五六十公尺，忽見一堆惹人注目的小建築物。圍牆之內在主要中線上，前面有聳起的塔，後面有高起的台基，上有出檐深遠歇山的正殿；兩山沒有清式通用的山花板，而有懸魚；塔之前有發券的三座門。我正在看得高興，車已開過了這一堆可愛的小建築，而在遠處突然顯出涿州的城墻，不到一分鐘，車已進站，停住，窗前只是停在那裏的貨車和車上的軍需品。回程未得在此停留，回來後在畿輔通志卷一七九翻得「普壽寺在州東三里，浮圖高十丈，石臺高二丈。……」又曰「一名淸凉寺在城東北三里地名北臺浮圖石臺俱存，……中有萬歷時碑記傳爲宋太祖毓靈之所云。」

車過保定，下去了許多軍人，同時又上來了不少，其中有一位八十八師的下級軍官，我們自然免不了談些去年一二八的戰事。

下午五時到正定，我和那位同座的軍官告別下車。爲工作便利計，我們僱了車直接向東門內的大佛寺去。離開了車站兩三里，穿過站前的村落，又走過田野，我們已來到小北門外，洋車拉下了乾枯的護城河，又復拉上，然後入門。進城之後，依然是一樣的田野，並沒有絲毫都市模樣。車在不平的路上，穿過靑綠的菜田，漸漸的走近人烟比較稠密的部分。過些時左邊已漸繁華，右邊仍是菜圃。在東（左）邊我們能看見遠處高大的綠色琉璃廡殿頂，東南極遠處有似瞭望臺的高建築物。順着地平由左向右看（由東而南而西），更有敎堂的塔尖；八角形的塔（那是在照片裏已瞻仰過的天寧寺木塔）；綠色琉璃屋頂和四方形的開元寺磚塔，由其他較低的屋頂上聳出。這是我所要研究的正定，及其主要建築物的全景。我因在進城後幾分鐘內所得到的印象，纔恍然大悟正定城之大，出乎意料之外。但是當時我却不知在我眼前這一大片連接櫛篦屋舍之中，還蘊藏着許多寶貝。

在正定的街市上穿過時，最惹我注目的有三樣東西：一，每個大門內照壁上的小神龕，白灰的照壁，青磚的小龕，左右還有不到一尺長的紅紙對聯；壁前一株夾竹桃或楊柳，將清涼的疏影斜晒到壁上。家家如此，好似在表明家家照壁後都有無限清幽的境界。 二，鼓鏡特高的柱礎；沿街兩旁都有走廊，廊柱下石礎上有八九寸高的鼓鏡，高略如柱徑；沿街鋪廊的柱礎都是如此，顯然是當地的特徵。 三，在鋪廊或住宅大門檐下，檐檁與檐枋之間，都不用北平所常見的墊板而用三朶荷葉或荷花墊托，非常可愛。 此外在東西大街兩旁的的屋頂上用磚砌成小墩，上面有遮過全街寬的涼棚架，令我想到他們夏天街上的清涼。

在一架又一架涼棚架下穿行了許久，我左右顧看高起的鼓鏡和檁枋間的小墊塊，忽然已到了敕建隆興寺山門之前。 車未停留，匆匆過去，一瞥間，我只看見山門檐下斗栱結構非常不順眼。 車繞過了山門，向北順着一道很長的墻根走，墻上免不了是『黨權高於一切』，『三民主義……』一類的標語。 我們終於被拉到一個門前放下，把門的兵用山西口音問我來做甚麼。門上有陸軍某師某旅某團機關鎗連的標識。 我對他們說明我們的任務，候了片刻，得了連長允許，被引到方丈去。

一位六十歲左右的老和尚出來招待我們，我告訴他我們是來研究隆興寺建築的，並且表示願在此借住，他因方丈不在家，不能作主，請我們在客堂等候。 到方丈純三回來，安排停當之後，我們就以方丈的東廂房做工作的根據地。 但因正定府城之大，使我們住在城東的，要到西門發封電信都感到極不方便。

在黃昏中，莫君與我開始我們初步的遊覽。由方丈穿過關帝廟，來到慈氏閣的北面，我們已在正院的邊上；在這裏我纔知道剛纔進小北門時所見類似瞭望臺式的高建築物，原來是純巨方丈所重修的大悲閣。在須彌座上，砌起十丈多高的半圓栱龕，類似羅馬致皇宮苑中的大松球龕(Nich of the Pine Cone)，龕上更有三楹小殿，這時木匠正忙着在釘殿頂上的望板。在大悲閣前，有轉輪藏與慈氏閣兩座顯然相同的建築相對而立。我們先進慈氏閣看看內部的構架，下層向南的下簷已經全部毀壞，放入慘淡的暮色。殿內有彌勒(?)立像，兩旁有羅漢。我們上樓，樓梯的最下幾級已沒有了，但好在還爬得上去。上層大部沒有地板，我們戰兢的看了一會兒，在幾不可見的蒼茫中，看出慈氏閣上檐斗栱沒有挑起的後尾，於是大失所望的下樓。我們越過院子，看了轉輪藏殿的下部，與顯然由別處搬來寄居的坦腹阿彌陀佛，不竟相對失笑，此後又憑弔了他背後破爛的轉輪藏，却沒有上樓。

慈氏閣轉輪藏殿之間，略南有戒壇，顯是盛淸的形制。戒壇前面有一道小小的牌樓，形制甚爲古勁。穿過牌樓門，龐大的摩尼殿整個橫在前面。天已墨黑，殿裏陰深，對面幾不見人，只聽到上面蝙蝠唧唧叫喚。在殿前我們向南望了六師殿的遺址，和山門的背面，然後回到方丈去晚齋。豆芽菠菜粉絲豆腐麵大餅饅頭窩窩頭，我們竟然爲研究古建而茹素，雖然一星期的齋戒，曾被葷濁的罐頭宣威火腿破了幾次。

晚上純三方丈來談，說起前幾天燕京大學許地山容希伯顧頡剛諸先生的來遊。我將由故宮摹得乾隆年間重修正定隆興寺圖與和尚看，感歎了行宮之變成天主教堂並且得悉可貴的隆興寺志已於民國十八年寺產被沒收爲黨部時失却，現在已無法尋找。

第二天早六時，被寺裏鐘聲喚醒，昨日的疲乏頓然消失。這一天主要工作仍是將全寺詳遊一遍，以定工作的方針。大悲閣的宋構已毀去什九，正由純三重修，拱形龕頂上工作紛紜，在下面測畫頗不便，所以我們盤桓一會兒，向轉輪藏殿去。大悲閣與藏殿之間及大悲閣與慈氏閣之間，都有一座碑亭，完全是清式。轉輪藏前的阿彌陀佛依然是笑臉相迎，於是繞到輪藏之後，初次登樓。越過沒有地板的梯台（landing），再上大半沒有地板的樓上，發現藏殿上部的結構有精巧的構架，與營造法式完全相同的斗栱和許多許多精美奇特的構造，使我們高興到發狂。

摩尼殿是隆興寺現存諸建築中最大最重要者。十字形的平面，每面有歇山向前，略似北平紫禁城角樓，這式樣是我們在宋畫裏所常見，而在遺建中尚未曾得到者。斗栱奇特：柱頭鋪作小而簡單，補間鋪作大而複雜，而且在正角內有四十五度的如意栱，都是後世所少見。殿內供釋迦及二菩薩，有阿難迦葉二尊者，並天王侍立。

摩尼殿前有甬道達大覺六師殿遺址，殿已坍塌，只剩一堆土邱，約高丈許。據說燕大諸先生將土邱發掘，曾得了些琉璃，惜未得見。土邱東偏有高約七尺武裝石坐像，雕刻粗劣，無美術價值，且時代也很晚，大概是清代遺物。這像本來已半身埋在土中，亦經他們掘出。

由土邱南望，正見山門之背。山門已很破，一部分屋頂已見天。東西間內供有四天王，並不高明。山門宋式斗栱之間，還夾有清式平身科（補間鋪作），想爲清代匠人重修時蛇足的增加，可謂極端愚蠢的表現。山門之北，左右有鐘樓鼓樓遺址，鐘樓的四根角柱石還矗立在土堆中，鐵鐘臥倒在地上。但在乾隆重修圖上，原來的鐘鼓樓並不在此。也許是後來移此，也許是乾隆時並沒有依圖修理，都有可疑。

寺的主要部分如此看了一遍。次步工作便須將全城各處先遊一周，依遺物之多少，分配工作的時間。稍息之後，我們帶了攝影機和速寫本出去「巡城」。我所知道的古建只有「四塔」和名勝一處——數百年來修葺多次的陽和樓。天寧寺木塔離大佛寺最近，所以我們就將它作第一個目標，然後再去看臨濟寺的青塔，廣惠寺的花塔，開元寺的磚塔。

初夏天氣，炎熱已經迫人，我們順着東大街西走，約有兩里來到寺前空地。空地比街低窪許多。塔的週圍便是這空地和水塘，天寧寺全部僅存塔前小屋一院。塔前有明碑一立一臥，字跡已不甚可辨。我勉强認讀碑文，但此文於塔的已往並未有所記述。我們只將塔基平面測繪而已。

回到大街，過街南行，不到幾步，又看見田野。正定城大人稀，城市部分只沿着主要的十字街。臨濟寺的青塔就在城東南部田野與住宅區相接處。青塔是四塔中之最小者，不似其他三塔之聳起，由形制上看來也是其中之最新者。我們對青塔上的工作只是平面圖的測量和幾張照片，不幸照片大部分走了光，只剩一張全影。

我們走了許多路，天氣又熱，不覺竟渴，看路旁農人工作正忙，由井中提起一桶一桶的甘泉，決計過去就飲，但是因水裏滿是浮沉的微體，只得忍渴前行。

青塔南約里許，也在田野住宅邊上，立着奇特的花塔。原來的廣惠寺也是只餘小殿三楹。且塔基部分破壞已甚。塔門已經堵塞，致我們不能入內參看。

我們看完這三座塔後，便向南大街走。沿南大街北行，不久便被一座高大的建築物攔住去路。很高的磚臺上有七楹殿，額曰陽和樓，下有兩門洞，將街分左右，由臺下穿過。全部的結構就像一座縮小的天安門。這就是縣志裏有多少篇重修記的名勝陽和樓；磚臺之前有小小的關帝廟，廟前有台基和牌樓。陽和樓的斗栱，自下仰視，雖不如隆興寺的偉大，却比明清式樣雄壯的多，雖然多少次重修，但仍得幸存原構，這是何等僥倖。我私下裏自語，「它是金元間的作品，殆無可疑，」但是這樣重要的作品，東西學者到過正定的全未提到，我又覺得奇怪。門是鎖着的，不得而入，看樓人也尋不到，徘徊瞻仰了些時，已近日中時分，我們只得向北回大佛寺去。在南大街上有好幾道石牌樓，都是紀念明太子太保梁夢龍的。中途在一個石牌樓下的茶館裏，竟打聽到看樓人的住處。

開元寺俗稱磚塔寺。下午再到陽和樓時，順路先到此寺，纔知現在是警察教練所。磚塔的平面是四方形，各層的高度也較平均，其形制顯然是四塔中最古者，但是磚石新整，爲後世重修，實際上又是四塔中最新的一個。

開元寺除塔而外，尙存一殿一鐘樓，而後者却是我們意外的收穫。鐘樓的上層外檐已非原形，但是下檐的斗栱和內部的構架，赫然是宋初（或更古）遺物。樓上的大鐘和地板上許多無頭造像，都是有趣的東西。這鐘樓現在顯然是警察的食堂。開元寺正殿却是毫無趣味的淸代作品。裏面站在大船上的佛像，更是俗不可耐。

離開開元寺，我們還向陽和樓去。在樓下路東一個民家裏，尋到管理人。沿磚臺東邊拾級而登，臺上可以瞭望全城。臺上有殿七楹，東西碑亭各一。殿身的梁枋斗栱，使我們心花怒放，知道這木構是宋式與明淸式間緊要的過渡作品。這一下午的工作，就完全在平面和斗栱之測繪。

回到寺裏，得到灤東緊急的新聞，似乎有第二天即刻回平之必要。雖然後來又得到緩和的消息，但是工作已不能十分的鎮定。原定兩星期工作的日程，趕緊縮短，同時等候更壞的消息，預備隨時回平。

第三天遊城北部，北門裏的崇恩寺和北門外的眞武廟。崇恩寺是萬歷年間創建，我們對它並沒有多大的奢望。眞武廟縣志稱始於宋元，但是現存者乃是當地的現代建築。正脊垂脊和博縫頭上，却有點有趣的彫飾。

回途到府文廟，現在的第七中學。在號房久候之後，蒙教務主任吳治民先生領導參觀。我們初次由小北門內遠見的綠琉璃廡殿頂，原來就是大成殿，現在的『中山堂』；正脊雖短促，但柱高斗栱小，出簷短，顯然是明末作品。前殿—圖書館—的斗栱却惹人注意，可惜殿內斗栱的後尾被俗惡的白灰頂棚所遮藏，不得見其底細；記得進門時在墻上髣髴見有『教育要藝術化』的標語，不知是否就是如此解法。殿前泮水池上的石橋雕工雖不精而古雅，大概也是明以前物。

由府文廟出來，我們來到縣政府，從前的正定府衙門。府衙門的大堂是一座龐大而無斗栱的古構，由規模上看來，或許也是明構。府衙門和文廟前的牌樓，都用一種類似『偸心』華栱的板塊代替斗栱，這個結構還是初次見到。府衙門之外還有一座樓，現在改爲民衆圖書館，形式頗爲醜怪。在回寺途中，路過鎮台衙門，現在的七師附小，在門內得見一對精美絕倫的鐵獅，座上有元至正二十八年年號和鑄鐵匠人的名姓。

第三天的工作如此完結，我覺得我對正定的主要建築物已大略看過一次，預備翌晨從隆興寺起做詳測工作。

第四天棚匠已將轉輪藏殿所需用的架子搭妥。以後兩天半——由早七時到晚八時——完全在轉輪藏殿，慈氏閣，摩尼殿三建築物上細測和攝影。其中雖有一天的大雷雨雹，晚上驟冷，用報紙輔助薄被之不足，工作却還順利。這幾天之中，一面拚命趕着測量，在轉輪藏平梁叉手之間，或摩尼殿替木襻間之下，手按着兩三寸厚幾十年的積塵，量着材梁拱斗，一面心裏惦記着灤東危局，揣想北平被殘暴的鄰軍炸成焦土，結果是詳細之中仍多遺漏，不竟感嘆「東亞和平之保護者」的厚賜。

第六天的下午在隆興寺測量總平面，便匆匆將大佛寺做完。最後一天，重到陽和樓將梁架細量，以補前兩次所遺漏。餘半日，我忽想到還有縣文廟不曾參看，不妨去碰碰運氣。

縣文廟前牌樓上高懸着正定女子鄉村師範學校的匾額。我因記起前次在省立七中的久候，不敢再惹動號房，所以一直向裏走，以防時間上不必需的耗失，預備如果建築上沒有可注意的，便立刻回頭。走進大門，迎面的前殿便大令人失望；我差不多回頭不再前進了，忽想「既來之則看完之」比較是好態度，於是信步繞越前殿東邊進去。果然！好一座大成殿：雄壯古勁的五間，赫然現在眼前。正在雀躍高興的時候，覺得後面有人在我背上一拍，不竟失驚回首。一位鬢髮頒白的老者嚴重的向着我問我來意並且說這是女子學校，其意若曰「你們青年男子，不宜越禮擅入；」經過解釋之後，他自通姓名說是乃校校長半信半疑的引導着我們「參觀」。我又解釋我們只要看大成殿並不願參觀其他；因爲時間短促，我們匆匆便開始測繪大成殿——現在的食堂——平面。校長起始耐性倍着不久或許是感着枯燥，或許是看我們並無不軌行動，竟放心的回校長室去。可惜時間過短，斷面及梁架均不暇細測。完了之後，校長又引導我們看了幾座古碑，除一座元碑外多是明物。我告訴他這大成殿也許是正定全城最古的一座建築，請他保護不要擅改，以存原形。他當初的懷疑至是髣髴完全消失，還殷勤的送別我們。

下午八時由大佛寺向車站出發，等夜半的平漢特別快。因爲九點閉城的緣故，我們不得不早出城到站等候。站上有整列的敞車上面滿載着沒有炮的炮車，據說軍隊已開始向南撤退。全站的黑暗忽被慘白的水月電燈突破，幾分鐘後，我們便與正定告別北返。翌晨醒來車已過長辛店了。

紀古建築

一　隆興寺

隆興寺在正定縣城東部，舊名龍興寺，俗稱大佛寺，是河北重要大伽藍之一。寺之創建，可以追溯到隋開皇六年（公元五八六）著名的龍藏寺碑到如今還在大悲閣前直立着爲這寺史做證據。但是現存的建築最古者不過宋初。宋太祖因城西大悲寺大銅像被毁於契丹，所以在城內另鑄大銅觀音像於龍興寺建大悲閣。元明清間歷代修葺，康熙乾隆朝更建僧舍，佛殿於兩旁，而在寺西建行宮。自康乾至今不過二百餘年，後加的各部除現在的方丈外，差不多已全部毁壞，行宮也已變成天主教堂。惟有寺正中原來古構尚得勉强保存。現在頹敗的隆興寺只餘山門，摩尼殿，戒壇，轉輪藏，慈氏閣，兩座碑亭，大悲閣及其左右聯建的集慶閣和御書樓，兩旁的僧舍，廻廊和後面的的藥師殿。山門與摩尼殿之間原有大覺六師殿，現在只有一土邱；六師殿兩側的鐘鼓樓亦僅存遺址。戒壇是清建，其四周走廊已被拆毁。大悲閣是全寺最重要的建築物，現在已破壞到不可收拾，而純三方丈已在須彌座上另建磚龕了。閣之原構，尚有

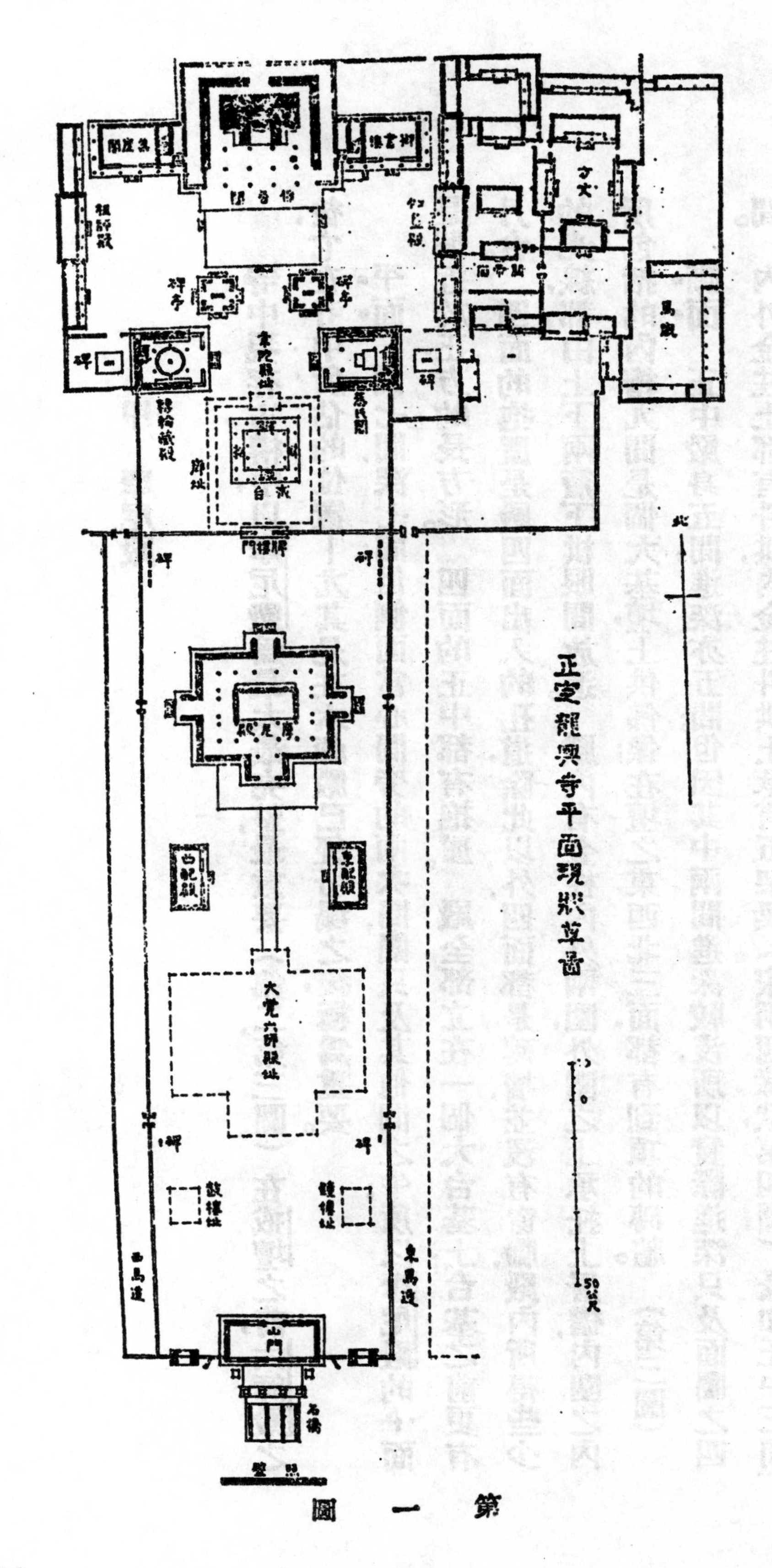
正定龍興寺平面現狀草圖
北
山門
石橋
照壁
東馬道
西馬道
鐘樓址
鼓樓址
大覺六師殿址
東配殿
西配殿
摩尼殿
牌樓門
戒壇
慈氏閣
轉輪藏殿
碑亭
碑
御書樓
集慶閣
方丈
馬廄
50公尺

第一圖

少數的梁柱及斗栱可見而東西兩壁的塑壁尤爲可貴罕有的古彫塑。

甲　摩尼殿

寺中現存古構中以摩尼殿爲最大最完整最重要（第二第三圖）在戒壇之前六師殿之後，它在寺中所佔的位置—尤其是在六師殿已經坍塌之後極爲重要。

平面：闊七間深七間但側面當心間旁的兩次間闊只及其他間之半；所以摩尼殿的平面是個近於正方的長方形。四面的正中都有抱廈。殿全部立在一個大台基上；台基之前更有月台。四面的抱廈是殿四面出入的孔道，除此以外四面都是磚墻，並沒有窗牖，殿內所得些少的光線，都由上下兩簷下栱眼間放進。殿內有金柱內外兩圍，外圍之上承托上層簷內圍之內所包括的內槽九間是個大基壇，上供佛像；在壇之東西北三面都有到頂的磚牆。（第三圖）

斷面：正中殿身五間進深亦五間但因其中兩間進深較淺，所以實際進深只及面闊之四間。內外金柱上都有斗栱，內金柱斗栱上承有五架梁（宋稱四椽栿第四圖）長如正中三間的進深。梁架的結構較清式的輕巧，而各架交疊處的結構（第五圖）叉手，駝峰，襻間等等的

第二圖　隆興寺摩尼殿南面全景

第四圖　隆興寺摩尼殿四椽栿上構架

第五圖　隆興寺摩尼殿平梁上構架

第六圖　隆興寺摩尼殿乳栿構梁並斗栱

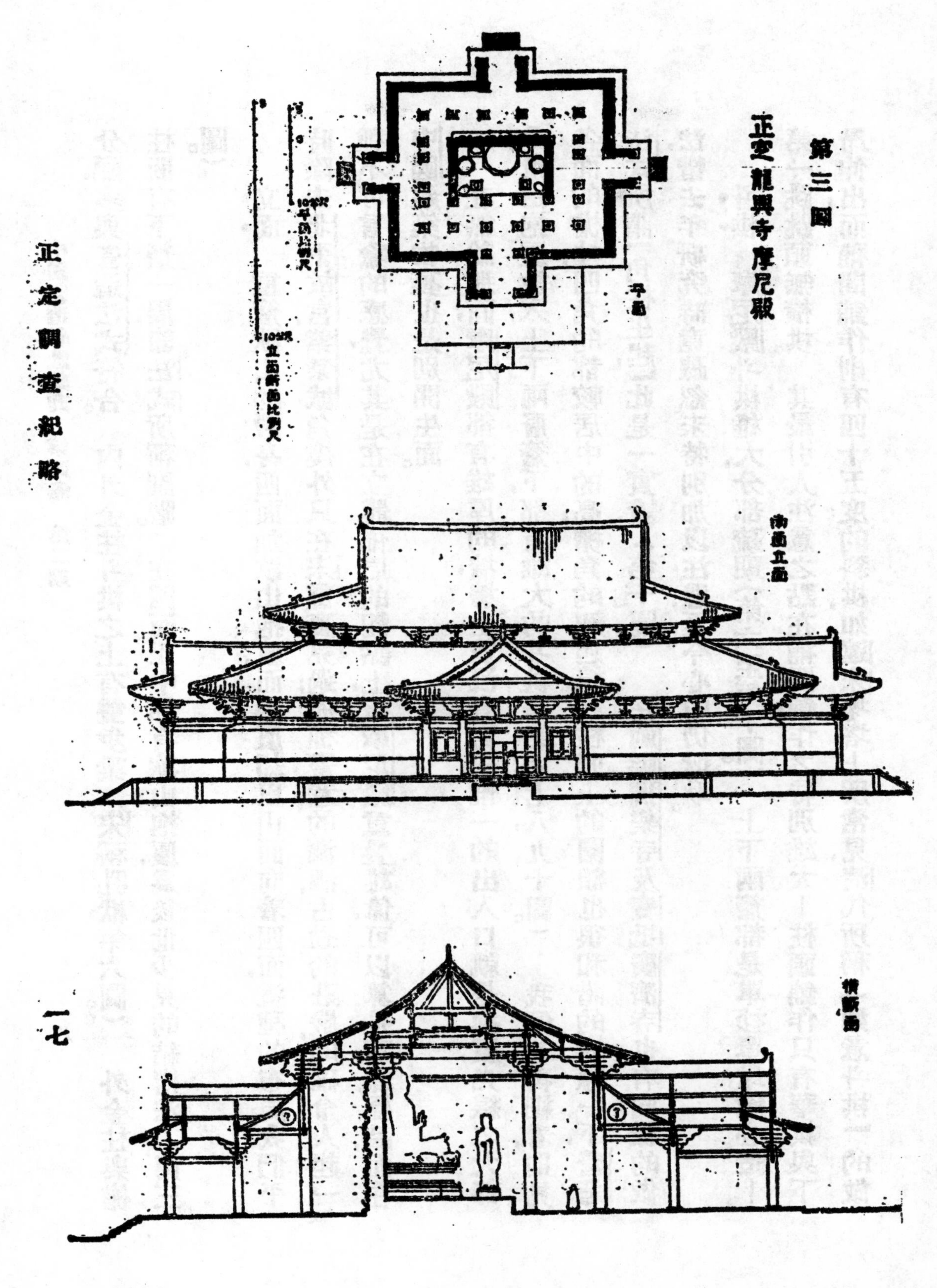

第三圖 正定龍興寺摩尼殿

分配，多與營造法式符合。　內外金柱斗栱之上有雙步梁（宋稱乳栿，第六圖。）　外金柱與檐柱間有下簷一周，卽法式所稱副階。　在四面正中都有歇山抱廈爲後世少見的結構法（第三圖。）

立面　重簷歇山的殿身，四面加歇山抱廈，而抱廈却以山面向着四面，這種的布局我們平時除去北平故宮紫禁城角樓外只在宋畫裏見過；那種畫意的瀟洒，古勁的莊嚴，的確令人起一種不可言喻的感覺，尤其是在立體佈局的觀點上，這摩尼殿重疊雄偉，可以算是藝臻極品，而在中國建築物裏也是別開生面。

在無論那面，摩尼殿都有雄厚的墻，墻上並沒有窗子，惟一的出入口就是抱廈，光線之大部分，也由抱廈放入，上下兩層簷下，都有雄大的斗栱（第六七八九十圖。）　我們若再細看，則見各面的檐柱，四角的都較居中的高，檐角的翹起線，在柱頭上的闌額也很和諧的響應一下，營造法式所謂「角柱生起」，此是一實證，（第十圖。）　在薊縣獨樂寺及寶坻廣濟寺也有同樣的做法，惜去年研究時竟疎忽未特別加以注意，至今心中仍耿耿。

斗栱　摩尼殿斗栱雄大，分部疏朗（第六至第十圖。）　上下兩簷都是單抄單昂偸心造－第一跳跳頭無橫栱。　其最引人注意之點在補間鋪作之特別雄大－柱頭鋪作只有華栱與下昂伸出，而補間鋪作則有四十五度的斜栱，如遼宋塼塔上所常見，淸代所稱「如意斗栱」的做

第七圖　隆興寺摩尼殿角柱之生起

第八圖　隆興寺摩尼殿南面抱廈下檐轉角鋪作

第九圖　隆興寺摩尼殿南面抱廈下檐柱頭鋪作

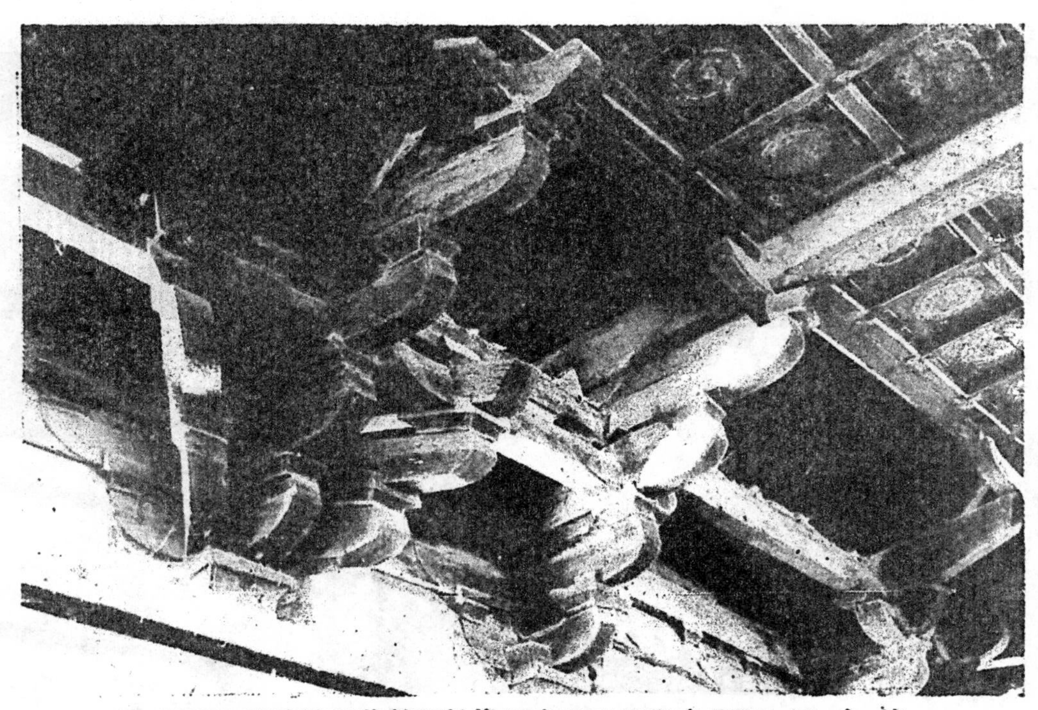

第十圖　隆興寺摩尼殿殿身下檐柱頭鋪作及補間鋪作後尾

第十一圖　隆興寺摩尼殿內槽北壁背面塑像

第十二圖　隆興寺摩尼殿東壁壁畫

第十三圖　隆興寺摩尼殿東抱廈南壁壁畫

第十四圖　隆興寺轉輪藏殿東面(前面)

法（第六圖）。 至於斗栱的高度則約合柱高之半；而材高二十一公分寬十五至十六公分不等，都是明清所不見的權衡。 柱頭鋪作上及轉角鋪作上耍頭，亦斫成昂嘴形（第八圖），呈重昂之狀，大小亦相等。 我們若以此與獨樂寺下檐的耍頭比較，或許可以假定摩尼殿比觀音閣更古，因爲以兩者相較，觀音閣的弱小的耍頭，的確像是由這種大耍頭退化而成的。

塑像壁畫 內槽九間全是佛壇，高一公尺，上供釋迦及二菩薩，有阿葉迦難及二天王侍立，塑工並不見如何高妙。 在內槽背壁之北面有山中的觀音，四周有龍虎獅象等猛獸，而觀音一足下垂，一足踞起的姿勢，和身段的結構，顯然是宋代原塑，雖然被後世塗改了不少，倒還保存一些本來面目（第十一圖）。 殿內每一面壁上都有壁畫，雖然也是經後世累次塗改重修，但有許多地方較新的壁面剝脫後，原來的壁畫竟又隱約呈見（第十二，十三圖）。

年代 關於摩尼殿的紀錄，在縣志中竟無隻字提到，頗令人詫異。 寺內舊碑數十座，均未得細讀，一時不能說其確實年代。 寺歷代經過修葺，尤其是在清康熙乾隆二朝，工程浩大。 現在脊桁上有『大清道光二十四年三月二十四日卯時上梁重修』的三寸大字，大概是最後一次大規模修葺的紀錄，現在梁架最上部的木材，比別部分也新得許多，大概就是這次所換。 據縣志卷十五載紹聖四年葛繁眞定府龍興寺大悲閣記有『……太祖皇帝開寶二年……詔遣中使相地於龍興寺佛殿之北，將復建閣，……』之句，這佛殿若是指現在的摩尼殿言，則摩尼殿在開寶二年以前一定已經存在了。從形制上看來，摩尼殿至少也是北宋原構，當再搜尋較可靠的文獻做考證。

乙　轉輪藏殿

在大悲閣之前，配置於東西兩側者爲慈氏閣及轉輪藏殿（第十四圖），閣在東，藏殿在西。兩者外形頗相類似，但大小各有小差，而結構法，在平面的布置，梁架之結構，斗栱之配用，則完全不同。二者之中，轉輪藏殿之結構，尤爲精巧，是木構建築之傑作。

平面　是個三間正方形，前面加有雨搭（第十六圖）。正方形之中略偏後，有徑約七公尺的轉輪藏（第廿七圖）。藏旁兩中柱，因容不下安輪藏的地位，各向左右讓出，所以成一種特殊的平面配置。沿左右兩壁下，列羅漢十六尊。在輪藏之後，有梯沿西墻由北向南，可達上層。上層沒有雨搭，只是九間，四周有平座，正中一間供佛像，像前地板上有孔，輪藏轉軸的頂由地板上伸出。

斷面　轉輪藏殿梁架的結構，可以說是建築中罕有的珍品。下層因前面兩金柱之向左

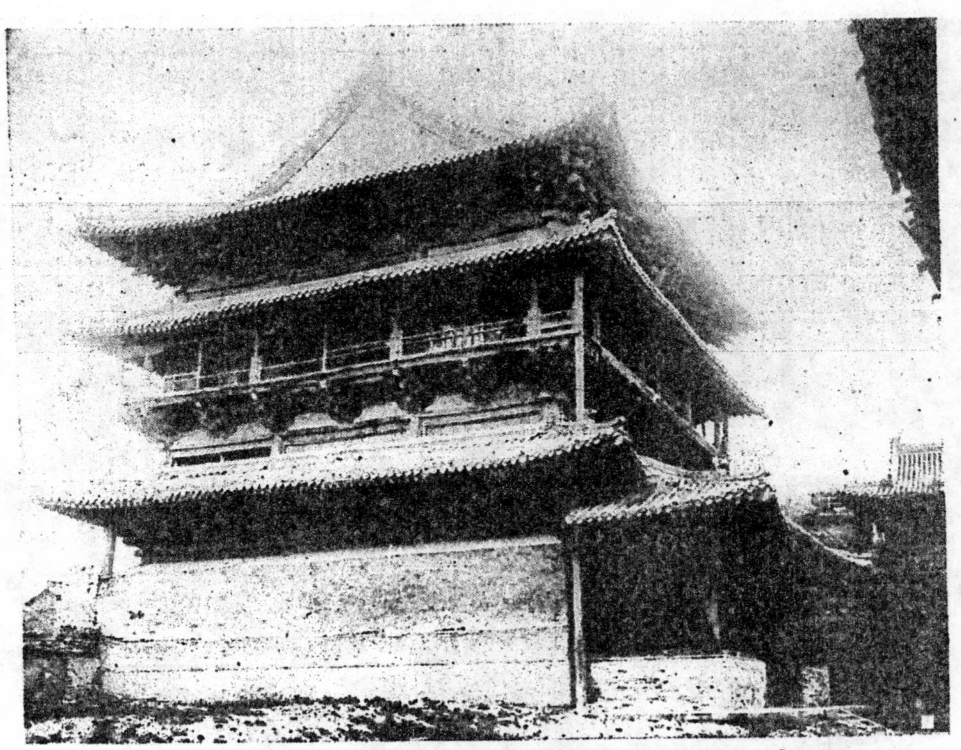

第十五圖　隆興寺轉輪藏殿南面(側面)

第十七圖　隆興寺轉輪藏殿彎梁

第十八圖　隆興寺轉輪藏殿大斜柱

第十九圖　隆興寺轉輪藏殿兩際襻扒梁

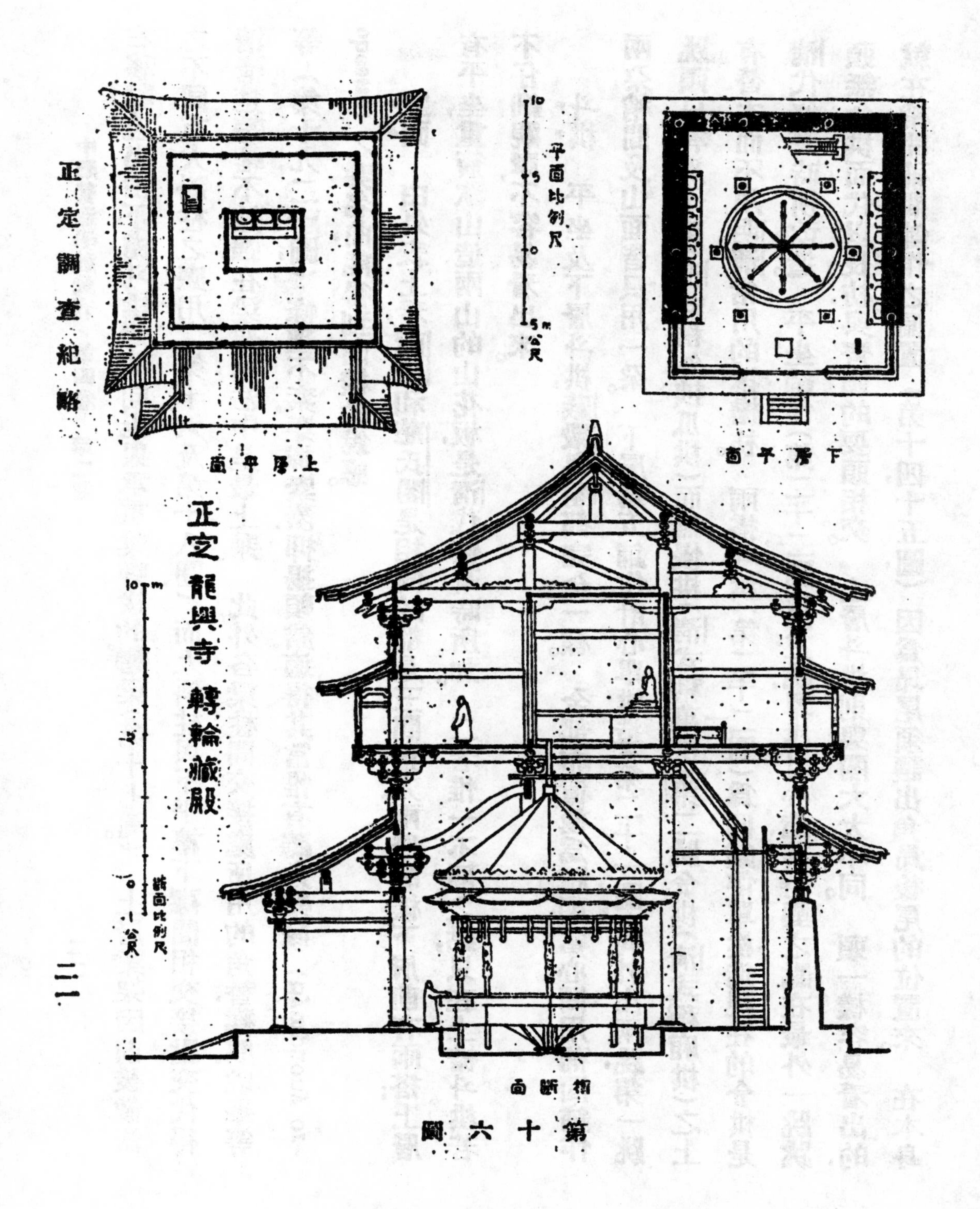
上層平面
下層平面
平面比例尺
10
5
0
5m
公尺
正定龍興寺轉輪藏殿
10m
5
0
1
斷面比例尺
公尺
橫斷面

第十六圖

右移動，迫出由下檐斗栱彎曲向上與承重梁啣接的彎梁（第十七圖）。　上層梁架因前後做法之不同有大斜柱之應用（第十六及第十八圖），而大斜柱與下平槫下襻間相交接點交代得清清楚楚，毫不勉强，在梁架用法中是最上乘。　此外各梁柱間交接處所用的角替襻間駝峯等等（第十九二十圖），條理不紊，穿插緊湊，抑揚頓錯，適得其當，惟有聽大樂隊（Symphony orchestra）之奏名曲能得到同樣的銳感。

立面　由外表上看，藏殿和慈氏閣是相同的，都是三間正方兩層的樓；下層前有雨搭；上層有平坐重簷歇山造兩山的山花板是清代修葺時所加。　二者惟一不同之點只在上檐斗栱，若不仔細觀摩，不容易看出來。

斗栱　平坐及下層斗栱，藏殿與閣都完全一樣。　全部布置極為疏朗，當心間用補間鋪作兩朵，梢間及山面皆只用一朵。　下層為五鋪作計心單栱造（第二十一圖），向外出兩跳，第一跳跳頭只有瓜子栱（清式稱外拽瓜栱）而無慢栱（清式稱萬栱）；第二跳令栱（清式稱廂栱）之上有替木，而不用明清常用的挑檐枋。　雨搭斗栱（第二十二圖）為四鋪作單栱造，現在的令栱是清代修葺時所改造。　平坐鋪作（第二十三圖）出三跳，單栱計心造，其特異之點在最外一跳，跳頭無令栱，而代以長枋與齊頭的耍頭相交。　上層斗栱則與閣大大不同。　頭一樣容易看出的，就在梢間補間鋪作之偏置（第十四，十五圖），因為昂尾須讓出角昂後尾的位置來。　在本身

第二十圖 隆興寺轉輪藏殿平梁構架

第二十一圖 隆興寺轉輪藏殿雨搭斗栱

第二十二圖　隆興寺轉輪藏殿平坐斗栱

第二十三圖　隆興寺轉輪藏殿下層斗栱

第二十四圖　隆興寺轉輪藏殿上檐柱頭鋪作

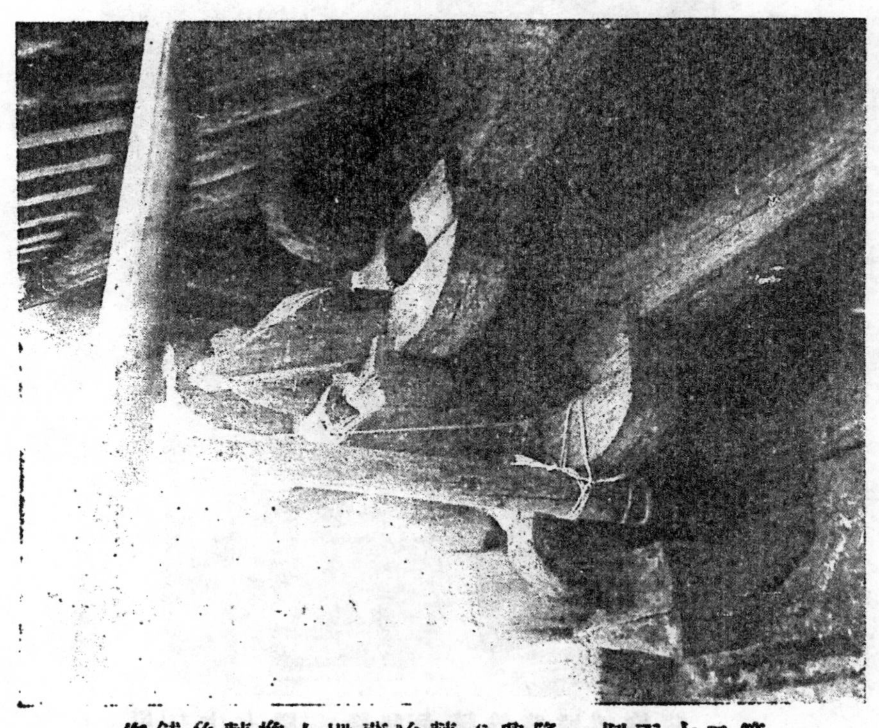

第二十五圖　隆興寺轉輪藏殿上檐轉角鋪作

第二十六圖　隆興寺轉輪藏殿上檐斗栱後尾

第二十七圖　隆興寺轉輪藏殿轉輪藏

第二十八圖 隆興寺轉輪藏殿轉輪藏轉軸軸托

第二十九圖 隆興寺轉輪藏殿轉輪藏斗栱

第三十圖　隆興寺轉輪藏殿內阿彌陀佛

第三十一圖　隆興寺轉輪藏殿上層佛像

的結構上說，藏殿上檐的斗栱是個罕見的做法；五鋪作單栱出單杪雙下昂（第二十四，二十五圖）。清式所謂五踩單翹重昂。其特點在第二昂並不比第一昂長出一跳，只與令栱相交，其上便是耍頭兩重昂同長的例，還以此處爲初見。下層昂下有華頭子承托，如營造法式之制（第二十四圖）。昂尾方正無彫飾，簡樸古勁得很（第二十六圖）。

轉輪藏 藏殿的主人翁（第二十七圖）。「轉輪藏」這三個字雖然是佛寺裏一切八角形藏經的書架的通用名稱，但是實際會「轉」的輪藏實例甚少。隆興寺的轉輪藏，佔去藏殿下層中央之全部。在殿下層地板上有徑約七公尺的圓池，池中有生鐵的軸托（第二十八圖）上有極大的中心柱做藏的轉軸。藏是八角形，由八根內柱，八根外檐柱和多數的橫枋及斜木構成。外觀是重檐的亭子形，下檐八角形，上檐則是圓形的。八面每面做成三間形，但當心間二平柱下不及地，只是垂蓮柱。經歷及下部裝飾都已毀壞無遺，只餘斗栱及骨架。其斗栱之分配，當心間用補間鋪作兩朵，梢間用一朵。斗栱上下層都是八鋪作，重栱出雙杪三下昂，計心造。最下層昂下有華頭子承托。昂是古式眞的斜昂，而不是清式之平置的翹而加以昂嘴者。各斗之欹（清式稱斗底）皆略有䫜殺，非如清式斗底之板直。最外跳頭上用橑檐枋，其斷面作長方形，非圓徑的挑檐桁。此外角梁頭的蟬肚（與清式霸王拳不同）椽子的卷殺扁闊的普拍方（清式稱平板枋）和卷殺的柱頭，無一不與營造法式符合（第二十九圖）。不知關野先生何所根據而說它是清代所造？（見支那建築上卷解說第六十一頁。）

佛像　一進藏殿，迎面便是笑臉的阿彌陀佛，塑工甚佳（第三十圖），被貶坐在磚地上；原先也許是六師殿裏的東西。藏之兩旁有十六羅漢，塑工並不高明。南牆邊在樓梯之下，有三尊棄置的無頭漆像，却都是極精的作品。上層正中間的一尊釋迦兩尊菩薩，保存的很好，由衣紋及面貌看來，至少也是宋初遺物（第三十一圖）。

丙　慈氏閣

在佛香閣之前，與轉輪藏殿對立，而形式與之極相似者，爲慈氏閣（第三十二圖）。

平面　也是個每面三間的正方形，前有雨搭（第三十三圖）；但殿身內前面二金柱則完全省却。殿內供大彌勒（？）立像，通上下二層，兩側有羅漢像。大像座後有梯達上層。上層九間，周有迴廊平坐，與藏殿同。正中一間則無地板，大佛像的頭由井中伸至二層樓板之上。

斷面　梁架結構頗爲簡單。閣進深三間，每間椽分兩步。其最可注意之點，乃在前列內柱，如前所說，在下層完全省却，而在檐柱與後內柱間大梁上，在前內柱分位，安置大平盤斗，上立

第三十二圖　隆興寺慈氏閣西面全影

第三十四圖　隆興寺慈氏閣梁架下部

第三十五圖　隆興寺慈氏閣兩際梁架

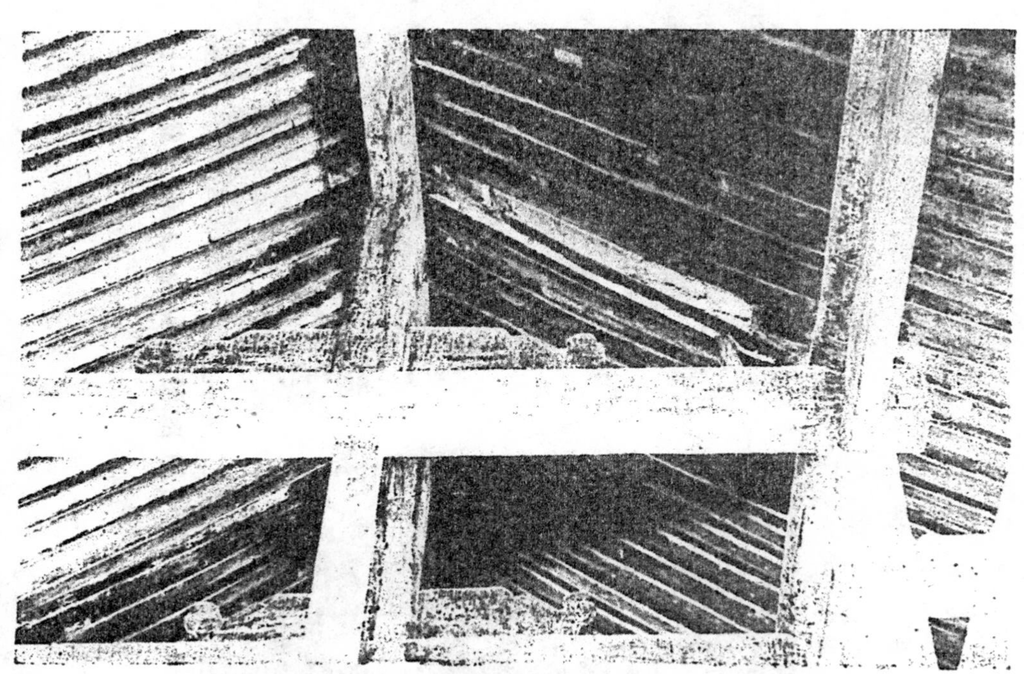

第三十六圖　隆興寺慈氏閣平梁構架

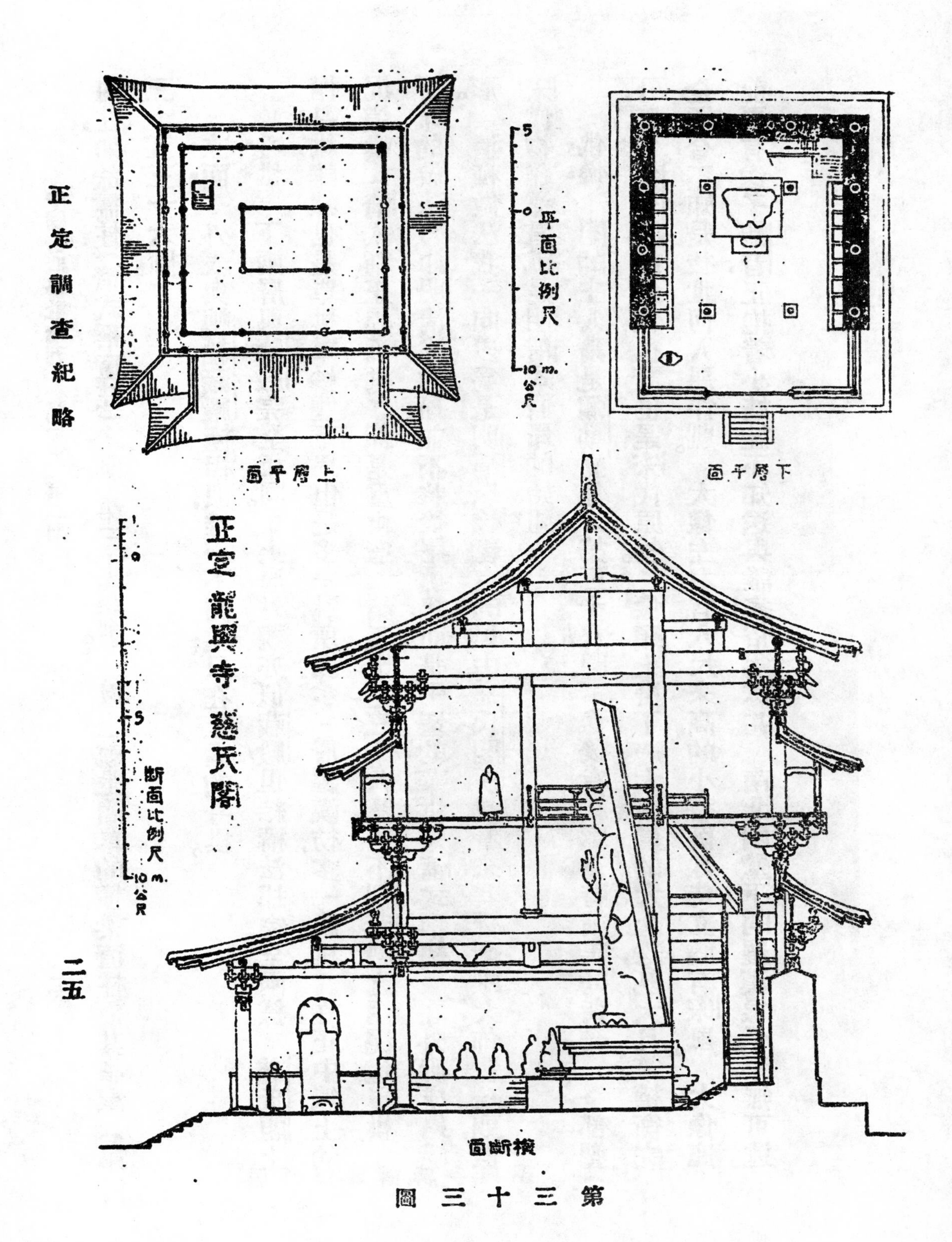

第三十三圖

內柱，如侏儒柱（清式稱童柱）之制（第三十四圖）。以上就是簡單的橫梁直柱，極其整潔（第三十五三十六圖）。

立面　外表與轉輪藏殿極相似，惟一不同處只在上檐的斗栱。

斗栱　下兩層與藏殿完全相同。上層外觀亦似藏殿，但結構法卻完全兩樣。慈氏閣上檐斗栱雖然也是單栱單杪雙下昂，但是多一跳，所以多一層羅漢枋，多一跳栱。在正中線上的泥道栱（清式稱正心瓜栱），卻是重栱造（第三十七三十八圖），不似藏殿之用泥道單栱。下昂的做法，乃如明清式的昂，並不將後尾挑起，而是平置的華栱（清式稱翹），在外斫成昂嘴形。這種做法，我一向以為是明清以後纔有的，但由慈氏閣所見看來，其權衡雄大，佈置疏朗，似宋代物，難道這就是明清式假昂的始祖？

佛像　閣的主人翁是彌勒立像（第三十八圖），像後有輪廓奇特精美的背光。全部塑工頗似佛香閣的銅像，也許也是宋代原物。像頸上掛了一大串眞的大念珠，既大且笨，權衡完全不合，不知是後世何人惡作劇。大像左右有八尺來高的小菩薩像侍立，饒有宋風。大像座前更有送子觀音，正抱着小娃娃，不知送與誰家，俗劣殊甚！南北兩壁下的羅漢像，平平無可述。

第三十七圖　隆興寺慈氏閣上檐柱頭鋪作後尾

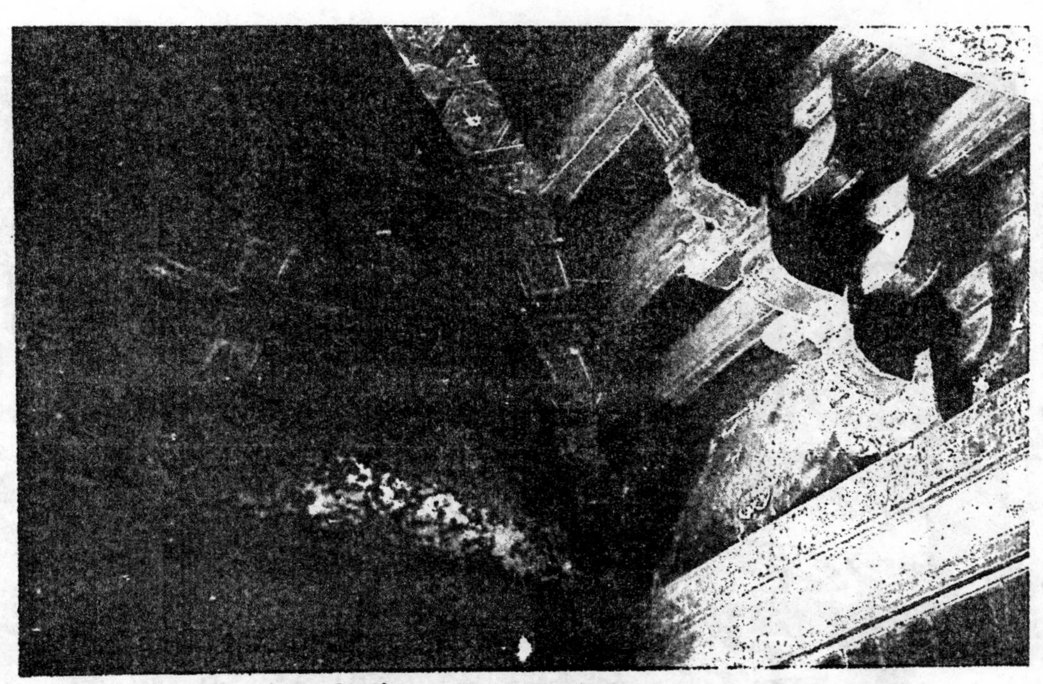

第三十八圖　隆興寺慈氏閣上檐轉角鋪作後尾

第三十九圖　隆興寺慈氏閣彌勒立像

第四十圖　隆興寺佛香閣觀音菩薩大銅像上段

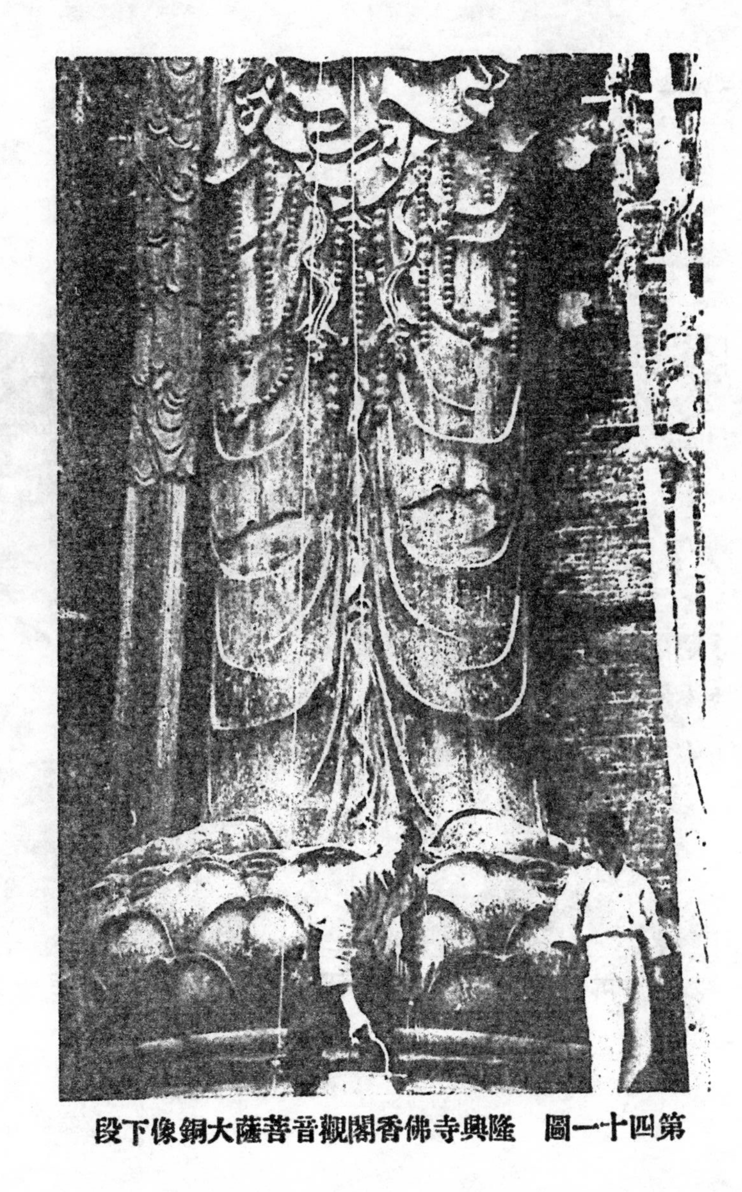

第四十一圖　隆興寺佛香閣觀音菩薩大銅像下段

第四十二圖　隆興寺佛香閣新龕（構築中）

33829

第四十三圖　隆興寺佛香閣銅像須彌座上枋彫飾

第四十四圖　隆興寺佛香閣銅像須彌座盤龍柱

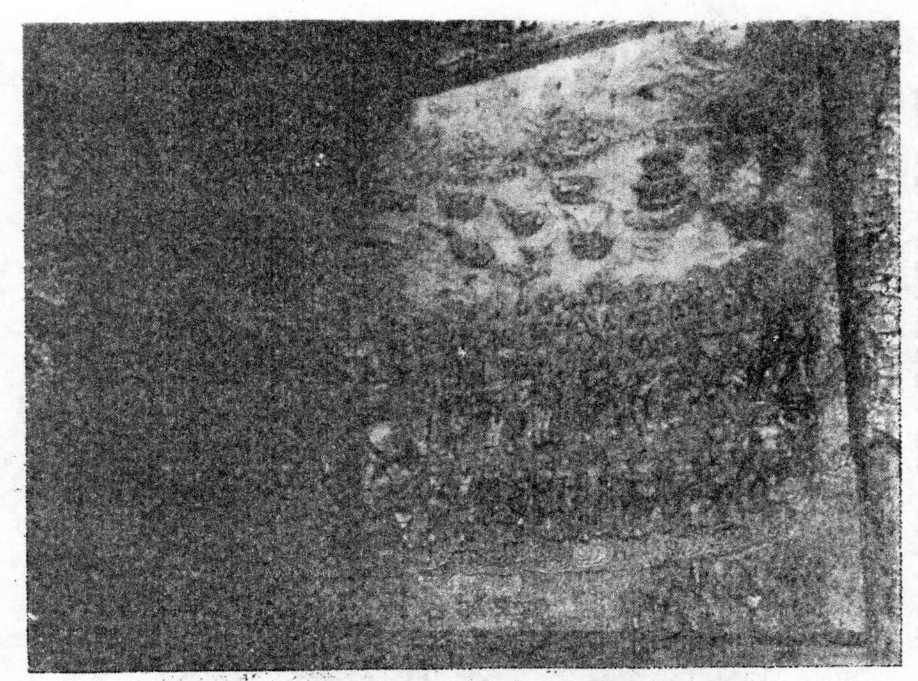

第四十五圖 隆興寺佛香閣東塑壁

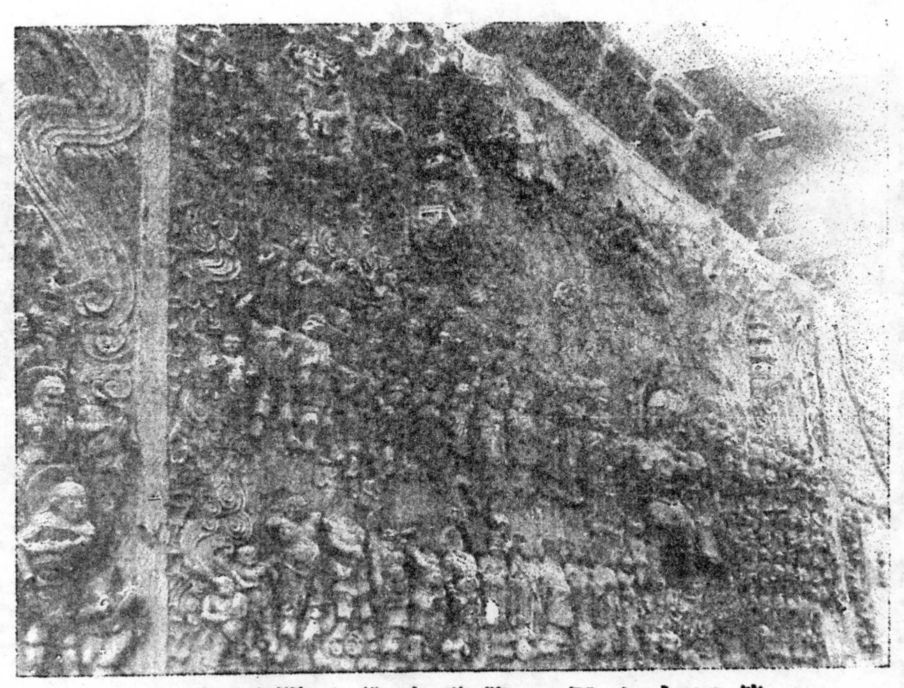

第四十六圖 隆興寺佛香閣西塑壁

第四十七圖　隆興寺佛香閣東壁塑重層閣

第四十八圖　隆興寺佛香閣東壁塑重層八角閣

丁　其他

佛香閣　及其中的四十二臂千手千眼觀音菩薩大銅像其實是寺內最重要的建築及佛像。宋太祖開寶四年七月（公元九七一）始建閣鑄像。像立在極大石須彌座上，志稱高七十三尺。閣面闊七間深五間，前面另有雨搭。景祐元年（公元一〇三四）惠演碑說是「拆却九間講堂」蓋的。現在的閣已破壞到不可收拾的地步，屋頂已完全坍塌，觀音像露天已數十年。但就現存的部分，還可以看見內部宋代原來的梁柱和斗栱，外部却完全是清式。現住持純三和尚在須彌座上砌建磚龕，行將竣工（第四十二圖）他保存古藝術的熱忱，是很可佩服的。

佛像高度與志所載大概少有不符，看來高不過六十呎左右。像身衣摺，尤其是腰部，甚爲流暢，饒有當時作風，面目四肢（第四十四十一圖）則稍嫌呆板。脚部的銅殼厚約一公寸，而右側飄帶下部的銅殼已經失去，只餘木骨露出。這像大概是中國最大的銅佛像。像下須彌座上枋上和壺門內每格都有精美的刻像，而隔間版柱上的盤龍也極生動有力（第四十三，四十四圖）

閣內槽東西北三面壁上，都有精美的塑壁，爲文殊，普賢，及多數的小像（第四十五，四十六圖）這部分大概都是宋代原物。許地山先生說燕大諸君在北壁上還發現了元祐四年（一〇八九）的題字。在塑壁上有浮塑的建築物雛型。其中有重層的閣（第四十七圖）簡直可以說是慈氏閣或藏殿的模型有重層的八角閣（第四十八圖）是後世所少見。在這兩個小模型裏下層墻壁都是在柱間用抹灰墻而不用磚砌，是研究宋代建築者所應特別注意的。更有三層多寶塔（第四十九圖）不單是很有趣味並且是饒有歷史價值的。現在閣的本身已毀，這塑壁的前途的確是我們所不宜忽略的一件要事。至於閣的建築，宋構已餘無多，但是原來的柱礎，有作寶裝覆蓮瓣的（第五十圖）有作上小下大的圓板如營造法式所謂櫍者（第五十一圖）都是罕見的建築遺物。

佛香閣兩側兩耳殿，御書樓及集慶閣，外部都是清代重修。在佛香閣坍塌以前，全部的布局，氣魄的確是宏壯之極，現在大閣已毀，耳殿已失去它們的主人，但比較還完整沒有多少損壞。

山門　是寺南門，門外有石橋，牌樓只剩下夾桿，隔街尙有大影壁，皆清代所建。山門面闊五間，進深兩間，兩梢間有天王像。山門已極破爛，西北角屋頂已通天（第五十二圖）最令人注目的是檐下斗栱纖弱的清式平身科夾在雄大的宋式柱頭鋪作之間，滑稽得令人發噱（第五十三圖）在此可以看出清代匠人之愚蠢，同時也與我一種安慰，因爲清代匠人既不知倣古，則凡不是清式的結構，也許都不是清代的東西，在我們鑑別古物時，可以免却許多懷疑。

牌樓門　在摩尼殿後，戒壇之前有個小珍品—牌樓門。門口闊一間，兩旁有肥大的柱。

第四十九圖　隆興寺佛香閣西塑壁三層多寶塔

第五十圖　隆興寺佛香閣寶裝蓮花柱礎

第五十一圖　隆興寺佛香閣柱礎石櫍

第五十二圖　隆興寺山門北面

第五十三圖　隆興寺山門斗栱

第五十四圖　隆興寺牌樓門

第五十五圖　隆興寺牌樓門斗栱

第五十六圖　隆興寺戒壇

斗栱是六鋪作出三杪，有華栱三跳。柱頭鋪作須有三面向外，是環着燈籠榫構造的。補間鋪作兩朶，每層每跳都有四十五度的斜栱，如後世所稱如意斗栱之制。椽子頭有搿殺。由各方面看來，這小建築物無疑的是一座很古的結構。（第五十四及五十五圖）

戒壇 緊在牌樓門之北有戒壇。壇高二層，正方形，是重疊的石砌須彌座。戒壇的房子是一座五間正方三層檐的建築物，是清代所創建（第五十六圖）。戒壇的四週本有迴廊，現已拆毀，舊址尚可辯。

二 陽和樓及關帝廟

陽和樓橫跨正定城南門內南大街上。樓七楹，建立在高敞的磚臺上；臺下有圓栱洞門，左右各一，行人車馬可以通行，其布局略似北平天安門端門，但南面正中還有關帝廟一所倚臺建立（第五十七五十八圖）。

平面 極爲簡單，只是七楹長方形，檐柱之內，後半有內柱一列。此七楹外東西各有碑亭一間，並列的立在臺上。臺之東側有階級爲上下之道（第五十九圖）。磚臺下穿兩洞門，左右各

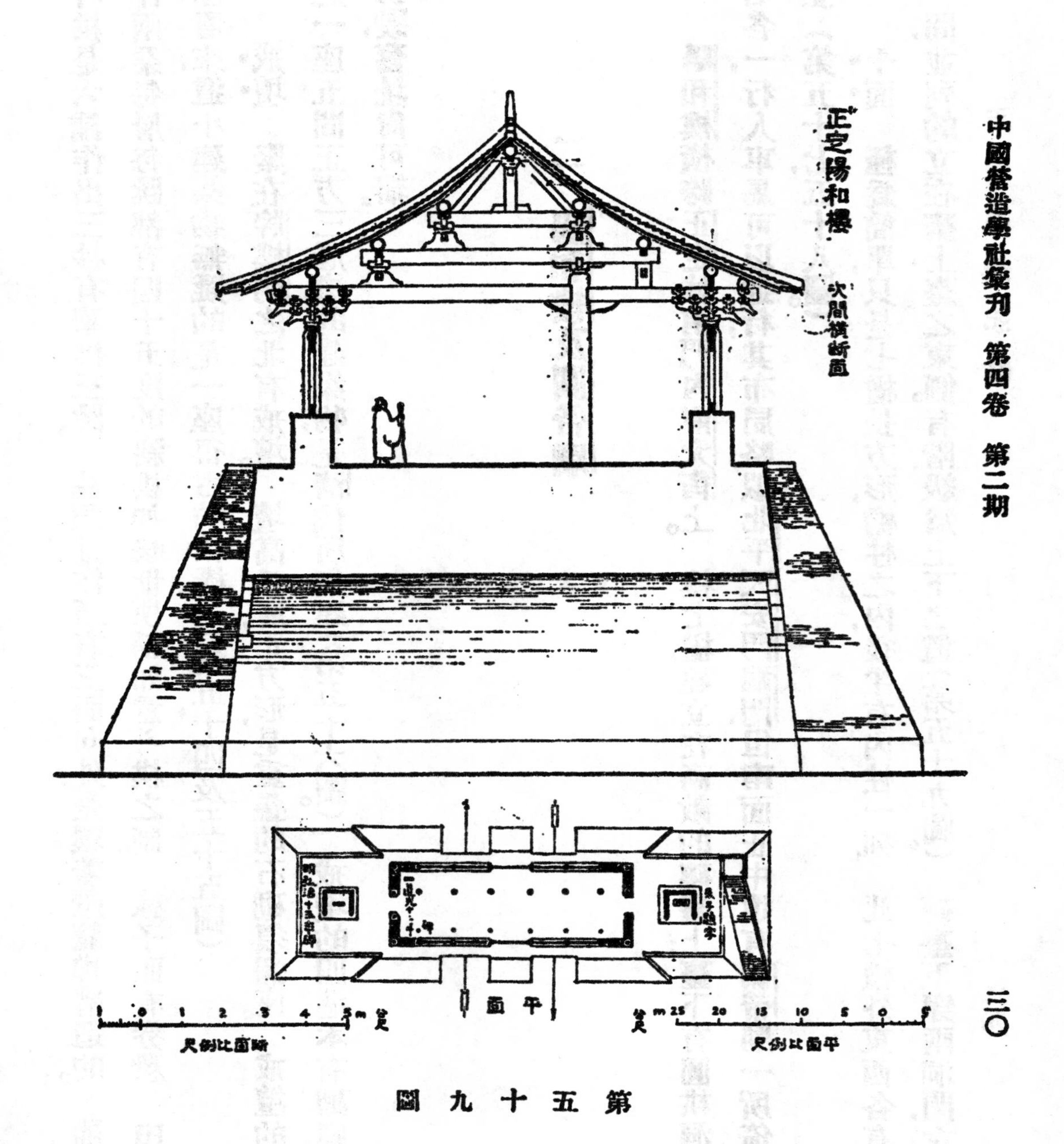
正定陽和樓 次間橫斷面
平面
斷面比例尺
平面比例尺

第五十九圖

第五十七圖　陽和樓南面

第五十八圖　陽和樓北面

第六十圖 陽和樓當心間梁架

第六十一圖 陽和樓次間梁架

第六十二圖　陽和樓梢間梁架

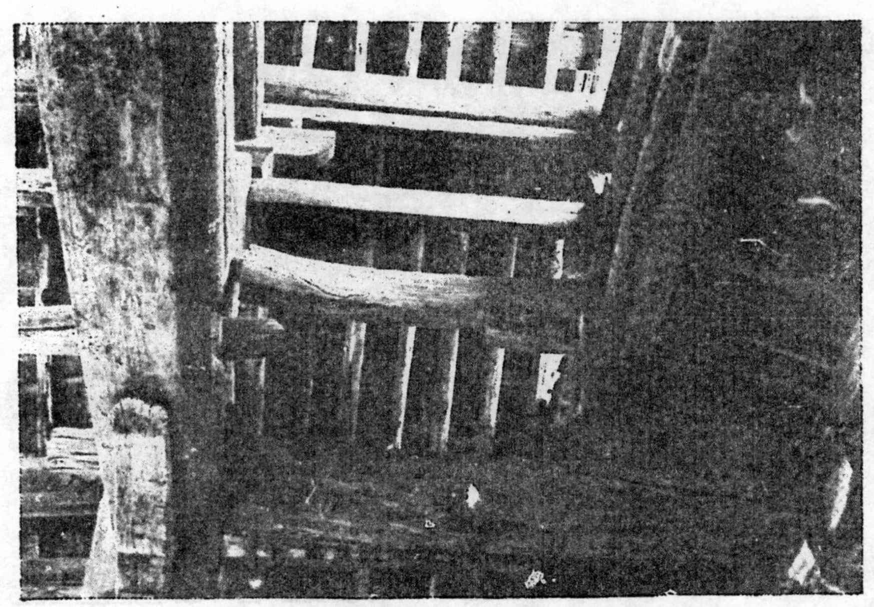

第六十三圖　陽和樓兩山構架

第六十四圖　陽和樓角柱之生起

第六十五圖　陽和樓斗栱及闌額上之假月梁

一。兩洞之間，在臺之南，有關帝廟。廟前有牌樓及旗杆獅子，牌樓之內為大門，門內則為平面作丁字形的殿。

結構 磚臺是磚砌，但門券乃石砌，石券之上又有磚券三層。磚臺砌法如城墻，四面都有收分，但有門洞處則垂直。

陽和樓的梁架結構最為精巧，襻間替木皆運用自如。當心間及次梢間梁柱間之接合，各個不同（第六十一及六十二圖），而兩山的構成更交代得清清楚楚（第六十三圖），誠然是健康合理的結構。

外觀 七間大殿立在大磚臺上，予人的印象與天安門端門極相類似。在大街上橫跨着攔住去路，莊嚴尤過於羅馬君士坦丁的凱旋門。在作風上着眼，值得注意的第一點是四角角柱之生起非常顯著（第六十四圖）——角柱頭比平柱頭高出約二十三公分。第二點是闌額上之刻作假月梁形（第六十五圖）；月梁的做法在北方極不多見，這一點的雛型也算是我們一種的收穫。屋脊兩端微微的翹起也是營造法式裏的一種做法。此外最有特徵的便是斗栱。

斗栱 陽和樓的斗栱（第六十五圖）在分部上本身各件的權衡上與樓身之比例上，及與梁架之交接上，都有許多罕見的特徵。它雖沒有宋式的古勁，但比清式斗栱卻老成得多多。五鋪作，單栱出雙下昂，計心造——單是單栱一項就非明清所有。下層昂實是假昂嘴，但是上層昂及要頭都挑起後尾。據我所知，宋以前的昂多挑起後尾，明清溜金斗則假昂在下，而將要頭及撐頭木加長挑起。此處所見則一昂是假，一昂是眞挑起，同時要頭後尾也挑起。（第六十六圖）這個或許可以說是晚宋初明前後兩種過渡的式樣。且可作昂的蟬遞演變最實在的證例。補間鋪作第二昂下用華頭子承托本是宋制，但在柱頭鋪作，則用平置的假昂而在昂下刻作假華頭子（第六十七圖），如北平智化寺斗栱之制。當劉敦楨先生研究智化寺時，對此特殊的做法，尚未得其解，現在在陽和樓上得見眞假華頭子並列，其來源於是顯然。直到清初作品中我們還可以見到這做法。

年代　由上列諸點看來，這陽和樓之建造，當在法式刊行後至少數十年，但遠在明之前。縣志楊俊民重修陽和樓記稱樓在元至正十七年重修（一三五七），猜想當時至少已離初次建造數十年，才到了需要重修的時候。所以我們假定陽和樓是金末（南宋）元初所建，或不致有大錯誤。

關帝廟　陽和樓前的關帝廟，規模雖不甚大，設置却甚完備（第十八圖）。最前有低低的月台，多層，第一層的後半上有一對獅子，一對旗杆，第二層上又一對石獅；第三層上有牌樓三間；牌樓之後，更有二層平台，兩旁圍着精美的石欄杆（第六十九圖），前有階級引上，然後達到廟的前門。廟的本身雖未得進去，但平面是個丁字形；檐下斗栱的形制也呈示其年代的久遠，就

第六十六圖　陽和樓斗栱後尾

第六十七圖　陽和樓斗栱詳影

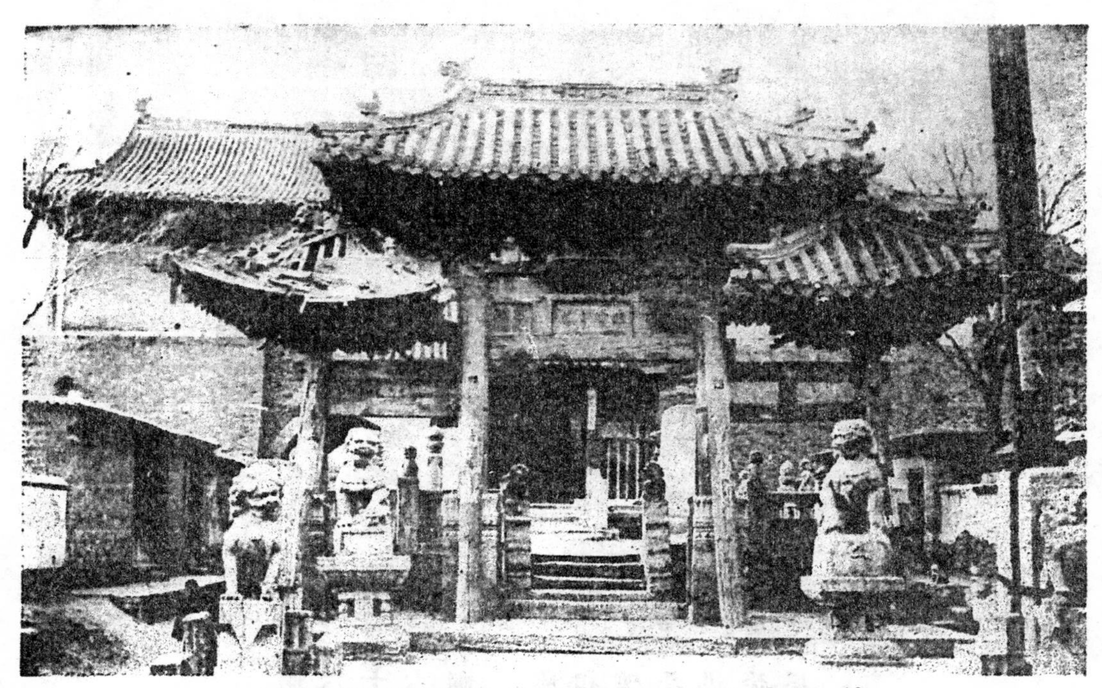

第六十八圖　陽和樓前關帝廟前面

第六十九圖　陽和樓前關帝廟石欄

說與陽和樓本身同時建造，也屬可能。

牌樓前的石獅，和它下面的須彌座，都顯然是明以前物。牌樓更可愛，小小三間，頂着出檐深遠的樓，邊樓却只是一整個攢尖頂，放在一攢四方斗栱上，比北平常見「小頭」的牌樓顯得莊嚴得多。

廟門之前立有鐵獅子一對，塑工雖不見佳，却也是明代遺物。

三　天寧寺木塔

天寧寺縣志稱建於唐咸通初年（公元八六〇前後），位於隆興寺之西，本是正定重要伽藍之一，但現在只餘木塔及小殿數楹而已。

塔高九級，平面作八角形（第七十七十二圖）。塔身下四層爲磚造，下三層斗栱及第二三，四層平坐亦磚造。第四層以上斗栱及各層檐均爲木造。實際上是座磚木混合造的塔。第二三四層塔身雖屬磚造，但在角上則用磚砌成八角木柱形，門窗槅板亦用磚砌出。

塔上的斗栱，由下至頂都是四鋪作出單杪，即清式所謂品字斗科；下三層磚砌部分每面有補間鋪作三朶，上六層每面兩朶；下三層大概是因材料的關係，斗栱的權衡頗嫌緊促，上六層則

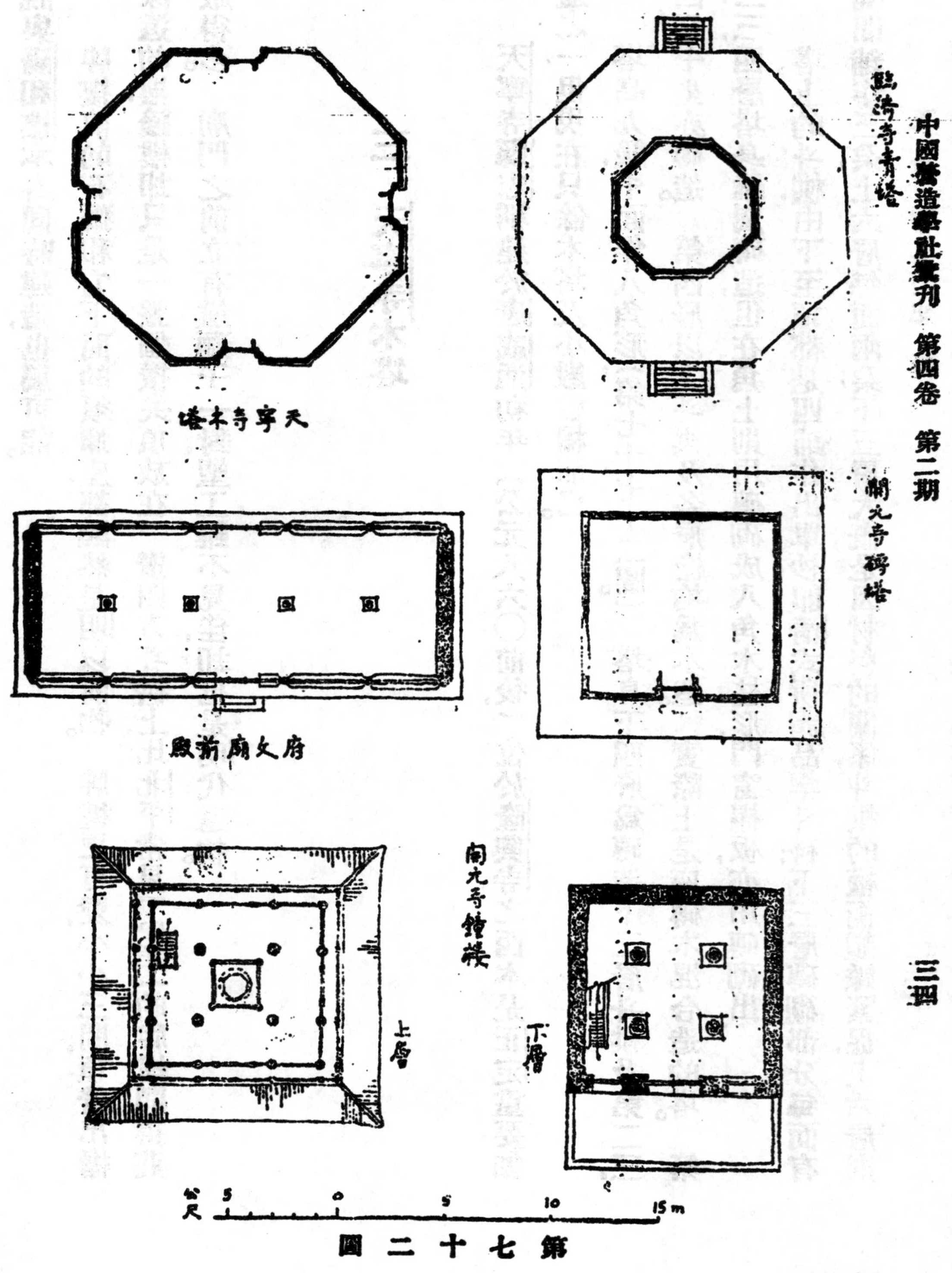

第二十七圖

第七十圖　天寧寺木塔

第七十一圖　廣惠寺花塔

第七十三圖　臨濟寺青塔

第七十四圖　開元寺磚塔

甚豪放。

塔身向上每層高度遞減，而每層收分亦遞加。塔頂金屬剎，中大上下小；已歪斜有毀拆下墜的危險。

四 廣惠寺華塔

廣惠寺在南門內南大街之東，俗呼花塔寺。志稱唐貞元中建。現在的寺，除塔外，只餘小殿三楹，實在是頹壞得可憐。

若由形制上看來，這華塔也許是海內孤例（第七十一圖）。其平面及外表都是一樣的奇特。

平面第一層作八角形，但在其各隅面又另加扁六角形亭狀的單層套室。在塔身的各正面及套室之外面，都有圓栱洞門；在套室之各斜面尚有假做的直欞窗子。各面轉角處都有假柱，柱上有兩層相去極遠的闌額。斗栱配置奇特，每面有一朵主要的補間鋪作在正中，兩旁另加兩朵次要的補間鋪作，都是很少見的做法。第二層可算是華塔中最老實的一層；平正的八角形，每面三間，下有平坐，上有斗栱檐瓦。每面當心間是門，梢間是假方格欞窗。斗栱是出兩跳偸心造，當心間用補間鋪作一朶。其最奇特處在兩相接面闌額之安置，不是同高而上下相錯，也是極少見的做法。第三層平坐甚大，但塔身則驟小；仍是八角形，四面是門，四面是假窗。斗栱皆用如意式。第三層以上，便是一段圓錐形，其上依八面八角的垂線上有浮起的壁塑獅象和單層塔相間錯雜的排列着，其座之八角有力士承托保衛，八面有張嘴的獅頭；圓錐之上是有斗栱的八角形檐頂，再上還有尖蓋。塔號稱唐建，金大定、明景泰、宏治、嘉靖、萬曆、清乾隆，屢次重修，其確實年代甚爲可疑。

五 臨濟寺青塔

臨濟宗的發祥地，原在城東南，唐咸通間移建城內。金大定二十五年（公元一一八五）元至正三年，明正德十六年，清雍正四年，十二年，道光十年均曾重修。現存的青塔（第七十三圖）也許是大定間物。磚塔平面作八角形，立在四方的石壇上。　八角形的塔基也是石砌。石基以上始是磚造；須最下層爲彌座，其上爲平座及欄杆，再上爲蓮座。蓮座之上便是塔之初層；初層甚高，四面開門，四面有窗，角上有圓柱。第二層以上的八級都極低，如北平天寧寺塔。平坐及初層檐的斗栱都出雙抄第二層以上則只出單抄；在第二，四，六，八層上，補間鋪作用有斜栱的如意斗栱而三，五，七，九諸層則只用單純的華栱表示雖在至微的斗栱布置上也是經過一翻匠心的，只可惜這翻苦心七百餘年來有幾人注意過。剎下有蓮座很殘破上有金屬剎。這青塔在正定四塔中爲最小一個但清晰秀麗可算塔中上品。

六 開元寺磚塔及鐘樓

開元寺磚塔（第七十四圖）平面作正方形，高九級，磚砌，無斗栱，只有疊澀的檐，最下層有圓洞門，上八層有小窗。就形制講來，是正定四塔中之最古者，而實在的年紀則明嘉靖四十一年修，怕是四塔中之最稚者。

開元寺的鐘樓（第七十五圖），纔是我們意外的收穫。鐘志稱唐物，但是鐘上的字已完全磨去，無以爲證。鐘樓三間正方形，上層外部爲後世重修，但內部及下層的雄大的斗栱，若說它是唐構我也不能否認。雖然在結構上與我所見過的遼宋形制無甚差別，惟更單簡，尤其是在角栱上且有修長替木。而補間鋪作只是浮彫刻栱，其風格與我已見到諸建築迥然不同，古簡粗壯無過於是。內部四柱上有短而大的月梁，梁上又立柱，柱上再放梁，爲懸鐘之用。遼宋或更早？這個建築物乃是金元以前鐘樓的獨一遺例。因其上半爲後來集舊料改建，下層飛簷因陳腐被削一節，所呈現狀已成畸形，故其歷史上價值遠過於美術方面。樓上東南角羅列多尊無頭石佛像，大概都是宋物。

七 府文廟

府文廟大成殿的廡殿琉璃頂，的確很有點宋元風味，但是梁架斗栱則係明末作法。前殿——現在的省立七中圖書館——却是眞正元代原構（[illegible]），小小的五間深兩間懸山頂，眞的單下昂和別緻的梁頭都足令人注意（第七十七八圖）。可惜內部白灰頂棚，遮蔽了原來的構架，令人悶損。廟內有元至正十七年碑，前殿或與碑爲同時代物亦未可知。殿前石橋上彫刻雅有古緻（第七十八圖）。

第七十五圖　開元寺鐘樓

第七十六圖　開元寺鐘樓外檐斗栱

對五八頁

第七十七圖　開元寺鐘樓內上層斗栱

第七十八圖　府文廟前殿斗栱

第七十九圖　府文廟泮水橋

第八十圖　縣文廟大成殿

第八十二圖　縣文廟大成殿梁架

八　縣文廟大成殿

在正定的最後一天，臨行時無意中又發現了縣文廟的大成殿，由外表看來，一望即令人驚喜。

五間大殿那樣翼翼的出檐，雄偉的斗栱，別處還未曾見過（第七十九圖）。

殿平面（第八十圖），五楹深三間，但內柱前後各向外移一步，使內槽加大，前後成圍廊一樣的寬度。內柱之上用四椽栿（五架梁），梁架用簡單的駝峰及斜柱構成（第八十一圖）。四椽栿之下還有內額一道。內柱與檐柱之間，則用雙重枋聯絡，自斗栱上搭過。

斗栱五鋪作單栱偸心造（第八十二圖）；在柱頭上只有兩跳龐大的華栱，向外支出，第二跳上有令栱與耍頭相交。補間鋪作並無華栱，只有柱頭枋上浮雕刻栱，其下安侏儒柱；角栱及角梁後尾（第八十四圖），則搭在單根的抹角梁上，建築構架如此的簡潔了當，如此的合理化，眞是少見。

縣志稱縣文廟爲明洪武間建，但是這大成殿則絕非洪武間物，難道是將就原有古寺改建，而將佛殿改爲大成殿的。廟後有元大德二年（一二九八）殘碑，文雖不可讀，歲月尚可攷。詳細考據工作將來當更有材料和機會。以此殿外表與燉煌壁畫中建築物相比較，我很疑心它是唐末五代遺物。如果幸而得到確實佐證，則在正定所有古代建築中，除亦甚可疑的開元寺鐘樓外，當推此殿爲最古。

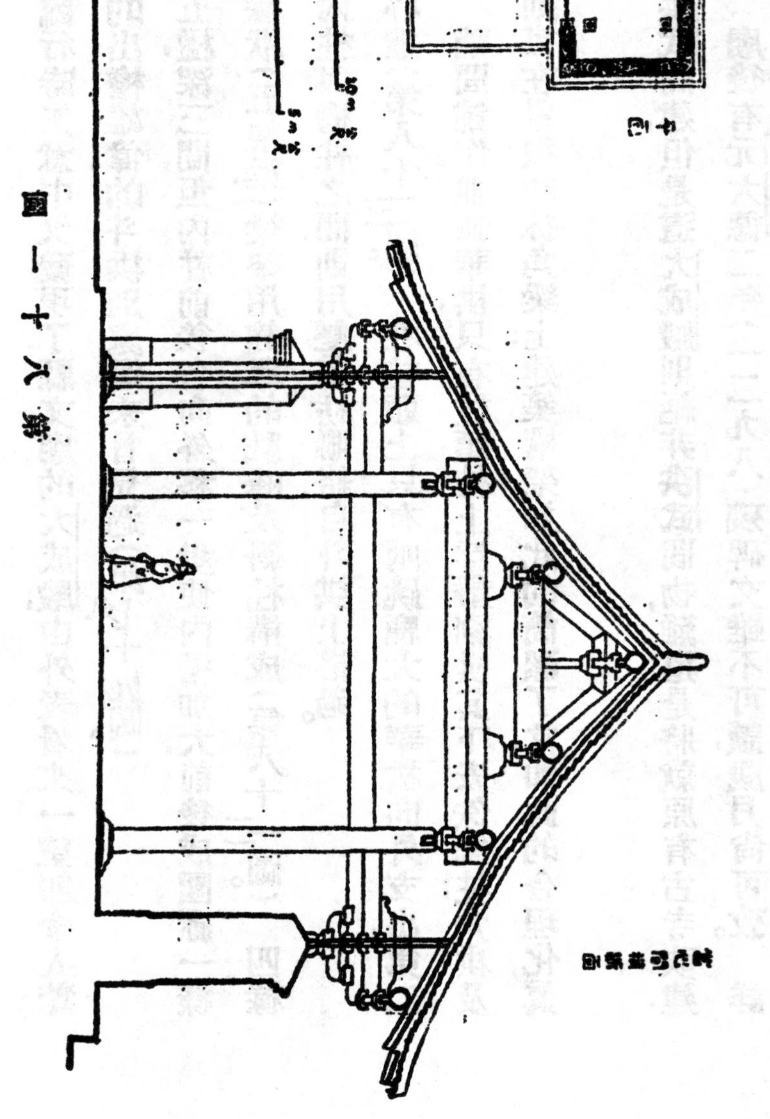

第十八圖　正定縣文廟大成殿

第八十三圖　縣文廟大成殿斗栱

第八十四圖　縣文廟大成殿斗栱後尾

附識

正定調查紀略因其關係建築物多處，製圖記載費時，竟在意外，所以直至今秋始遲遲脫稿。又因當時被灤東戰事所影響，縮短在正定實測期間，以致工作過於草率。歸社繪圖時，又常常發生疑難，疎漏過甚，令人悵惘。

近我又得重訪正定的機會，匆匆出發，計留定旬日，得詳細檢正舊時圖稿，並從新測繪當日所割愛而未細量的諸建築物。雖然成圖盈篋，但已不及對這份初步紀略有所增助了。如果這初稿中有特別疏漏或竟錯誤之處，我希望能在最近的將來裏，由詳紀圖說中來糾正增補它。

廿二年十一月　思成補記。

明長陵

劉敦楨

民國辛未七月，余與濮張二君遊明長陵。陵在昌平縣北二十里天壽山南麓，舊名黃土山，明以前康氏聚族居之。成祖永樂五年，仁孝皇后崩於南京，七年（A. D. 1409）卜陵址於康家莊，注一更名天壽山，陵曰長陵，命武義伯王通董理營建。注二　十一年春，葬仁孝皇后，二十二年，帝崩於楡木川，歸葬於此。自仁宗以降，凡十二帝皆環葬天壽山附近，有十三陵之稱。注三

注一　見顧炎武昌平山水記。

注二　見朱孔陽歷代陵寢備考卷四十六引雷禮大政記。

注三　諸陵中位於長陵東側者三；曰宣宗景陵，在長陵東北一里半天壽山東峯下，西南向，曰世宗永陵，在長陵東南二里十八道嶺下，西南向，曰熹宗德陵，在永陵東北一里雙鎖山檖子峪西南，西南向。位於長陵西側者六；曰仁宗獻陵，在長陵西北一里天壽山西峯麓，東南向，曰光宗慶陵，在獻陵西北一里天壽山西峯之右，東南向，曰英宗裕陵，在獻陵西三里石門山，東南向，曰憲宗茂陵，在裕陵西里許，東南向，曰孝宗泰陵，在茂陵

西稍北二里，史家山東南東南向，曰武宗康陵，在泰陵西南二里許金嶺山東北東向。位於長陵西南者三：

曰穆宗昭陵，在長陵西南四里許大峪山東北東向；曰神宗定陵，在昭陵北一里小峪山東東向；曰懷宗思陵，在長陵西南十里錦屏山下，南向，原爲田妃園寢，懷宗殉國後倉猝葬此，距長陵最遠，體制最陋。

天壽諸山，爲太行支脈，自居庸軍都，碗蜒東駛，至此忽折而南向，其前蟒山虎峪，嵯峨兩側，若星拱若朝列，阿谷之間，畦隴縱橫，東西二水合注於朝宗河，縈繞東去，其南平原蒼莽，極目無際，氣局之雄闊，視孝陵殆猶過之。

長陵踞天壽山中峯，位於陵區中央，巍然爲諸陵主體，規制宏麗，亦爲諸陵之冠。其後永陵享殿，材質加美，明樓斗栱，至以文石爲砌，注四 然局度蹇促，無雍容大雅之概。自餘景獻諸陵，樸素無華，等喻而下，更難並論。故言十三陵者，皆推長陵爲最。

注四 見顧氏昌平山水記。

十三陵自李闖亂後，殘毀殊甚，注五 順治初，清軍入關，睿親王多爾袞復撤定陵享殿，報明天啟二年拆毀房山金陵之恨，注六 嗣順治康熙二帝，懷柔漢族，力懲前失，屢謁諸陵，令有司修葺，禁樵採，置太監陵戶司監守之職。雍正二年，以明代王後朱之璉世襲一等延恩侯，歲承祭祀。而乾隆五十年修理一役，歷時三載，工程最鉅，有「費帑金百萬亦所不靳」之語，並命每歲十月工部派堂官一員前往查勘，懸爲定例。注七 故終清之世，明陵大體完整。 惟民國以來，法禁漸弛，繕修俱廢，諸陵享殿明樓或半傾或全圮或遭回祿，門窗藻井被宵小竊賣一空，固無論矣，甚至享殿神主，逾尺之木，亦被掠去，現唯永定二陵明樓材堅質美，歷久未凋，與長陵一區遊蹤較密，毀損稍輕耳。然長陵祾恩門享殿明樓等簷牙落地，脊獸傾頹，雨雪侵陵，日甚一日，設非及早修治，數十年後，必淪爲埃壤無疑也。

注五　顧炎武謁天壽山十三陵詩『……康昭二明樓，並遭劫火亡，定陵毀大殿，以及東西廊，餘陵半無門，累甓仍支牚……』

注六　日下舊聞考卷一百三十二，康熙御製金太祖世宗陵碑，謂清師克遼東，明人惑於形家厭勝之說，天啟二年拆毀房山金諸陵，劚斷地脈，三年建關帝廟其上，順治初睿親王多爾袞拆定陵享殿，停其祭祀，以爲報復，又見同書卷一百三十六，乾隆五十年上諭。

注七　見順天府志卷二十六地理志八引順治康熙雍正乾隆諸帝上諭及養吉齋叢錄卷八。

自北平西直門車站乘平綏火車至昌平站下車，東北行十里至石牌坊，是爲十三陵之起點。坊建於嘉靖十九年（A. D. 1540）注八 距成祖初營長陵，蓋百三十有一年，自建立迄今，約四百載矣。

坊之結構爲五間六柱十一樓，第二圖 悉構以白石，東西梢間二柱間通闊二八．八六公尺，第二圖 約爲坊高一倍，其中央明間最闊，亦最高，次梢諸間，以次向左右遞減，除下部礎盤過大與夾桿石缺乏聯絡外，其餘各部比例與裝飾圖案，尚無不調和之弊，求之明清二代石坊中，不易

第一圖　石牌坊

第二圖

明長陵石牌樓平面圖

第三圖　石牌坊夾桿石彫刻

第四圖　石牌坊雀替雲墩

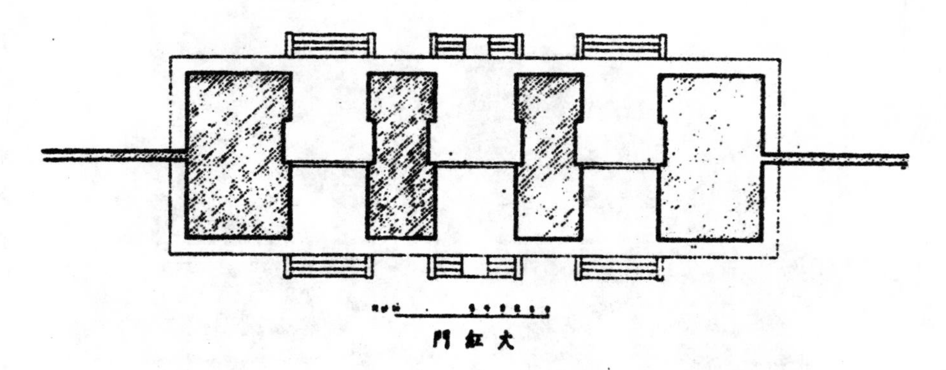

第五圖　大紅門平面圖

多得者也。

注八　見歷代陵寢備考卷四十六引孫國敉燕都游覽志。

石坊下之礎盤高〇・三六公尺，飾以蓮瓣，其上夾桿石高一・五八公尺，表面彫龍或獅，上緣琢蓮瓣二層，中列珠串。夾桿之上巨柱排空，爲狀殊雄健。柱根前後蹲異獸各一，張吻隱齒，疑卽古之柢牻。（第三圖）柱左右二側各附梓框雲墩與柱一石彫出，上承雀替貫三福雲與今制同，（第四圖）所異者，雀替與雲墩之浮彫構圖頗精美，無後代粗俗之狀，知當時建築藝術猶未如清中葉以後墮落之甚也。雀題以上爲大額枋，花板，龍門枋等，各枋之表面及柱上端均有彩畫浮彫，其花紋似清之雅烏墨，（第四圖）舊時曾施彩色，今雖剝落，凹處猶有漬痕可尋。龍門枋上立高栱柱二列，單額枋與平板枋上置斗栱，覆四注廡殿式之頂，其間綴以夾樓，亦皆四注，略如木造牌樓。各樓斗栱之攢數除角科無增減外，中央明樓列平身科六攢，次間五攢，梢間四攢，成等差級數。

按牌樓算例所定每間面闊比例；

「先定通面闊若干，用二百五十分除之，得分若干，用五十六分得明間，五十一分半得次間，四十五分半得梢間。」

今以實測結果，以二百五十分除之，得每分數値若干，再除各間實際面闊，計得明間五十六分半，次間五十一分，梢間四十五分七，與牌樓算例所規定者大體類似，足證明以來牌樓比例無顯著之變化，又明次稍各間遞減之數爲五分五與五分三，相差甚微，其平均數五分四，疑即前述各樓斗栱遞減一攢之寬度也。

坊以北，明時有石橋三空，輦道左右植松柏各六行，其盛時蒼松翠柏，無慮數萬株，注九 今除諸陵附近，餘皆斬伐殆盡矣。 一·五里至大紅門，門三洞，第五圖 丹壁黃瓦單檐歇山頂，出檐約長一·一公尺，未施斗栱，代以石製之檐，第六圖 與南京孝陵四方城同一結構。 門兩脇朶牆三疊，向下遞減，作梯級狀，其旁闢角門各一，與左右陵垣銜接，自此東西分駛，北包天壽山及諸陵於內，稱周圍八十里，明時設十口四水門，便出入，今大紅門附近片石無存，惟余自長陵赴南口經思陵西南小紅口猶見敗垣蜿蜒山谷間，殆其一部也。

注九 見昌平山水記及歷代陵寢備考卷四十六引燕都游覽志。

大紅門內，輦道北趨，直指長陵，嘉靖十五年，世宗謁陵，始甃以巨石，注十 現存北部一段，不及全程什一。 門北里許有碑亭，第七圖 平面作方形，磚壁下承以石製須彌座，每面闢門一，門內貫十字形穹隆，第八圖 亭頂重檐歇山，凋落特甚，各層斗栱出跳俱七彩，無上多下少之別，下檐額枋以磚代木，其間之柱露出壁外者，係石製，似尚存宋代石柱之遺法。 亭內有豐碑，螭首龜趺，約高六公尺半，南勒「大明長陵神功聖德碑」及「洪熙元年四月十七日孝子嗣皇帝高熾謹述」等字，惟碑實建於宣德十年十月，注十一 文成而碑後立，非洪熙間所樹也。 碑北側鐫乾隆五十年

第六圖　大紅門之檐

第七圖　碑亭

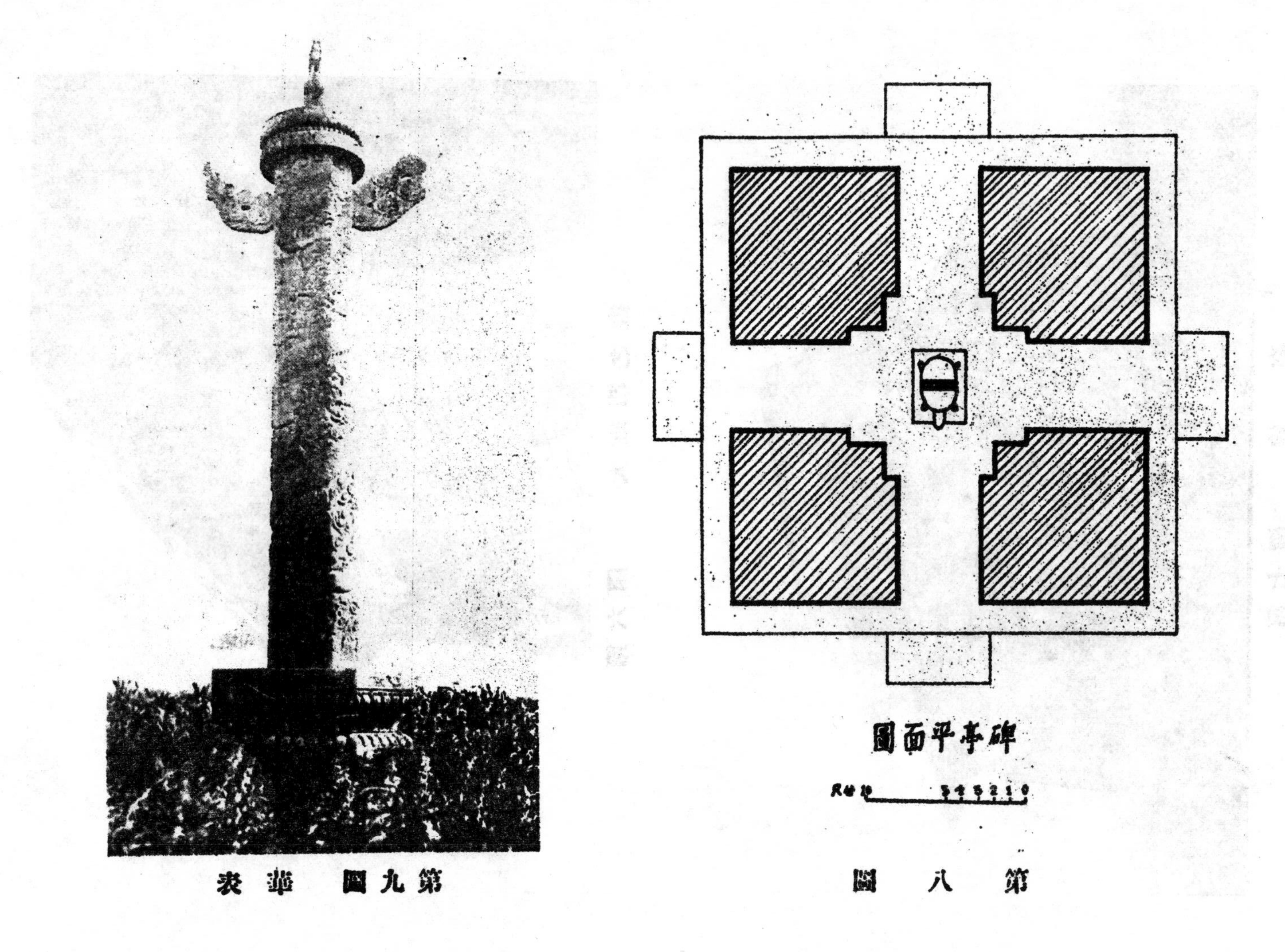

第八圖

第九圖 華表

第十圖　南北朝石刻之華表

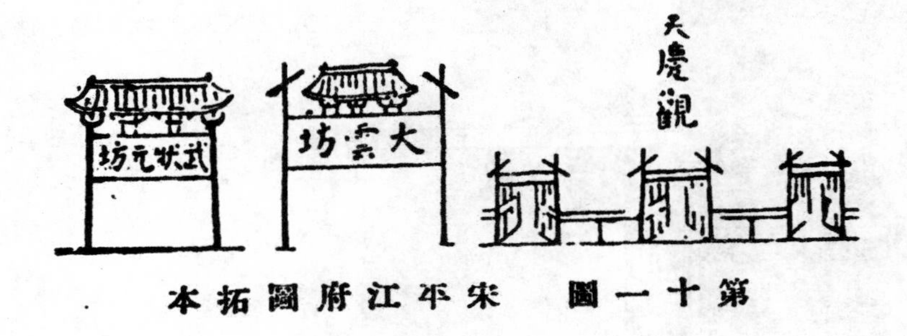

第十一圖　宋平江府圖拓本

第十二圖　元王振鵬繪宋金明池圖

葉遐庵先生藏

哀明陵詩三十韻，敍重修諸陵經過，東側刻乾隆五十二年詩，並注修陵用帑金二十八萬餘兩，另支戶部顏料工部木植，猶未計及足供治史者之參考。亭東舊有拂塵殿，圍牆正殿二層，羣室六十餘楹，左右槐樹正寢二殿，群圍房各五百餘間，注十二 爲明諸帝謁陵更衣之所，今俱犂爲墾地矣。

注十 見昌平山水記。

注十一 見宣宗實錄。

注十二 見歷代陵寢備考引燕都游覽志。

碑亭前後，有白石華表各二，分立亭外四隅，第九圖 殆倣漢郵亭桓表之法。座與華表俱作八角形，後者八稜微圓，刻龍雲縈繞，頗豪勁生動。柱身上部貫雲板，其頂覆圓盤，上下緣各彫蓮瓣一層，中飾珠串。盤上踞異獸，略似龍，俗稱面南者曰望君出，面北者望君歸，故清匠稱爲望柱，明人呼爲擎天柱，依其形體，宜以華表之名較妥。考兩漢時華表原名桓表，亦稱桓楹，陳宋間訛桓爲和，江左遂云華表，其制以大板貫柱四出，立於郵亭外四隅，及官寺浮梁丘墓前，注十三 南北朝石刻 第十圖 及宋元人畫中 第十二圖 猶往往見之。石製者易四出爲二出，殆因接榫不易，故成此狀，其雲板彫飾，自簡陋之木板踵事增華，亦無疑義，所異者，宋牌樓雖有二出之式，第十一圖 而李明仲營造法式與北宋諸陵及南京之孝陵，俱無石製華表，其創始之期，尚待考訂耳。

注十三　見前漢書卷九十尹賞傳注晉書卷二十九五行志下南史卷四齊高帝本紀。

碑亭北半里有石柱二，分立陵道兩側，柱與座俱六角形，柱身遍刻卷雲顚歘板滯。第十三圖自此以北列石獸石像三十六軀，其順序如次；

（一）獅坐像二　（二）獅立像二　（三）獬豸坐像二　（四）獬豸立像二

（五）駱駝坐像二　（六）駱駝立像二　（七）象坐像二　（八）象立像二

（九）麒麟坐像二　（十）麒麟立像二　（十一）馬坐像二　（十二）馬立像二

（十三）武臣立像四　（十四）文臣立像四　（十五）勳臣立像四

諸像自石柱起每隔四四·一九公尺，左右各置一軀，皆白石琢成，體積大者，連基座於內幾達一千立方尺之巨，傳昔時挽運曾鑿小河，乘嚴冬冰結時，載石巨車中，挽行冰上，故能舉重若輕，亦可云善用自然規律者矣。各像製作精拙不一，以象與駱駝較佳，文武勳臣像次之，餘無足觀。其建立年代，據顧氏昌平山水記「宣德十年（A. D. 1435）四月辛酉，修長陵獻陵，始置石人石馬等於御道東西」，蓋與前述碑亭同年設立。由是而言，自永樂七年王通首營此陵，凡歷時二十六載，幾經增補，始臻完備，非成於朝夕間也。

石人石獸，皆象生之具，秦漢以來，通行已久，然典籍所載，各代略有增損，初非一律。其約略可知者，秦漢時有麒麟，辟邪，象，馬之屬，人臣之墓，則置羊，虎，馬，駝，獅子，鳥，從吏，衞卒，石柱等。注十四東晉以後，江左諸陵，類有麒麟，注十五 今存者胥附翼之獅，二者是否一物，尚難斷定。唐代諸陵，有文臣蕃酋及獅，馬，牛，立鳥，注十六 獨無麒麟辟邪，而馬牛皆具二翼，似尚存漢以來翼獅之餘意也。北宋永昌永熙等陵，列象，貘，馬，羊，虎，獅，立鳥及文臣武臣於神門前，注十七 其馬有侍卒二，分立左右，與貘同爲前代所未有。明孝陵廢羊，虎，貘，立鳥四物，置獅，獬豸，駱駝，象，麟，馬六類，各設坐像立像二軀，又置文臣武臣立像各四。其石獸坐立之別，曾見西漢霍去病冡，惟馬側卒吏，當時僅用於泗州皇陵，注十八 與徐達李文忠諸墓，自孝陵未採此制，遂成絕響。永樂長陵，唯增勳臣四像，餘如孝陵之制，其後清季諸陵因襲相循，變更甚微，故明清二代陵寢之象生制度，皆遵孝陵遺法，可納於同一系統之內者也。石柱之位置，據水經注所述漢墓之柱，似無定法，若宋以來諸陵，除孝陵一例位於石獸石像之間，餘皆置於石獸前，頗類領導鹵簿之標幟，但確否尚待考證，未能遽定。

注十四 封氏見聞記謂秦漢以來帝皇陵前有石麒麟石辟邪石象石馬之屬，人臣墓前有石羊石虎石人石柱。又石駝見水經注卷二十四睢水條漢喬玄墓，石馬見同書卷二十三陰溝水條漢曹嵩墓，師子見金石索，武班墓，從吏衛卒見同書魯王墓，石鳥見後漢書卷八十四楊震傳。

注十五 見張璜梁代陵墓考及南齊書豫章文獻王嶷傳。

注十六 見大村西崖支那美術史雕塑篇。

注十七 建築雜誌第三百五十六期關野貞西遊雜信。

注十八　見孫承澤春明夢餘錄卷七十引明蔣德璟鳳泗皇陵記。

石像北爲龍鳳門，亦稱櫺星門，三門比列南向，其間綴以短垣，第十四十五圖 垣之表面，舊時曾甃黃綠二色琉璃磚，注十九 今俱剝落無存。 門柱之上部，飾雲板異獸，略似華表，惟柱身僅削去四角少許，非正八角形，且無雲龍環繞。 二柱間有梓框門簪，如木門結構，其上架小額枋，次繼環板，再次大額枋，中央冠以火珠。 第十六圖 近世火焰牌樓，殆胎息於此。 按櫺星門原作靈星門，漢時祈靈星求五穀登豐，故有是稱，而靈與櫺通，孔廟立之表取士之義，宋以來寺觀宮闕前，亦間用之，注二十 其施諸陵寢，首見宋周必大思陵錄所載宋高宗之永思陵，其軌始或更早於此時，殊未可知，若長陵此門位於石像之後，係模倣孝陵舊法也。

注十九　歷代陵寢備考卷四十六引燕都游覽志。

注二十　見第十一圖宋石刻平江府圖天妙觀。 又順天府志卷三元故宮考，千步廊內有靈星門。

自石牌坊至龍鳳門，爲程約七里，約爲長陵至牌坊之半，其間大紅門，碑亭，華表，石獸，石像等，僅爲長陵設，其餘各陵，除明樓享殿外，無置石人石獸者。 龍鳳門北里許，爲蘆殿坂，昔時祭陵以蘆席爲殿，息羣工執事於此，故有是名。注二十一 其西南有舊行宮一區，明末僅餘土垣，注二十二 今更邈無遺跡可認。 循坂而下，有石橋五空，半傾圮，少北，復有石橋七空，欄楯全毀，其東北爲明行宮，工部廠，內監公署故址。注二十二 橋以北，遠望天壽山南麓，地勢漸高，沿山麓西北行，路狹不平，

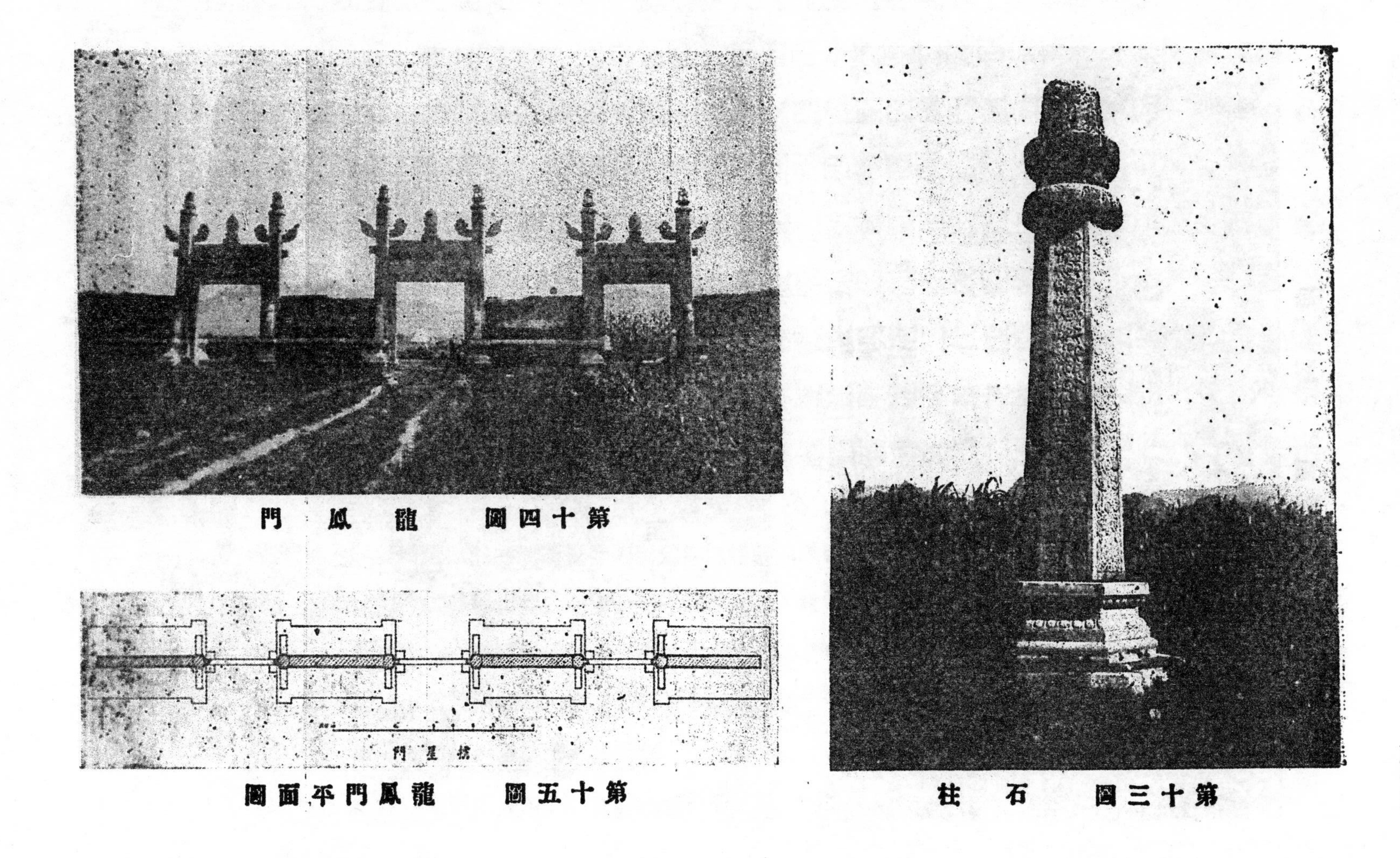

第十三圖 石柱

第十四圖 龍鳳門

第十五圖 龍鳳門平面圖

第十六圖　龍鳳門上部彫刻

第十七圖　陵　門

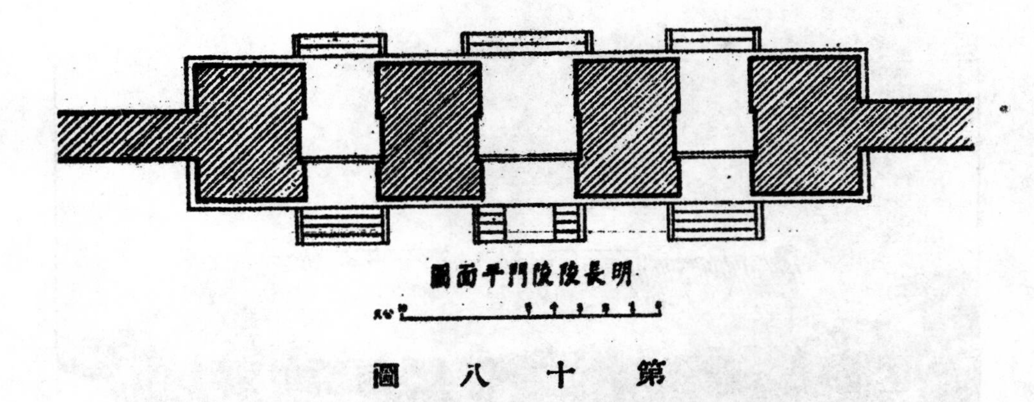

明長陵陵門平面圖

第十八圖

第十九圖 陵門內碑亭

第二十圖　祾恩門

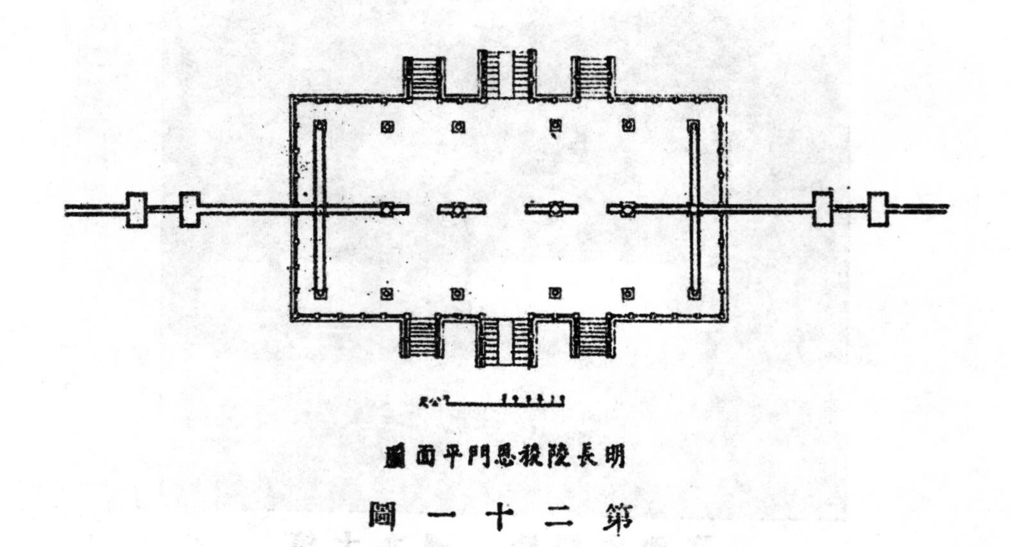

明長陵祾恩門平面圖

第二十一圖

疑非昔日御道，嗣登長坂，折東至長陵。

注二十一 見歷代陵寢備考卷五十。

陵門外有台東西廣六六·五四公尺，南北深一三·二六公尺，約爲五與一之比。台面甃磚，高一·二三公尺，其南設馬尾踐蹽，便轜車昇降。陵門丹壁黃瓦單檐歇山頂，檐端斗栱背琉璃製，下闢三門。第十七十八圖 門左右聯以丹垣，覆黃瓦，厚一·八五公尺，自東迄西，含陵門於內，共廣一四五·四公尺。明時門外，左有宰牲亭，右爲具服殿五間，東向，繚以周垣，垣南有白石梠五，方而長，名雀池，見顧氏昌平山水記，今均無存。

注二十二 見昌平山水記。

門內有廣場，南北深五六·八四公尺，約爲東西五分之二弱。中央御道闊五公尺，悉石砌。道東三十公尺處，有碑亭，方二〇·五四公尺，重檐歇山，下層斗栱五彩，上層七彩，第十九圖 四面各闢一門，中貫十字形穹窿，有巨碑，本無字，注二十三 現刻順治上諭及乾隆嘉慶二帝詩。亭東昔有神廚，御道西復有神庫，東西遙對，各五間，今俱毀，祗餘野草迷漫，矮樹杈枒，與殷紅之陵垣相掩映耳。

注二十三 見昌平山水記

廣場北爲祾恩門，第二十二二十一圖 建於白石台上，前後陛三出，欄楯望柱，亦白石製，琢龍鳳頗工整。第二十二圖　門東西五間廣三一·四四公尺，南北深一四·三七公尺，中闢三門，斗栱單翹重昂，單檐歇山頂，頗似清大內太和門而規制略小。各部彩畫經清代修理，已非原狀，榱題脊獸亦頹毀不堪，其北側西次間之額枋因屋漏黴朽，勢將傾折，非急與修補，行且波及餘部矣。門兩脇，有長垣，區限南北，闢左右旁門各一。

稜恩門內復有長方形廣場，南北視東西稍大。御道兩側，有神帛爐各一，皆琉璃製，炫燿奪目，第二十三圖　據昌平山水記爐後爲東西廡各十五間，即東西配殿，久毀無存。其北巍然高舉者，曰稜恩殿，長陵享殿也。第二十四至二十六圖。

殿台座前後陛三出，東西陛二出，悉砌以白石。其南面左右二陛皆礓，惟中央神路中平，外礓平者雕二龍，鐫刻頗淺，第二十五圖　爲此期之特徵。台上下計三層，每層欄楯圍繞，頗莊嚴；第一層高一·一五公尺，二三兩層各高〇·九八公尺，其上復有殿本身階台一級，高〇·一〇五公尺，故自地面起，共高三·二一五公尺。惟衡以全體外觀，尚嫌稍低，蓋殿之面積，與清大內太和殿略同，台座亦同爲三層，乃台高不及後者之半，宜其上重下輕，不與建築物高度相適合也。

殿東西九間，廣六六·七五公尺，南北五間，深二九·三一公尺，以較太和殿，則此東西略廣，南北稍殺，然大體面積可云相等。其外觀重檐四注，下層斗栱七彩，上層九彩，亦與太和殿同，殆因當時營建，以大內奉天殿爲則，而是殿舊係九楹，嘉靖間改皇極殿，清順治更名太和殿，康熙

第二十二圖 稜恩門欄干

第二十三圖 神帛爐

第二十四圖　稜恩殿

第二十五圖　稜恩殿陛石

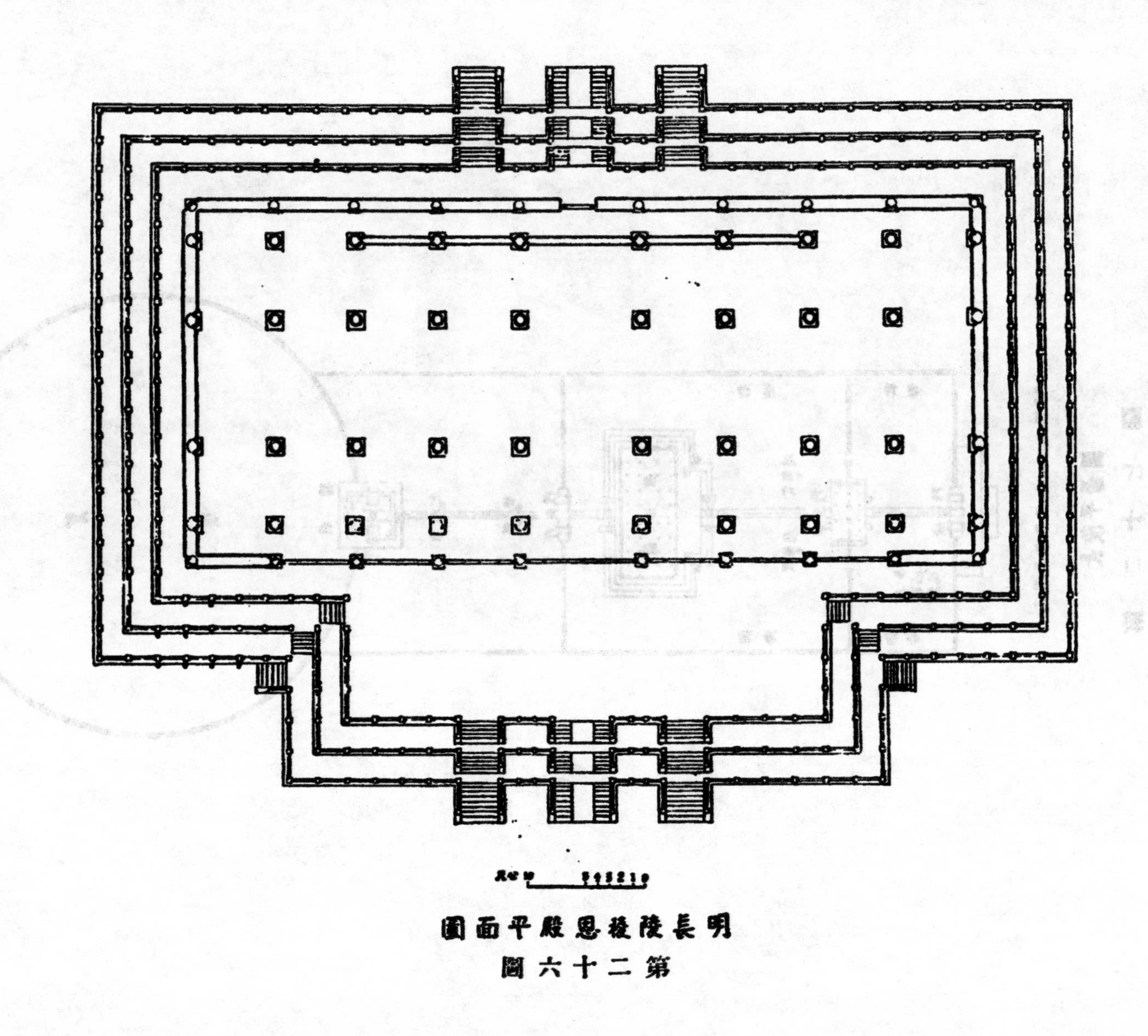

明長陵祾恩殿平面圖

第二十六圖

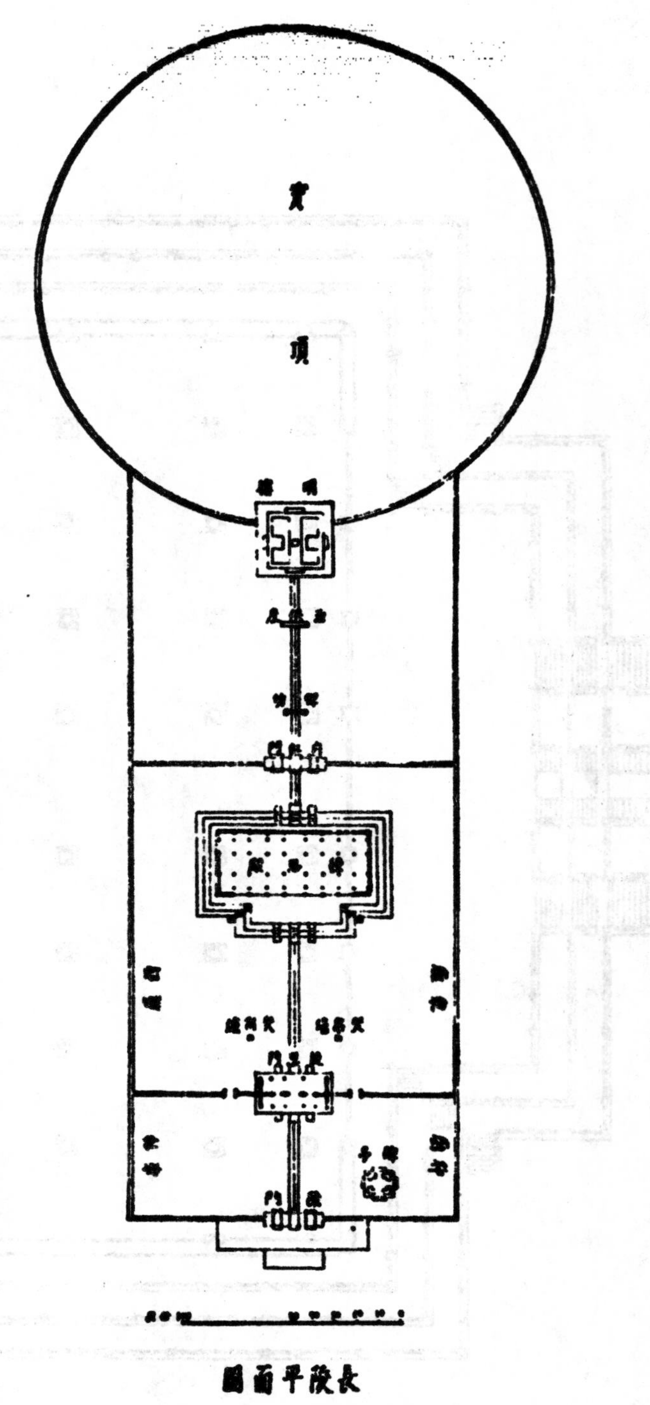

長陵平面圖

第二十七圖

八年改十一楹，注二十四 其台座猶因明之舊，故全體尺度大致無出入也。 殿南面中央五間，均裝長槅，計明間六扇，左右四次梢間各四扇，兩端四盡間則於檻牆上各裝窗四扇。 其東西北三面外側悉包丹墉，厚一·一七公尺，僅北面闢小門一，餘無門窗。 殿內北側老檐柱之中央五間有磚壁直達藻井，略如屏風，自兩側繞至壁後，即達殿北面之門。

注二十四 奉天殿九楹見明皇城圖，清康熙八年重建太和殿南北五楹東西十一楹，見大清會典。

殿之南北檐柱徑〇·七九公尺，內部老檐柱徑一·〇七公尺，中央四金柱特大，徑一·一七公尺，自根至頂爲香楠一木構成，林立殿內，完粹不朽，誠稀有之巨觀。視清太和諸殿，以數木拼合者，不啻大小巫之別。 各梁亦係巨楠斲製，其切斷面狹而高，猶存舊法，知其時尚無清工部工程做法之制。 各梁柱現俱無彩畫，余初頗疑此殿材質爲海內冠，殆不欲以彩繪髹飾自掩其美，但昌平山水記稱「中四柱飾金蓮，餘髹漆」，則清初猶非白木濯濯可知，且顧氏以勝國遺民抱黍離之痛，自順治十六年己亥至康熙十六年丁巳十九年間凡六謁斯陵，注二十五 非倉猝遊覽者可比，其說宜可據也。 殿內藻井中央一部特高，各井之比例甚小，與梁柱對照，大小殊懸，所施彩畫亦無龍鳳，疑爲清代改修者。 殿之建立年代，據前述碑亭石像成於宣德十年，則是年前宜有享殿，惟光緒順天府志引方輿紀要謂「正統十四年（A. D. 1449）也先入犯，焚毀陵園，于謙遣兵分駐天壽山」，注二十六 其事未見明史，據國立北平圖書館藏英宗實錄，言當時諸陵情狀，

者共三事;

(一)正統十四年十月甲戌(二十七日)命修獻陵景陵供器以爲達賊所毀也。

(二)正統十四年十月,景陵衛奏昨者達賊入其營官軍驚散并刼去印信。

(三)正統十四年冬至節(十一月二十九日)以祭器未具停長陵獻陵景陵祭祀。

按明史英宗紀及景帝紀是年八月壬戌英宗北狩十月丙辰(初九日)也先擁帝陷紫荆關,戊午(十一日)薄都城壬戌(十五日)寇退與前述修理祭器之日期前後適相啣接以祭器之微,尚見實錄獨未言享殿及諸主要建築物之罹刼與其修理則方輿紀要所稱,僅能釋爲三陵祭器與景陵衛或其他附屬建築物被焚毀耳。其後明末流寇之亂,此殿幸免波及清乾隆重修時棟柱依然如故,注二十七故據文獻所示決長陵享殿猶爲永樂間舊物也。

注二十五　見歷代陵寢備考卷五十顧炎武賠獻陵太監詩。

注二十六　見順天府志卷二十地理志二昌平州黃土山注。

注二十七　見昌平山水記。又乾隆哀明陵詩『……棟柱依舊椽木朽,猶牙落地狐兔走以其初建工力觀,未修葢數百年久,……』。

考歷代帝皇陵寢奢侈厚葬之習,莫若秦漢二代。自始皇營驪山,建寢園游館,西漢因之,遂有寢廟之設。其制日祭於寢,四上食宮人隨鼓漏,理枕被具盥水陳莊具與事生無異,注二十八

第二十八圖　清德宗崇陵平面圖

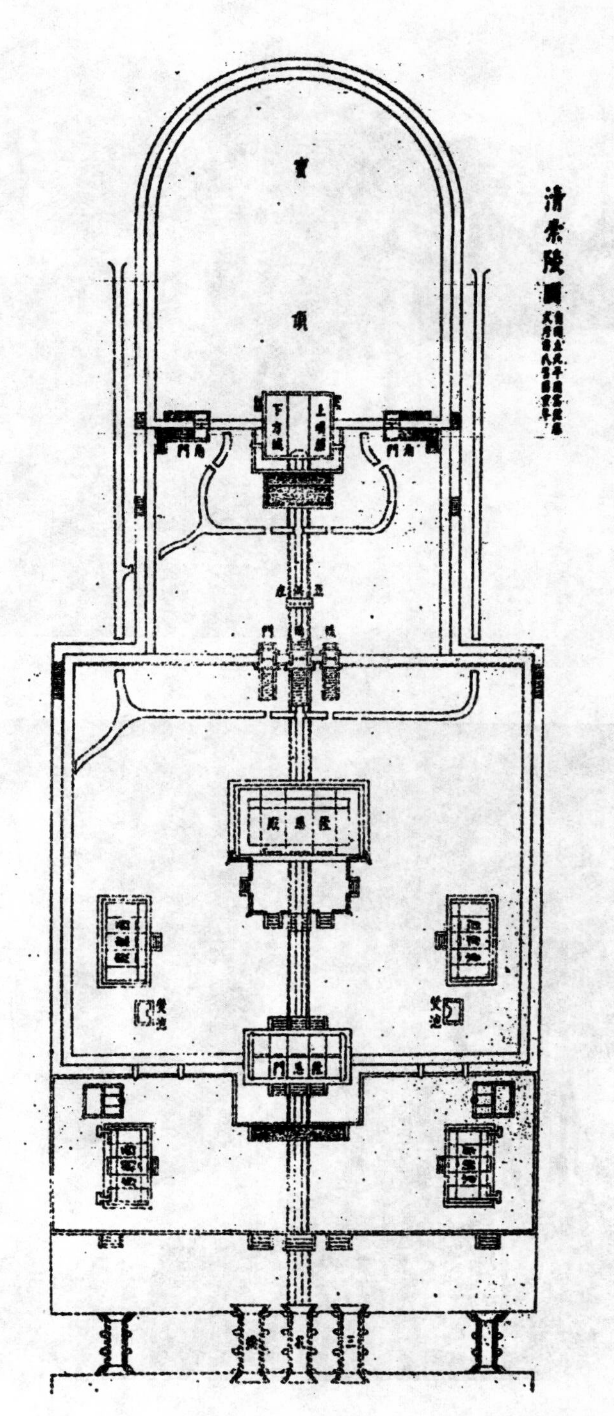

第二十九圖　方城明樓

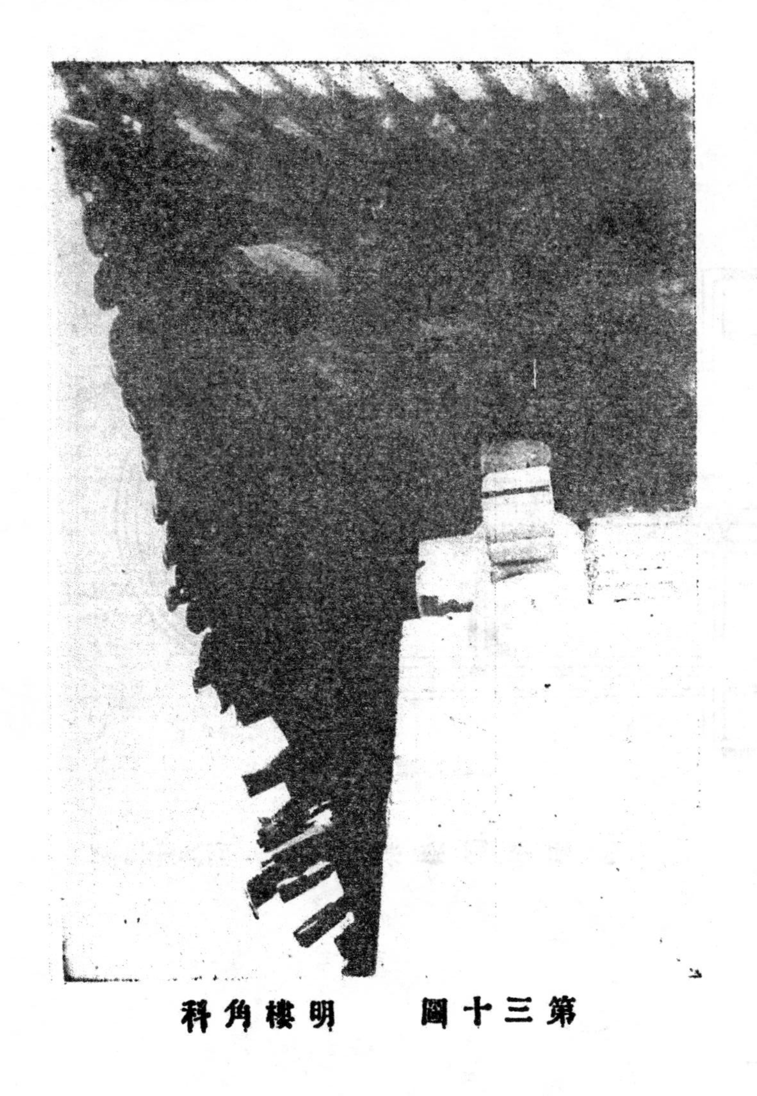

第三十圖　明樓角科

後世之獻殿享殿殆卽權輿於是。魏晉六朝間，戰亂相尋，物力凋弊，其風稍止。洎唐太宗營昭陵，設上下二宮，上宮有獻殿，朝晡日祭於是，又歲奉鷹犬，注二十九 仍如漢陵之寢，僅易其名而已。降及南宋，猶有二宮。據周必大思陵錄載宋高宗永思陵修奉及交割公文，下宮有欞星門、綽楔門、殿門、前殿、後殿、東西廊、東西挾及神廚、神遊亭等。上宮有外籬門、欞星門、殿門、正殿、龜頭、皇堂，其上宮正殿，卽唐之獻殿，故唐宋二代制度，大體可云一致。明太祖營孝陵，併上下二宮爲一陵，門以內列神廚、神庫、殿門、享殿與東西廡，平面作長方形，無車馬，宮人不起居，不進奉，惟於享殿歲時祭奠，奢儉適得其中。注三十 其後成祖營長陵，悉遵孝陵舊法，而弘敞過之，第二十七圖 獻景二陵以次，迄於清末諸陵，雖略有增損，其主要建築，仍止祾恩門、祾恩殿、配殿數者，第二十八圖 初無異於孝陵，故明清諸陵之制度，實爲洪武所手定，演繹發皇，傳之北方者，成祖之力也。

注二十八 見三輔皇圖卷五及後漢書卷二明帝紀注。

注二十九 見長安志圖昭陵圖說與新唐書卷十四禮樂志，日知錄卷十五。

注 三 十 見顧氏日知錄。

祾恩殿後有垣，自東迄西，正中爲內紅門三洞，俗云三座門，外觀單檐歇山，與陵門同。門內廣場松柏甚茂，有白石坊一間，止餘兩側二柱，未傾，其北爲石几筵，置爐一，香瓶燭臺各二，近世稱爲五供座，坊與几筵，未見孝陵，疑毀於紅羊一役。若孝陵內紅門北有神橋一空，則昌平諸陵所未有也。

再北爲方城及明樓，第二十九圖方城亦稱寶城，見昌平山水記，其平面作正方形，每面廣三四·七六公尺，第三十一圖自基至女牆頂，高一四·七八公尺，除下部須彌座外，城壁皆磚砌。按長陵規模宏大，遠勝孝陵，獨方城非石建，且東西過狹，無雄闊氣概，爲不及耳。城中央闢甬路，上覆圓券，廣三·三五公尺。循道而昇，北端舊有琉璃屏，注三十一屏後爲羨道入口，下通地宮，今祇存磚壁，其左右有旁級二，東西背馳，經小門，折至城頂，是爲明樓。此陵甬道，略似孝陵，惟琉璃屏藏於方城內，無啞叭院，而屏左右旁級，非如孝陵置於兩側，自北往南。其後茂陵昭陵，塞中央甬路，另於方城西緣壁築斜道，上達明樓，殆不欲以地宮入口示人，防患未然者歟。

注三十一　見昌平山水記。

明樓方一八公尺，第三十二圖重簷四出，上覆歇山頂，斗栱下層七彩，第三十圖上層九彩，內爲穹窿十字相貫，每面闢一門，現東西已塞，唯餘南北可通。樓中央豐碑聳立，作淺紅色，溫潤如玉，俗呼朱石碑，廣一·六二公尺，厚〇·九四公尺，碑首交龍，下承矩形之台，不用龜趺。其陽勒「大明成祖文皇帝之陵」。凡九字，字皆隸書，徑尺，明時以金填之，可謂奢飾逾度者也。注三十二　樓後土阜隆起，爲成祖埋骨處，周以磚壁，明史謂徑一百一丈八尺，十三陵中此爲最巨云。注三十三

注三十二　見昌平山水記。

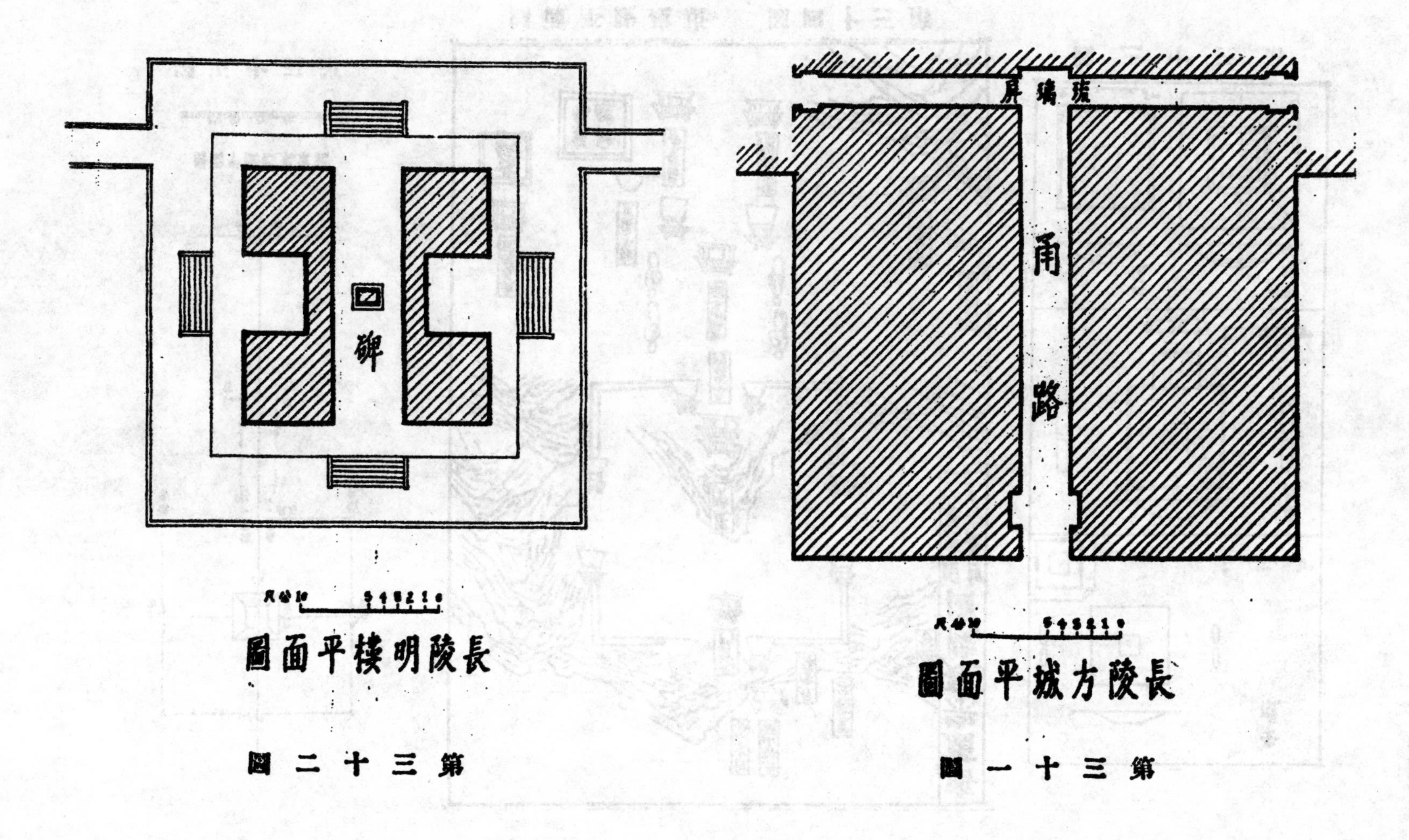

長陵方城平面圖

第三十一圖

長陵明樓平面圖

第三十二圖

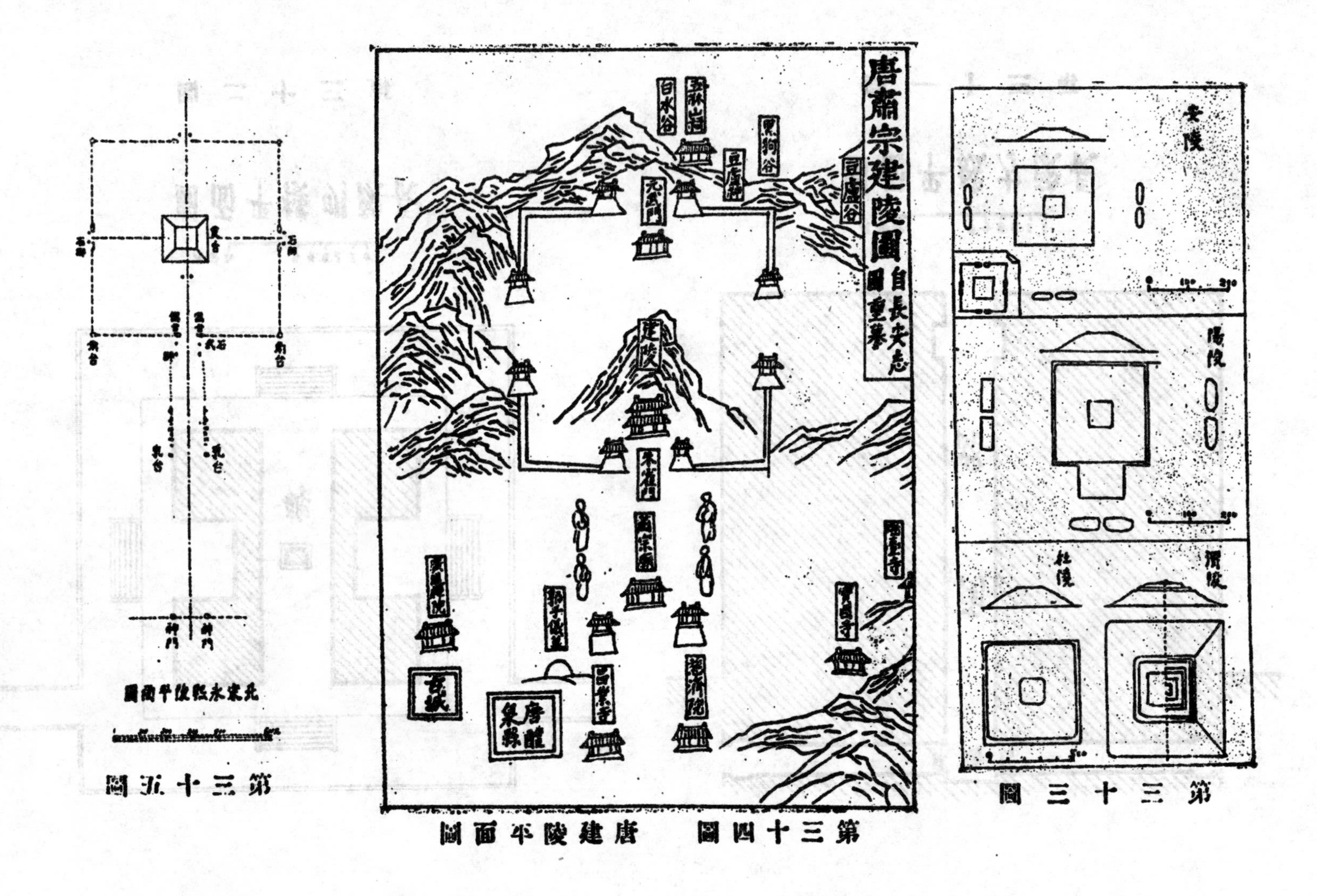

第三十三圖

第三十四圖　唐建陵平面圖

第三十五圖

注三十三　明史卷六十凶禮三謁祭陵廟條。

山陵之制，自周迄於漢初，有方圓長方六角數種，不一其形，似無定律，注三十四　惟陽陵以次，多作方形層疊之狀，第三十三圖　故其時有「方上」之名。　其後唐諸陵因山爲墳，注三十五　不拘形體，無取土東山與穀同價之病，乃陵外繚以方垣，四向闢門，仍如漢制。第三十四圖　降及北宋永昌永熙諸陵，其靈台外垣，略與漢同，第三十五圖　故秦漢唐北宋諸代之陵，乃一貫相承之系統，相差甚微，極爲顯著。　惟南宋六帝攢宮，自楊璉眞伽發掘後，原狀摧毀殆盡，現存者經明代重修，不能定其何屬耳。　明洪武營孝陵，墳之平面改方爲圓，若饅首形，殆因長江流域無方墳之習，洪武耳濡目染，受環境影響使然歟。　永樂北遷，自長陵迄思陵，皆遵其法，周秦以來之方陵至此遂絕。　清代諸陵之寶頂，易爲前方後圓，南北較東西稍長，第二十八圖　其受明陵之影響，顯然易辨。　至於方城明樓之起原，典籍載者甚少，據後漢書禮儀志大喪禮「皇帝進跪臨羡道房戶，西向手下贈投鴻洞中，三東園匠奉封入藏房中」，僅知羡道之上有房，可憑戶投贈，未言有方城明樓之設。北宋諸陵，經金人竊發後，其靈台周垣，今猶存角石鵲台，依稀可辨，獨無明樓遺址，而周必大思陵錄述宋高宗永思陵之結構，謂「上宮獻殿三間六椽，心間闊一丈六尺，兩次間各闊一丈二尺，其深三丈，後爲龜頭三間，中間亦闊一丈六尺，兩間各闊五尺，其深二丈四尺，皇堂在焉」，按皇堂卽地宮，附於龜頭，龜頭復緊接獻殿後，俱五寸二分五釐材，如今之後抱廈，則無方城明樓，亦甚明瞭。　凡此所論，僅就已知者言，其唐遼金元諸代之陵，未經精密調查，不能斷二者卽創於明初，然長陵以後，至於清末，咸如孝陵之制，則事實所示，毫無疑義者也。第二十八圖

注三十四　周文王陵長方形，武王陵圓形，秦始皇陵方形，漢高祖長陵與薄太后南陵皆六角形，見伊東忠太支那建築史及馮承鈞譯色伽蘭中國西部考古記。

注三十五　唐太宗昭陵因九嵕山，高宗乾陵因梁山，元宗泰陵因金粟山，各陵之外垣，乾陵及肅宗建陵闢四門，惟昭陵止有南北二闕，見長安志圖。

綜上所述，長陵之平面配置，係排列主要建築物爲長方形，其後置方城明樓，綴以圓形之墳，第二十七圖係遵奉孝陵舊規，而孝陵此法，一反漢以來方上，靈台，方垣，上下宮諸制，其跡甚爲明瞭。不僅是也，洪武光復華夏，掃滌腥羶，其南京宮闕，上規唐宋，近酌時宜，建奉天華蓋謹身三殿，乾淸坤寧二宮，及左右文華武英諸殿，於復古之中，另闢蹊徑，自成一代之制。成祖繼起，以南匠營北京，其宮殿配列之法，一如南京，惟廓而大之，初未受胡元影響，於正衙大殿之後，置寢殿，聯以柱廊，現存實物與明史諸書，猶可一一覆按也。淸承明統，自順治以降，陸續改建內庭東西二部，但三殿二宮與文華武英諸殿，迭經修造，位置依然如故，故謂明淸六百年間宮闕陵寢之規模，大部創於洪武父子之手，非過言也。

附記　本文爲二年前中央大學建築系調查古建築報告之一，舊稿自九一八後，迄未殺青，近承中大劉福泰先生同意節錄原文略事補充，於本刊發表，篇中像片及圖係中大濮齊材張至剛二先生所作，未敢掠美，並此申謝。

哲匠錄目錄 續

第一 營造補遺

哲匠錄(續)

紫江朱啓鈐桂辛輯本
新會梁啓雄述任校補

第一 營造補遺

夏

奚仲

奚仲，任姓，故亦稱「任奚」；黃帝之後。爲夏車正，嘗作車。封於薛。

世本作篇　奚仲作車

春秋左氏傳定公元年　薛宰曰薛之皇祖奚仲居薛以爲夏車正奚仲遷於邳

管子形勢　奚仲之巧非斲削也

荀子解蔽　奚仲作車(注)奚仲夏禹車正

呂氏春秋君守　奚仲作車(注)奚仲黃帝之後任姓也傳曰爲夏車正封於薛

淮南子俶眞訓　然而奚仲不能爲逄蒙造父不能爲伯樂　又脩務訓　奚仲爲車　又　夫無規矩雖奚仲不能以定方圓無準繩雖魯般不能以定曲直

潛夫論志姓氏　夏之興有任奚爲夏車正以封於薛後遷於邳其嗣仲虺居薛爲湯左相

元和郡縣圖志卷九　奚公山在縣（案縣謂滕縣）東南六十六里奚仲初造車於此

周

召公

召公，姓姬氏，名奭；周成王時爲三公，封於北燕。嘗爲申伯築新城及寢廟於謝。古宗廟制：前曰廟，後曰寢。

詩大雅崧高　亹亹申伯王纘之事于邑于謝南國是式王命召伯定申伯之宅登是南邦世執其功王命申伯式是南邦因是謝人以作爾庸王命召伯徹申伯土田王命傅御遷其私人申伯之功召伯是營有俶其城寢廟既成（傳）俶作也（箋）申伯居謝之事召公營其位而作城郭及寢廟定其人神所處

皇國父

皇國父，春秋時人。仕宋平公爲太宰，嘗爲平公築臺。

春秋左氏傳襄公十七年　宋皇國父爲大宰爲平公築臺妨於農功子罕請俟農功之畢公弗許築者謳曰澤門之晳實興我役邑中之黔實慰我心子罕聞之親執扑以行築者而抶其不勉者曰吾儕小人皆有闔廬以辟燥濕寒暑今君爲一臺而不速成何以爲役謳者乃止或問其故子罕曰宋國區區而有詛有祝禍之本也

敬君

敬君，戰國時齊人；爲齊王圖九重之臺。

藝文類聚卷三十二引說苑　齊王起九重之臺募國中能畫者賜之錢有敬君居常飢寒其妻妙色敬君工畫臺貪賜畫臺去家日久思憶其妻像向之而笑傍人見以白王王召問之對曰有妻如此去家日久心常念之竊畫其像以慰離心不

偕上聞

案：右爲說苑佚文，詳見淸盧文弨羣書拾補子部說苑逸篇。

龍賈

龍賈，戰國時人。魏惠王十二年，賈帥師築長城於西邊。

竹書紀年顯王十年 龍賈帥師築長城於西邊

水經注 惠成王十二年龍賈帥師築長城於西邊

秦

蒙恬

蒙恬，秦將；始皇二十六年將三十萬衆築長城，西起臨洮，（今甘肅岷縣治。）東至遼東，延袤萬餘里。

史記卷八十八本傳 蒙恬者其先齊人也恬大父蒙驁自齊事秦昭王官至上卿……驁卒驁子曰武武子曰恬……始皇二十六年蒙恬因家世得爲秦將攻齊大破之拜爲內史秦已幷天下乃使蒙恬將三十萬衆北逐戎狄收河南築長城因地形用險制塞起臨洮至遼東延袤萬餘里

淮南子人間訓 秦皇挾錄圖見其傳曰亡秦者胡也因發卒五十萬使蒙公楊翁子將築修城

水經注河水三 始皇令太子扶蘇與蒙恬築長城起自臨洮至於碣石

漢

章文

「文」或作「交」，誤。

章文，漢豫章（漢郡名，在今江西北境。）人。高帝五年，灌嬰討定南方，文以南昌當諸道之衝，進計於嬰築豫章城。嬰因從之，遂命文董營建之役，鳩工庀材，規畫咸宜。

南昌耆舊志（見乾隆南昌縣志卷三十六人物志卓行）　漢章文豫章人高帝五年灌嬰定吳豫五十二縣文以南昌當諸道之衝進計於嬰築郡城嬰然之使董其役勞來版築經畫居多郡民德焉及卒祀之江濱歷代不廢宋大觀二年賜額帶澤廟今城北章江廟是也

陽城延

陽城延，漢少府。董建長樂未央宮及築長安城。

漢書卷十六高惠高后文功臣表　梧齊侯陽城延以軍匠從起郟入漢後爲少府作長樂未央宮築長安城先就侯五百戶

李翕（集古錄翕作「會」，誤。）

李翕，字伯都，東漢漢陽阿陽（阿或譌作「河」。東漢縣名，在今甘肅靜寧縣南。）人。嘗令澠池，（今河南澠池縣。）修崤嶔（公羊傳：「蹇叔送其子，而戒之曰：爾即死必於嶔巖。」左傳孔疏曰：「嶔巖是山之貌。」）之道。桓帝時爲武都（東漢郡名，在今甘肅南境。）太守郡之西狹閣道通梁益二州緣壁立之山臨不測之谿危難險峻數有顛覆隕墜之虞。翕乃鐉燒大石，改高卽平，正曲廣阨，遂成堅固廣大之夷途。民可夜涉，咸歌德惠，乃爲磨崖刊頌（卽西狹頌。）於天升山魚竅峽（在今甘肅成縣境。）中。靈帝建寧間，析里（俗名「白崖」。卽今陝西略陽縣宜口之「析里塥」。）兩岸夾峙，百仞屹立，江水從中流出，水溢則上下不通，民皆病涉。翕乃鑿石架木，建郙閣（在略陽縣西二十里；閣舊首尾連接棧道，後棧道他徙，閣亦隨之而廢。現崖際有鑿石孔數十，卽其遺蹟也。）以濟行人，而去沉沒之患。亦於橋旁磨崖爲頌（卽郙閣頌。）以紀其功。

西狹頌　漢武都太守漢陽阿陽李君諱翕字伯都天姿明敏敦詩悅禮膺祿美厚繼世郎吏幼而宿衛弱冠典城有阿鄭之化是以三剖符守致黃龍嘉禾木連甘露之瑞動順經古先之以博愛陳之以德義示之以好惡不肅而成不嚴而治朝中惟靜威儀抑抑督郵部職不出府門政約令行彊不暴寡知不詐愚屬縣趨敎無對會之事徼外來庭面縛二千餘人年穀屢登倉庾惟億百姓有蓄粟麥五錢郡西狹中道危難阻峻緣崖俾閣兩山壁立隆崇造雲下有不測之谿阨笮促迫財容車騎進不能濟息不得駐數有顚覆霣隧之害過者創楚惴惴其慄君踐其險若涉淵冰嘆曰詩所謂如集于木如臨于谷斯其殆哉困其事則爲設備今不圖之爲患無已勑衡官有秩李瑾掾仇審因常繇道徒鐉燒破析刻臽磪嵬減高就埤平夷正曲柙致土石堅固廣大可以夜涉四方無雍行人懽悀民歌德惠穆如清風乃刊斯石曰赫赫明后柔嘉惟則克長克君牧守三國三國清平詠歌懿德瑞降豐稔民以貨殖威恩並隆遠人賓服鐉山浚瀆路以安直繼禹之跡亦世賴福

析里橋郙閣頌　惟斯析里處漢之右谿源漂疾橫柱於道涉秋霖漉盆溢滔涌濤波滂沛激揚絕道漢水逆瀁稽滯商旅路當二州經用衧沮沮縣士民或給州府休謁往還恒失日晷行旅咨嗟郡縣所苦斯谿既然郙閣尤甚緣崖鑿石處隱定柱臨深長淵三百餘丈接木相連號爲萬柱過者慄慄載乘爲下常車迎布歲數千兩遭遇隤納人物俱隋沉沒洪淵酷烈爲禍自古迄今莫不創楚於是太守漢陽阿陽李君諱翕字伯都以建寧三年二月辛巳到官思惟惠利有以綏濟聞此爲難其日久矣嘉念高帝之開石門元功不朽乃俾衡官掾下辨仇審改解危殆即便求隱析里大橋於今乃造校致攻堅結構工巧雖昔魯斑亦莫儗象又醳散關之嶃潔從朝陽之平燥減西口之高閣就安寧之石道禹導江河以靖四海經記厥續艾康萬里臣口口口勒石示後乃作頌曰上帝綏口降茲惠君克明俊德允武允文躬儉尚約化流若神愛氓如子遐邇平均精通晧穹三納苻銀所歷垂勳香風有鄰仍致瑞應豐稔年登腐口以樂行人夷欣慕君靡已乃詠新詩曰析里口兮川兗之間高山崔隗兮水流蕩蕩地既塉确兮與寇爲鄰西隴鼎峙兮東以析兮或失緒業兮至於困貧危危累卵兮聖朝

閣辭兮析□巘兮乃命是君扶危救傾兮全育孑遺劬勞日稷兮惟惠勤勤黃邵朱龔兮蓋不□□□□亢寵兮百姓歡欣
僉曰太平兮文翁復存

宋曾鞏漢武都太守漢陽阿陽李翕西狹頌　武都太守漢陽阿陽李翕字伯都以郡之西狹閣道通梁益緣壁立之山臨不測之谿危難險峻數有顛覆霣隆之患乃與功曹吏李旻定策勅衡官掾仇審治東坂有秩李瑾治西坂鍥燒大石改高即平正曲廣陿既成人得夷途可以夜涉迺相與作頌刻石其頌有二其所識一也其一立於建寧四年六月十三日壬寅其一是年六月三十日立也又稱翕嘗令澠池治崤嶔之道有黃龍白鹿之瑞其後治武都又有嘉禾甘露木連理之祥皆圖畫其像刻石在側蓋嘉祐之間晁仲約質夫爲興州還京師得𨻶閣頌以遺余稱析里橋𨻶閣漢武都太守李翕字伯都之所建以去沉沒之患而翕字殘缺不可辨得歐陽永叔集古目錄跋尾以爲李翕於意其然及熙寧十年馬城中玉爲轉運判官於江西出撫州所得此頌以示余始知其果爲李翕也永叔於學博矣其於正文字尤審然一西狹𨻶閣之道有益於人而史不傳則頌之作其可備史之闕歟

北魏

安　難

安難，北魏世祖時，遼東胡人。有巧思；勇而多智。陽平王杜超攻宋，難參征南軍事，以功表爲清河太守。後諸將頻征和龍，皆以難爲長史；鑿山堙谷，省力兼功。遷給事中。從駕南征，造浮橋於河。以功賜爵清河子，卒。

魏書卷三十安同傳　難有巧思陽平王杜超督諸將擊劉義隆難參征南軍事以功表爲清河太守世祖時諸將頻征和

讓皆以難爲長史鑿山堙谷省力兼功還給事中從駕南征造浮橋於河以功賜爵清河子卒

馮亮

馮亮，字靈通，北魏南陽（今河南省南陽縣。）人。博覽羣書，篤好佛理。性既雅愛山水，復巧思絕人而工營構。世宗欲召爲羽林監領中書舍人，固辭不拜。乃隱居崧高，（即嵩山）結架巖林以自適；世宗乃給其工力，詔造閑居佛寺。林泉既奇，營製復美，曲盡山居之妙。

魏書卷九十逸士本傳　馮亮字靈通南陽人蕭衍平北將軍蔡道恭之甥也少博覽諸書又篤好佛理隨道恭至義陽會中山王英平義陽而獲焉英素聞其名以禮待接亮性淸淨至洛隱居崧高感英之德以時展勤及英亡亮奔赴盡其哀慟世宗嘗召以爲羽林監領中書舍人將令侍講十地諸經固辭不拜又欲使衣幘入見亮苦求以幅巾就朝遂不彊逼還山數年與僧徒禮誦爲業蔬食飲水有終焉之志會逆人王敞事發連山中沙門而亮被執赴尙書省十餘日詔特免雖亮不敢還山遂寓居景明寺勑給衣食及其從者數人後思其舊居復還山室亮既雅愛山水又兼巧思結架巖林甚得栖游之適頗以此聞世祖給其工力令與沙門統僧暹河南尹甄琛等周視崧高形勝之處遂造閑居佛寺林泉既奇營製又美曲盡山居之妙……

隋

楊俊

楊俊，字阿祇，隋文帝第三子也。開皇初立爲秦王。俊仁恕慈愛，崇敬佛道，後漸奢侈，違法，盛治宮室，窮極壯麗。俊又多巧思，每親運斤斧，工巧之器，爲嬪妃造作七寶冪籬。器具精巧，珠玉爲

33909

飾。又爲水殿，香塗粉筆，玉砌金階，梁柱楣棟之間，周以明鏡，間以寶珠，極瑩飾之美。

隋書卷四十五文四子傳　秦孝王俊字阿祇高祖第三子也開皇元年立爲秦王二年春拜上柱國河南道行臺尚書令雒州刺史時年十二加右武衛大將軍領關東兵三年遷秦州總管隴右諸州盡隸焉俊仁恕慈愛崇敬佛道請爲沙門上不許六年遷山南道行臺尚書令伐陳之役以爲山南道行軍元帥督三十總管水陸十餘萬屯漢口爲上流節度陳將周羅睺荀法尚等以勁兵數萬屯鸚鵡洲總管崔弘度請擊之俊慮殺傷不許羅睺亦相率而降於是遣使奉章詣闕垂泣謂使者曰謬當推轂愧無尺寸之功以此多慙耳上聞而善之授揚州總管四十四州諸軍事鎮廣陵歲餘轉并州總管二十四州諸軍事初頗有令問高祖聞而大悅下書奬勵焉其後俊漸奢侈違犯制度出錢求息民吏苦之上遣使按其事與相連坐者百餘人俊猶不悛於是盛治宮室窮極侈麗俊有巧思每親運斤斧工巧之器飾以珠玉爲妃作七寶羃籬又爲水殿香塗粉壁玉砌金階梁柱楣棟之間周以明鏡間以寶珠極榮飾之美每與賓客妓女絃歌於其上俊頗好內妃崔氏性妬甚不平之遂於瓜中進毒俊由是遇疾徵還京師上以其奢縱免官以王就第……

唐

田仁汪

田仁汪，唐高宗時司農少卿。嘗因舊殿址修乾元殿，高一百二十尺，東西三百四十五尺，南北一百七十六尺。

唐會要卷三十洛陽宮　顯慶元年勅司農少卿田仁汪因舊殿餘址修乾元殿高一百二十尺東西三百四十五尺南北一百七十六尺至麟德二年二月十二日所司奏乾元殿成其應天門先亦焚之及是造成號爲則天門

韋機

韋機，唐雍州萬年（今陝西臨潼縣北）人。高宗時官司農少卿，攝東都將作少府檢校園苑，及造上陽、宿羽、高山等宮。又奉勅於洛水之北，乘高臨下造一高館，列岸修廊，連亘一里。

舊唐書卷一百八十五良吏上本傳　韋機雍州萬年人……上元中遷司農卿檢校園苑造上陽宮並移中橋從立德坊曲徙於長夏門街時人稱其省功便事……

唐會要卷三十洛陽宮　上元二年高宗將還西京乃謂司農少卿韋機曰兩都是朕東西之宅也見在宮館隋代所造歲序既淹漸將頹頓欲修殊費財力爲之柰何機奏曰臣曹司舊式差丁採木皆有雇直今戶奴採斫足支十年所納丁庸及蒲荷之直在庫見貯四十萬貫用之市材造瓦不勞百姓三載必成矣上大悅乃召機攝東都將作少府兩司事使漸營之於是機始造宿羽高山等宮其後上遊於洛水之北乘高臨下有登眺之美乃勅韋機造一高館及成臨幸即令列岸修廊連亘一里又於澗曲疏建陰殿

李昭德

李昭德，唐武后時鳳閣侍郎。長壽中規創文昌臺及定鼎上東諸門。又築東都外城。洛之中橋歲爲洛水衝注，繕者告勞，昭德乃累石代柱以爲腳，銳其前以分水勢，自是無復漂損之害。

舊唐書卷八十七本傳　李昭德京兆長安人也父乾祐……强幹有父風少舉明經累遷至鳳閣侍郎長壽二年……遷鳳閣鸞臺平章事尋加檢校內史長壽中神都改作文昌臺及定鼎上東諸門又城外郭皆昭德創其制度時人以爲能初都城洛水天津之東立德坊西南隅有中橋及利涉橋以通行李上元中司農卿韋機始移中橋置于安衆坊之左街當長夏門都人甚以爲便因廢利涉橋所省萬計然歲爲洛水衝注常勞治葺昭德創意積石爲腳銳其前以分水勢自是竟無

漂損……

路　旻

路旻，不知何郡人。唐元和中令祁門；（今安徽祁門縣）邑西武陵嶺險隘，行旅苦之。旻鑿山石爲盤道，險者以平。又邑南閶門灘，兩岸桅石叢峙，迅川奔注其間，舟檝多壞，因開斗門以洩水。百姓德之，稱爲「路公溪」。

淳熙新安志卷四祁門賢宰　路旻不知何郡人元和中爲令鑿武陵嶺石爲盤道又閶門灘害覆舟旻開斗門以平其險號路公溪　又山阜　武陵嶺在縣西四十里高三十五仞周二十八里始時道險隘捫蘿乃得上唐元和中鑿爲盤道至今利之　又水源　閶門灘在縣南十三里衆水所注夾灘有大石對湧故號閶門自餘怪石叢峙迅川奔注摧艫碎舳十嘗七八經唐世兩賢令路旻陳甘節疏導乃爲安流

裴延齡

裴延齡，唐河東人。貞元間官戶部尚書；嘗奉勅修望仙樓。

舊唐書卷一百三十五本傳　裴延齡河東人

唐會要卷三十雜記　貞元十二年八月六日戶部尙書裴延齡奉勅修望仙樓至十三日令又築望仙樓東夾城

僧正言

正言，唐大中間江西廬山東林寺僧。嘗帥其徒二十九人，修復舊寺，凡役工合六十五萬二百二十八人。正言目量意營，匠成於心，授規於手，日而不笠，雨而不屐。工竣，殿、廂、塔、庫、樓、食堂、客堂、亭、倉房、廚、等，凡三百一十三間，悉奐然一新。

光緒江西通志卷一百二十五勝蹟略寺觀　東林寺在德化縣廬山麓晉太元九年慧遠開剏……

唐崔黯復東林寺碑　……唐有天下一十四帝……余時爲刺史前訪茲地松門千樹嵐光熏天蜩嘒湍鳴松籟冷然可別愛而不翦利以時往至是即喜而復之民物之困不可横賦得奮僧正言問能復東林乎曰能即斷其幾佳而勉之文命言擇其徒得二十九以隸其下皆心生力完臂股相用言則隨才賦事分命告復所至鑿廊下處江之木鳩食訪工陶土冶鐵匠成於心授規於手日而不笠雨而不屐爨飪烹湯優犒執藝若殿若廊若門之三若閣之左右爲塔若講若食若客之舘若庫若樓若廚激飛泉而注於縈紆之間若梁蜺於武若亭臨於白蓮若僧之房若聖之室若突據勝若郤居幽奇不可尋推不出位則爲間三百一十三爲架一千八百七十六爲楹爲梁爲棟爲桷爲牖爲闔爲屋之事數爲級埤爲蓋瓦凡役工合六十五萬三百二十八絪緼端明嚴若有主大中六年二月十四日言命以圖及其備錄訪余爲刻石之文且曰自遠公至今若干歲而傳法之地滅矣賴君復之……

宋

呂拙

呂拙，宋祥符今幷河南開封縣。人。工畫屋木。至道中，建上清宮，拙畫鬱羅霄臺樣進。

光緒祥符縣志卷十五方技　呂拙祥符人工畫屋木至道中爲圖畫院祇候時方建上清宮拙因畫鬱羅霄臺樣進上改翰林待詔不就願於本宮爲道士尋得披挂仍賜紫衣

蔡襄

蔡襄，字君謨，宋仙遊人。善詩文，兼工書法。累官知諫院。皇祐嘉祐間，兩知泉州，威惠兼行，民畏而愛之。州之東有萬安渡，水闊而湍急，上流接大溪，渡外即鄰海，每遇風潮交作，數日不可渡。且絕渡而濟，時虞覆溺。皇祐五年，襄立石爲梁，長三百六十餘丈，廣一丈五尺，左右翼以扶欄，建南北中三亭於橋上，纍蠣房於礎以固其基。兩岸依山，跨江接海，闢空亘立，若飛虹然。名曰「萬安橋」又稱「洛陽橋」。又植松七百里以庇道路。泉人刻碑紀德，立祠祀焉。

宋史卷三百二十本傳　蔡襄字君謨興化仙遊人舉進士爲西京留守推官館閣校勘范仲淹以言事去國余靖論救之尹洙請與同貶歐陽修移書責司諫高若訥由是三人者皆坐謫襄作四賢一不肖詩都人士爭相傳寫鬻書者市之得厚利契丹使適至買以歸張於幽州館慶曆三年仁宗更用輔相親擢靖修及王素爲諫官襄又以詩賀三人列薦之帝亦命襄知諫院……知泉州距州二十里萬安渡絕海而濟往來畏其險襄立石爲梁其長三百六十丈種蠣於礎以爲固至今賴焉又植松七百里以庇道路閩人刻碑紀德……治平三年丁母憂明年卒年五十六贈吏部侍郎襄工於書爲當時第一仁宗尤愛之製元舅隴西王碑文命書之及令書溫成后父碑則曰此待詔職耳不奉詔……乾道中賜襄謚曰忠惠

宋蔡襄萬安橋記　泉州萬安渡石橋始造於皇祐五年四月庚寅以嘉祐四年十二月辛未訖功纍址于淵釃水爲四十七道梁空以行其長三千六百尺廣丈有五尺翼以扶欄如其長之數而兩之糜金錢一千四百萬求諸施者渡實支海去舟而徒易危而安民莫不利職其事者盧錫王實許忠浮圖義波宗善等十有五人既成太守莆陽蔡襄爲之合樂讌飲而落之明年秋蒙召還京道由是出因記所作勒于岸左

明王愼中萬安橋記　出迎恩門以東二十里長江限之有石跨江蜿若臥波之虹其修踰數千丈名曰萬安之橋有宋蔡

忠惠公守泉時所造由皇祐以來五百餘年閒東西行者履砥視矢凌風波於趾踵之下而若不知苟有昔人臨河以望思禹而興歎者之意想夫營度架結之所由豈不喟然有歎於斯人哉……

明康朗萬安橋記　萬安橋去郡郭東二十里而當惠安屬邑與莆陽三山京國孔道近郭而當孔道故往來於其上者肩轂相踵也又其廣三百六十丈有奇跨江接海若飛虹然其勢爲至險宋皇祐五年郡守蔡忠惠公始克成之……

名勝志……舊爲萬安渡宋慶歷初郡人李寵始甃石作浮橋皇祐五年郡守蔡襄建石橋長三百六十餘丈廣一丈五尺左右翼以扶欄爲南北中三亭橋下種蠣固其基……

泊宅篇　泉州萬安渡水闊五里上流接大溪外即海也每風潮交作數日不可渡……蔡襄守泉州因故基修石橋兩岸依山中託巨石橋岸造屋數百楹爲民居以其僦直入公帑三歲度一僧掌橋事春夏大潮水及欄際往來者不絕如行水上十八年橋乃成即多取蠣房散置石基益膠固焉元豐初王祖道知州奏立法輒取蠣房者徒二年

乾隆泉州府志卷十橋渡　萬安橋在三十八都晉惠交界跨洛陽江一名洛陽橋中有臺又有濟亭亭宋宗趙不黠書額有泉南元至正間建四明張即之書扁又有鏡虹閣

臺亭

臺亭，宋夏縣（今山西夏縣。）人。工畫。元豐中，修景靈宮，亭以工畫被選詣京師，名列第一。

宋史卷四百五十六孝義蘇慶文傳　蘇慶文臺亭皆夏縣人……亭工畫元豐中朝廷修景靈宮調天下畫工詣京師選試其優者待詔翰林畀以官祿亭名第一以父老固辭歸養閭里賢之

連南夫

連南夫，宋應山今湖北應山縣人。建炎初，守濠州，即今安徽鳳陽縣。州舊有二城，東西隔濠水而立，南夫決濠水由城西徑達於淮，築一大城，合二舊城為一。

康熙鳳陽府志卷二十五名宦鳳陽府宋　連南夫德安應山人宋高宗時守濠州古有東西二城濠水經二城間入淮南夫決濠水由城西徑達於淮築二城合為一

元

高觿

高觿，字彥解；元渤海人。事世祖備宿衛，頗見親幸。至元初，立燕王為皇太子，詔觿監作太子宮。觿規制有法，世祖嘉之。

元史卷一百六十九本傳　高觿字彥解渤海人世仕金祖彝徙居上黨父守忠國初為千戶太祖九年從親王口溫不花攻黃州歿于兵觿事世祖備宿衛頗見親幸至元初立燕王為皇太子詔選才備士充宮屬以觿掌藝文兼領中璽宮衛監門事又監作皇太子宮規制有法帝嘉之賜以金幣廐馬……

夾谷山壽

夾谷山壽，元女眞人。延祐四年，任福建崇安縣事，縣西路黎嶺道苦隘狹，山壽鑿石開之，並修治學宮，多著美績。

康熙崇安縣志卷四官師志　元夾谷山壽女眞人延祐四年任縣事西路黎嶺道苦隘狹鑿石開之修治學宮多著美績

明

張寧

張寧，明洞庭東山（今江蘇吳縣西南）人。長於土工；明初、修京城，（南京城）。太祖命寧領其役。寧設置有方，太祖雅任用之。

先緒蘇州府志卷一百四十六雜記三　張寧洞庭東山人元末遊金陵李韓公善長未貴相與善及韓公爲國元勳以監修京城薦寧太祖召見以白衣領役寧長於土工設置有方太祖雅任用之一日登城見工毀棄瓦石之不全者欲誅之寧叩首曰臣以缺物不宜玷我金城故特棄置非辠工罪罪實在臣韓公亦爲請太祖善其對釋之

鮑彥敬

鮑彥敬，明浙江錢塘（今縣名）人。洪武初、任單縣（今山東單縣）丞。敏練多巧思，督修工程，經畫悉當。嘗繕修縣南關之琴臺（一名半月臺）。及二賢祠。

民國單縣志卷六官蹟明　鮑彥敬浙江錢塘人洪武初任單縣丞才具敏練督修工程經畫悉當攝令事惠政在民修理琴臺重建二賢祠有碑記

康熙單縣志卷十一藝文秦時中重修琴臺碑　余聞古者魯君虙子賤治單父鳴琴不下堂人被其化載諸典籍昭然可攷臺在堂北城上高踰數仭臨望四周一覽無際世傳子賤遊息之所意在於此以廣其聲敎後人因之搆堂於上以祠之蓋因兵故堂稍圮天朝混一區宇洪武禩春虎林鮑彥敬由戶部考滿承命來佐單邑下車首訪是臺睹其瓦礫榛穢慨然有與圮補敝之意奈方公務如蝟巡邏差委每無虛日故心竊慨而未敢有言迨九年夏五月事少從容公乃謀諸僚友陳

公原夫曰修舉廢墜乃有司職分之所當爲安忍坐視昔賢之迹廢壞蓋爲之寒心焉請修葺以彰先賢之德陳侯從之公計闔縣胥隸之工不假民力磚石土木之用不匝月而略備……涓吉興工子來趨事不日成之襄其事者縣吏蘇禮朱詢輩請予爲文刻石龕於壁以俟後之同志君子慕先賢之德嗣而葺之庶乎斯臺之不朽云洪武九年閏七月五日

王順　胡良

王順，胡良，皆明保德州（今山西保德縣）人。善繪事；永樂間，建太廟，徵天下繪工詣京師。良順偕往焉。繪畢，成祖往視，以手撫順肩，稱賞不置。

雍正山西通志卷六十八人物志藝術明　王順胡良保德州人善繪事永樂時建太廟徵天下繪士詣京師良順偕往繪畢成祖往視以手撫順肩稱賞不置乃命繪御手於肩焉

唐榮

唐榮，明全洲（今廣西全縣）人。景泰二年，知新寧（今湖南新寧縣）時縣治燬於兵燹，榮奏徙今治。城池、壇廟、學校、道路，皆其剏造。百廢具興，規畫咸當。

廣西通志卷二百五十七列傳二引明統志　唐榮全州人宣德乙卯舉人正統十年知新寧縣時縣治毀於兵火奏徙縣治城池壇廟學校道路皆其創造百廢具興規畫咸當

楊麒

楊麒，字仁甫；明上饒（今江西上饒縣）人。正德間，歷官工部尚書。嘗建盧溝橋。

光緒江西通志卷一百五十八列傳二十五廣信府　楊麒字仁甫上饒人正德進士歷官工部尚書積學能文隨事輒辦

嘗建廬溝橋今往來者德之

秦梁

秦梁，字子成，明無錫（今江蘇無錫縣）人。嘉靖進士，累拜吏科給事中。京師築外城，梁董其役；劾罷宦官姦工事者。官至江西右布政。

康熙無錫縣志卷十七宦望二明　秦梁字子成所居有金匱山一日虹起上屬於天因自號虹州嘉靖二十六年進士授南昌府推官有盜平十二者負險時出剽刧監司苦之梁察尉某陰與盜通出不意以危言詰之尉股栗搏顙請命乃曰爾能說離其黨而以首來爲乞爾命尉如教縛至磔於市上官才之委行屬邑及他傍郡殆徧每丙夜治牘不得休拜吏科給事中京師築外城梁彼命董其役劾罷宦官姦工事者進通政司參議南太僕少卿歷鴻臚卿右通政時嚴世蕃以工久器梁使客謂曰公一歲再遷亦知所自乎梁謬曰不知也將無以久次耶出爲浙江參議山東副使尋督學浙江會試期甚迫五閱月而歷十一郡時中式者九十五人而梁所首拔士居五十有六歷遷江西右布政使以浙事著有績修無錫縣志

朱寬

朱寬，明桂林（今廣西桂林縣）人。萬歷五年，知西寧（今廣東鬱南縣）。時邑始建，寬銳精擘畫；凡築城鑿池，分里制里，皆身所經歷。

雍正廣東通志卷四十一名宦　朱寬桂林人由舉人爲三水令撫臣知其有治劇才萬歷五年疏調西寧時邑始建寬銳精擘畫築城鑿池分里制里皆身經險阻上下川原爲政寬和招徠新附勸課敎養悉得其宜以瘅疾卒於官西寧之民無不悲泣者

譚繼統

譚繼統，字宗道，明建水（今雲南建水縣）人。萬歷舉人，官工部主事。督修京城省費鉅萬，而堅固逾於往昔。

臨安府志　譚繼統字宗道建水人萬歷己卯舉人授元氏教諭擢國子監助敎爲祭酒李廷機所重擢刑部主事尋改工部督修京城省費鉅萬而堅固逾於往時遷貴州副使郤獨山蒙氏水西安氏餽金勦平野寇阿包等以功聞會廷機爲閣學晉者攻之并及繼統遂歸

盧學禮　王僎吉

盧學禮，明東明（今河北東明縣）人。萬歷二十年，任山東兗州知府。王僎吉，明河州（今甘肅臨夏縣）人。萬歷二十年，任山東兗州府通判。二十二年，重修闕里孔林廟，—新其殿閣，飾其廊廡，立重城阜門以象朝闕，楣桼甓築之有朽者易之，丹雘髹漆之有墁者塗之。又恢享祠，瓶齋室，立石闕六楹以廣神路，繚垣十里，壖垣千步，有版築焉。經始於四月二十六日，迄十一月三日厥功乃成。—學禮贊襄謀畫其事，僎吉董其役。

明于愼行重修闕里林廟碑　聖上膺籙御天二十有二祀歲在甲午山東巡按御史潁州連公格奉命省方至於闕里祗謁孔廟拜於杏壇之埠仰視者三繼謁孔林拜於洙水之陽環視者三乃揖諸大夫而諏曰惟天子祇若典訓經緯八埏用必祀於先師孔子我二三執事胥受簡書以來敷化於東土茲惟聖作之邑亦越廟庭林域自弘治鼎新以迄於今歷載滋久無乃有所頹敝以褻大觀若在先聖周公弘啟國宇以開厥緒若在復聖顏子潛心道奧以衍厥傳咸有烝嘗於茲亦其

何可弗飭時惟我二三執事之責乃白於巡撫都御史括蒼鄭公汝璧鄭公曰咨時惟責中丞奉上明命撫有大東罔不惟肅者聖靈斯褒文化是圖曷敢曰執事之不閑以須異日乃相與下記所司使相厥功計當用金三千以兩臺之贖鍰當三之一以嶽祠之香稅與將作之餘當三之一以兗庫之羨金當三之一於是筮日揆景庀徒鳩材以其十之三營於孔廟乃新殿閣乃飾廊廡乃立重城皋門以象朝闕楣桼欒甍之有朽者易之丹雘髹漆之有堤者塗之煌煌如也耽耽如也以其十之五營於孔林乃恢享祠乃淑齋室乃立石闕立極以廣神路繚垣十里墉垣千步有旐築焉嶢嶢如也鬱鬱如也則以其一營於周廟坊諸其閭牓曰元聖則以其一營於顏廟坊諸其閭牓曰陋巷巘巘如也翼翼如也經始於四月二十六日至十一月三日厥功告成巍殿雲蔚鼎立星羅埒如鈞天之宮帝者之宇於戲都哉蒐繹之岑若增而峻洙泗之流若濬而深矣……於戲遠哉役之興也度支經費則左布政使中山王公藻右布政使晉陽田公疇綜理工程則分守參政四明楊公德政攝守參議貴陽邵公以仁分巡副使汝南趙公壽祖而河道參政梅公淳分巡僉事李公天植兵備僉事戴公燦咸樂觀其成而立石焉至於贊襄謀畫則兗州府知府盧侯學體專董工役則兗州府通判王侯彝吉……

康熙兗州府志卷十一職官志明知府　盧學禮直隸東明人進士萬歷二十年任　又明通判王彝吉陝西河州人選貢萬歷二十年任

賀盛瑞

賀盛瑞，字鳳山，明河南獲嘉人。萬歷進士，精敏有心計，淸介能服人。初授工部，修景陵、獻陵、及永寧公主墳，共省帑金以萬計；遷繕司郎中。萬歷二十四年，乾淸坤寧兩宮重構，盛瑞以繕郎董其役。事體旣鉅，經費復繁，鑒於嘉靖三殿大工之冒濫騷擾，乃苦心擘畫經營，將本部堂司儲貯嘉靖以來大小工程題議疏稿悉數檢閱手錄四五百紙，參以獨斷；殫精竭力，任怨任譏，省員省費，倍蓰於昔。——如採木川廣則責成撫按一官不遣；採石大石窩則止一主事，餘官不遣；採浙直鷹架平頭採燒金皇磚一官不添設夫匠止給值召募顏料止招商買辦中道階級石創用十六輪大車用騾一千八百頭僅二十二日而抵京，如是節縮調停，不可勝計，遂僅以二年之工七十萬兩之費竣役。　惟以峻節孤忠，忌多而謗興，反不容於朝右，竟以賫志汶汶而沒。　盛瑞自具辨京察疏，其子仲軾泣血爲兩宮鼎建記 即冬官紀事 華亭陳繼儒爲之作敍。

明陳繼儒鳳山賀公傳　賀公諱盛瑞號鳳山河南獲嘉人祖春以次子國定貴贈自在州知州父國濟以公貴封工部營繕司郎中母王繼母崔皆封安人乙酉以禮記舉鄉試第四己丑成進士壬辰授工部屯田司主事歷陞員外郎戊戌陞湖廣叅議衆僉事未任調陝西河西道己亥京察降泰州知州未任丁父艱服闋補山西澤州府守丁未復降長蘆運司判官癸丑陞刑部主事奉差還里卒公通籍三十年拮据八載大約經營土木之事居多初授工部修景陵節省七千餘金奉旨下部紀錄又修獻陵節省一萬三千餘金移賑河南饑又修永寧公主壙估價一萬四千更加萬金公竣事止費三百三十兩有奇聖母特遣勳戚來視覆奏稱善欽賜銀幣嗣後考滿封父母如其官會乾清坤寧兩宮災公以繕郎董其役起倉卒大司空鮮所折衷公檢嘉靖時三殿往例及工垣諸疏稿手緝沿革參伍斟酌之獨謂三殿兩宮職掌同經費同而今昔之物力民力大不同若使當事者容容多福唯唯惟命狐鼠窟其中蠅蟻羶其外谿壑一開漏巵何極惟有任怨任譏省官省事挺身經始以俟後人之藉手而已三殿故事采木采石總理有侍郎都御史分理有兩郎中司理副之公於川湖木責之撫按大窩石責之主事餘官不遣也故事采浙直鷹架平頭燒金皇磚公責之同署郎一官不添設也夫匠給直召募不

必調之河南山東西額料召商不必煩南直濱學中道階級石用一千八百騾運十六輪車兩旬可以抵京不必曳以二萬夫督以郡縣長吏大工銀取之事例不必歲派省直丁地者百餘萬亦不必分檄之四御史凡三年六閱月自乾清坤寧交泰殿暖殿神霄殿披房斜廊日精月華景和隆福等門及東裕庫芳玉軒兗蓋通全業已得要領權輿之五六矣總計費工銀止六十萬有奇而以十二萬鑄錢又得子錢四萬即在六十萬之中其借與屯田都水虞衡二十四萬未償也其戶兵協濟三十萬未支也凡籍記貯庫者積銀九十三萬餘以需殿門之用皆賴公不肯援三殿例銖積寸累故至此有甚省必有甚執有甚執必有甚怨有甚怨必有甚毒如請差官採木蜀中有李綺請改臨清磚於武清有林朝棟請采五臺山沿邊大樹有西河王掄文濱奏有王天俊公皆堅拒不行垂首切齒而去此蜚語之所繇起也參潘未赴俄而議澤州矣又俄而議長蘆矣稍遷比部竟以賚志汝汝而沒沒後光宗登極覃恩其子仲軾比部君上疏曰兩宮之役臣父苦心節縮以百萬計不病民亦不病商不遣一大臣亦不多設一小臣費省而功倍怨多而謗興今以執法爲仇法以廉吏爲墨吏以考察拾遺代衆人報復之資生則白簡見誣死則青史垂玷悠悠泉壤含恨何時此臣日夜念之不覺掩涕而傷懷也躪乘修史之會耩其大略仰于天聽宜付史館使天下知土木鄙事郎署卑官聖明不忍沉埋尚留一綫之□□□□□□□□□□□□□□□□□□者兵垣胡公□楝工垣張公鳳彩刑垣□公□□侍御畢公懋康戶部許公如蘭或條陳指及或闡發□明皆生平絕不識其人而必跡皎然著於朝聽矣於是仲軾始乞恩復職下吏部覆題奉旨賀盛瑞准復參議致任朝野積爲公不平者鬨而快之公少貧所居數椽困於風雨爨於回祿就試無車凶年無食既爲孝廉幾不能舉火而未嘗關說公府以自潤釋褐入部空橐還家薄有常俸悉與諸昆弟寠人共之子孫無美田宅如故也去部之後中使有手批繕郎冠覆眉者郎恚曰賀某在敢爾耶中使笑曰汝何敢比賀君其清介服人如此公蒞濩澤不以遷客自處限婚喪禁妖黨禮貧宗崇孝秀修天井關夫子廟操文祭郎節婦旌其廬種種行事皆出簿書筐篋外不具述述兩宮始末之大者若夫部署分明綜理

精密詳仲軾冬官紀事中仲軾守景擁宰醴泉青浦不敢一絲亦不特一帕謁要人之門識者嘆爲眞淸白吏子孫云陳子曰易取大壯詩詠方中春秋書新作南門新作兩觀豈非示鼎建特創之艱難乎聖人愼於厥初凡民難與慮始有善作而後有善成自古記之矣頃者大工告成皇居巍煥試問二十年前鼎新創始者誰自開工訖蓋宬僅用六十餘萬者誰留九十萬貯庫者誰儲辦物料以留後用者誰今日之善成因公前日之善作耳假令公尚在適逢聖天子綜核敘功追維首事雖不敢望徹侯之封延世之賞然豈遽出冬官子大夫後哉仲軾曰此非先子志也子姑傳之以求直於蘭臺之載者而已是爲傳

華亭陳繼儒冬官紀事序　冬官紀事者紀工曹事也萬歷二十四年鼎建乾淸坤寧二宮繕郎賀鳳山先生實董其役先生沒而次公景瞻公紀之志痛也初兩宮事起特刱上自政府以至大司空率倉卒計無所出公乃取肅皇帝朝三殿故牘覆閱之而牘已半漬半腐半飽蠹魚之腹又借工垣諸疏稿親爲補緝手錄其最要四百餘言而其事稍稍始有綱領先生之言曰三殿兩宮皆朝廷萬不得已之役而勞費亦相當弟肅皇帝峻急分宜忤旨幾得罪稍稱旨則徐杲一大匠爵以上卿不吝賞不惜費不許諸執事議論搜索故當時繕郎寬然有從容展布之地今朝野物力詘於曩時而主上節儉過於肅廟此不當以三殿例例兩宮也先生六年肆畫八面經營如采木川湖責成撫按一官不遣也視三殿總理則侍郎都御史分理則兩郎中兩副使者何如如采石大石窩止一主事餘官不遣也視三殿總理則侍郎分理則二主事又加理刑者何如採浙直臨棠平頭採燒金皇磚一官不添註也視三殿差兩郎中者何如夫匠止給值召募視三殿調之河南山東山西者何如顏料止召商買辦視三殿取之滇粵南直者何如中道階級石止用十六輪大車用騾一千八百頭僅二十二日而抵京視三殿所造旱船督以郡縣官曳以順天等民夫二萬一里鑿一井者何如舊例大工銀兩概加省直丁地令民間分毫無派視三殿歲派一百萬差四御史催督者何如其他內官之監督武弁西河王之奏請先生一切奏罷節縮調停不可

勝計總計費工銀止六十萬有奇而以十二萬銀鑄錢又得子錢四萬即在六十萬之中其借與屯田都水虞衡二十四萬未償也其戶兵協濟各三十萬未用也非惟毫髮不取之民抑且毫髮不取之庫去部之日庫中存留尚積九十三萬餘使人人如先生即三門綽有餘用豈至罄藏若掃哉先生肩此大工既竭全副之精神復具通身之手眼巨璫笑其酸不顧政府怪其抗不顧奸商巨賈恨其執迫以明旨特旨亦不顧蓋衡身於城狐社鼠蛸蠂虎口之間舌幾敝穎幾禿心血幾枯寢食幾耗而鬚髮幾化爲霜雪矣若先生役三殿故例染指餘財外媚權貴內結中涓而退爲子孫田宅計華實兩收身名俱泰豈不甚休而先生寧以妻孥歸以清白死決不私工曹一銖一黍以負聖明以玷職守夫土木非細事也遣官則有送迎供帳之擾調夫則有離鄉井枕道路逃竄死亡之變病民病商病郡縣病驛遞病幾輔一不當而萃害叢焉梁武浮山之堰擔者肩上皆穿隋文仁壽之宮役夫殞者相半豈惟虛擲金錢即數百萬生靈填於泥沙溝壑者又不知幾許今先生爲皇上惜財力又爲皇上惜民力此怨府中司命金穴中伯夷上帝紀功當書第一而秉國成者乃以考功法中之事有天乎先生之貧著在人聽生不求敘功沒不求雪謗獨是兩宮之役關係於工曹甚巨異日朝廷無興建則已有則必將取衷於先生之書趙充國曰國之大事當爲後法老臣卒死誰當復言之者則此紀在鳳山先生不可無也韓昌黎敘淮西功不及李愬愬子曳碑仆之訴於朝命段文昌更撰以旌其伐則此紀在景瞻公亦不可無也嗟乎是書所在識者憐其苦節苦心而巧吏則更嗤其似迂似拙後有大工索先生不得而後索先生此書則晚矣余野史也請肇而存之使人知臣爲君子爲父賢者爲後事之君子其用意蓋如此若命修景陵獻陵永寧長公主墳以及鄖澤諸普政半居土木非其大者不具書

清

某甲

某甲，淸吳縣香山名匠；以造海棠亭著於時，亭式如海棠，四面窗檻，亦就其式爲之。鉤心鬬角，雕鏤精細。東西兩門，均自能開闔；入者相距一步餘，門卽豁然洞開，既入，卽砕然自闔，不煩人力。出亦如之。年久機壞，徧徵工匠仿修，無敢應者。

民國吳縣志卷七十五上藝術　某甲以造海棠亭著名談者云某園假山上有亭翼然式如海棠四面窗檻亦就其式爲之鉤心鬬角雕鏤精細東西兩門均自能開闔入者相距一步餘門卽豁然洞開既入卽砕然自闔不煩人力出亦如之人以爲異四顧審諦莫知所由年久機壞遍徵工匠仿修舉無從措手或曰其機埋於假山不敢發視恐不能還舊觀也西園羅漢堂舊有瘋僧像猴容可掬笑態如生近視之頤動不已若欲迎人然未知亦卽某甲所爲否今雖修造完竣無此巧作矣

姚承祖

姚承祖，字漢亭，號補雲；江蘇吳縣人。其祖灤庭，有梓業遺書五卷，承祖世其業，凡邑中大營造，胥出其手。民元後，年逾知命，任蘇州工業專門學校教授，本家傳矩矱，編課藝曰營造法原，叙住宅、祠廟、佛塔、泊岸及量木計圍諸法頗詳，足補官書之不備。又以歷年經營之建築，繪爲長卷，名補雲小築圖，徧求名宿題咏；吳縣劉傳福爲之跋；

劉傳福補雲小築圖跋　韓昌黎作圬者傳柳子厚作梓人傳執業雖微而兩賢津津樂道之誠以工居六職之一繼承先業爲不及也吾吳姚君漢亭自祖父以下世爲工師凡邑中大營造悉出其手曾將歷年建築之所繪成形式以貽子孫今特裝拓長卷徧求題咏漢書有云工用高曾之規矩其姚君之謂乎余嘉其克紹前人且以見孝思之無窮也

姚承祖補雲小築圖自記 梓匠一業亦工藝之一也而建築方法實有無窮之研究不獨工料堅固即爲盡其能事而地勢之相度構造之形式無一不須攷究務使土木各工極盡其精美變化而不失乎規矩而後已古者攷工以工藝之優劣而給廩餼之多寡是上之重視乎工藝即欲使凡爲工者交相奮勉庶工業日有進步則吾人豈可不悉心習學加意研究乎際此科學時代智識日新土木一科有非舊日之學說所能盡然既置身世工又焉能不保其固有以勉求新學乎僕嘗讀先祖燦廷公所箸梓業遺書凡恭寬信敏惠五卷又梓業論文一篇敬繹書意洵字字金玉也以先人之心思爲梓業之標準從可知作者用心良苦此書增人智識不淺實於梓業義理多所闡發再詳味論文語意直欲使後人上繼乎古人下啟乎來者亦以古人之心爲心而使高曾之規矩世守勿失也僕從事梓業年屆知非恨光陰之虛度歎成蹟之毫無每欲以繼續先人之心爲心而才力實有未逮謹勉將平生經手建築圖式幷所見原有房屋式樣彙摹圖卷留貽於後非敢之克繼先業也亦欲本祖訓以垂示後人而已

題姚承祖補雲小築卷

朱啟鈐

民國壬申秋，余因劉士能君之介，得知吳門姚君補雲所著營造法原一書，姚君舊執敎鞭於蘇州工業學校，是書其平日課本也，書中所輯住宅祠廟佛塔泊岸及量木計圍諸法，未見官書，足傳南方民間建築之眞象，數月來余躬自整比校訂一過，姚君又慮是書所圖或有遺漏，復以畫册與補雲小築繪卷見寄，並囑爲題署，余維我國南北建築之式樣，北以雄健勝，南以秀麗纖巧見長，俱如其氣俗人情，數千年來此二者互相挹注採合，其關係亦有可得而言者，姬周之世，吳越俱屬於楚，建築制度依地理氣候材料之別，如臨水基築響屧爲廊，櫐舫名軒，與中原稍異，自始皇併六國，放寫其宮室於咸陽北坂上，漢高復營新豐，倣豐沛故鄉風物，放牛馬雞犬於途，識其故居，是爲楚人習尚輸入關中之証，永嘉亂後，衣冠南渡，建築藝術亦隨之俱來，迨隋文混一海內，煬帝開邗溝，幸江陵，其大匠何稠項昇皆南人，迷樓記所言幽房曲室互相連屬，回環四合，胥南式庭園之特徵，而北宋喻皓建汴京開寶寺塔，著木經行世，皓亦南人，紹興以後，中原工藝隨國都南徙，萃於江浙一隅，遂成近世人文之盛，其時李明仲營造法式一書重刊於平江，明清以來寫本流傳，亦以江浙故家為最，故今蘇杭建築，若月梁琵琶斗等，猶如宋制，而北方轉失其傳焉，嗣洪武營南京，採木江西，大匠集於蘇之木瀆，董役諸臣，如陸祥陸賢昆仲，籍隸蘇之無錫，永樂北遷，徵南匠營北京，蒯祥以匠工躋身卿貳，與蔡信楊青等俱吳人，於是南式建築遠被幽燕，演為明清二代制度，迄今彩畫作猶有蘇畫之名，清康乾間，內庭裝修，開雕於金陵，歸楠木作雷氏承辦，雷氏亦原籍江西而遷居金陵者，故落地罩圓光罩諸稱，南北如出一轍，補雲祖父爍廷先生曾著梓業遺書五卷，惜未得寓目，而補雲題記之所稱述，承先啟後之思，實有所本，是其平生目營心計，咸出其祖若父之手法木瀆香山之遺規，其在斯乎，夫匠家祕授術語，為方言所限，素以艱澁難解見稱，但師承所自，能有紀述，便屬可珍，非若詞人作賦，儒家釋經，穿鑿附會，徒為架空之論者，故營造法原一書，雖限於蘇州一隅，所載做法，則上承北宋，下逮明清，今北平匠工習用之名辭，輾轉訛譌，不得其解者，每於此書中得其正鵠，然則窮究明清二代建築嬗蛻之故，仰助此書者正多，非僅傳蘇杭民間建築而已，因姚君索書，並著其原委於此。中華民國癸酉紫江朱啟鈐識

明代營造史料

單士元

萬曆朝重修兩宮

明神宗實錄載：「萬曆二十四年三月乙亥，是日戌刻火發坤寧宮，延及乾清宮，一時俱盡……」同年四月丁酉工部題建二宮議欵十八則：「一議徵道員，一議協濟，一議開事例，一議鑄錢，一議分工，一議楠杉大木產在川貴湖廣等處差官採辦，一議采石，一議車戶，一議燒磚，一議買杉木，一議發見錢，一議稽查夫匠，一議明職掌，一議加舖戶，一議會估，一議兵馬幷小委官賢否，一議木植，一議停別工……」。七月壬申工部侍郎徐作又條陳大工十欵：「一議水運，一議木植，一議夫匠，一議灰戶，一議預支，一議支放，一議給錢，一議巡緝，一議書役，一議久任。」皆奉旨議行，此役革新舊例甚多，惜實錄略而不詳，難窺全豹。學海類編中有兩宮鼎建記一書，爲明工部營繕司郎中賀盛瑞撰，書凡三卷。盛瑞字鳳山，河南獲嘉縣人，注兩宮之役，鳳山實董之。惟以官居郎中，提督大工者爲侍郞徐作，而以御使劉景辰監督之，皆見明旨，鳳山之名不與焉。然鳳山職居繕司，營繕乃其所守，自其所撰兩宮鼎建記觀之，蓋一實地任事之人，非領虛銜者可比。鳳山任事期於費簡工速，經營斯役，較明仁宗修建三殿省銀九十萬，嘉靖以上載入會典各例，幾盡推翻，事半功倍，如鳳山者，眞大匠也！本編節錄兩宮鼎建記數則，并參以實錄會典，酌附按語，以見當日改革情形，且資補充賀書之漏敘。

注 獲嘉縣志文藝載賀氏著述，不列兩宮鼎建記，中有冬官紀事，檢寶顏堂秘笈所刻之冬官紀事校之，知爲一書，又賀氏詳傳見本期哲匠錄補遺。

兩宮鼎建記卷上載：

（一）查得三殿川湖採木事例，總理則欽差侍郞劉公伯躍，副都御史李公憲卿，分理則添註郞中盧公孝達等二員，副使張公佑等二員，鼎建兩宮，公題採楠杉等木，止責成撫按，一官不遣。

按明仁宗實錄載修三殿時採木各員，尚有高翀、方國珍、李佑、張正和諸人，可參閱上卷木料之來源及採木官一節。

又按兩宮採木事見於神宗實錄載者，尙有下列各則：

萬曆二十四年閏八月癸未，差工部司務郞明良領銀二萬兩，往南直隸採買木植。

萬曆二十五年正月己酉，工科給事中楊應文奏以大工經營業已就緒，乞量寬楚、蜀、黔三省採辦限期，以恤民艱，不報。

萬曆二十五年正月庚戌，工部覆四川湖廣貴州採木事宜，川廣各于原派木數內，先擇運十分之六，限以六年，分作三運，川西道副使劉卿加銜久任，專督該省採運，貴州地險民貧，夙稱空乏，先採十分之三，仍限六年分作三運……

萬曆二十五年正月甲子，命鑄給督理四川採木關防。

萬曆二十五年八月乙巳時四川採木，建昌去省城三千餘里，採運人夫，歷險渡觸瘴死者，積屍遍野，御史況上進疏陳其狀，言川民各就本地採木，業有次第，而陸有盡用建昌杉木之令，此貪吏以杉木爲奇貨，假公濟私耳，請行撫按官廳就近採取，惟期堅實可用，不必拘定地方，并將官價令司道官先期給散，無假手吏胥，以資乾沒，從之。

萬曆二十五年八月乙巳，工科給事中楊應文，亦以建昌採木事論劾參政劉卿，旨下吏部。

萬曆二十五年八月乙巳，陞成都知府陳與相爲四川副使，專管採木。

（一）三殿該吏部給事中劉贊題，各省直丁地內歲加四派銀一百萬兩，特差御史林騰蛟唐自化等員，擢攢鼎建兩宮，公止取給事例銀兩，尙有羸餘分銀，不忍加派百姓。

按修建兩宮欵項之由來，除事例銀外，見諸實錄所載者，有州縣官員缺官俸銀，贓罰銀兩，蠟茶銀兩，以及臣工捐俸諸端，茲并迻錄於左；

萬曆二十四年五月壬午，命各省直府州縣官員缺官俸銀，收過商稅及無碍錢糧，查出解部，協濟大工。

萬曆二十四年五月丁丑，戶部題本部協濟大工銀兩，難於措置，舊增贓罰銀兩已蒙停止，第減銀數十年，竟無着落，官民何所裨益，乞行照舊加增解部濟工，其自山東、浙江等省司道各加銀有差。從之。

萬曆二十四年六月辛酉，命各撫按嚴覈逋欠，立期解用，以濟大工，以考成例稽查分數參劾，工部請也。

萬曆二十四年六月，戶部復浙江巡撫劉元霖題將蠟茶銀兩暫借織造，其贓罰銀兩解部協濟大工，從之。

萬曆二十四年六月壬子，大學士趙志皐等捐俸助工，上覽奏褒諭，嘉其忠愛報問，次日復諭內閣：昨覽卿等所奏捐俸助工，具見忠君體國之義。且卿等夙夜在公，殫忠竭力，匡襄佐理，足稱盡職。况俸以養廉，祿以酬功，乃國家常典，今既卿等又揭，其允所請。

萬曆二十四年七月庚寅，潞王進銀一萬兩助工，上覽王奏捐祿助工，嘉其忠愛，勅撰書復王，而自是王府捐助之請亦累至。

萬曆二十四年十一月丙申，蜀王進助工銀六千兩，命工部收，答王書。

萬曆二十四年十一月己亥，趙王進助工銀一千兩，報聞，覽王奏捐祿助工可嘉，答王書。

萬曆二十四年十一月丁未，肅王衞王各進銀一千兩助工。

萬曆二十四年十二月甲戌，崇王進助工銀一千兩。

(一)三殿採浙直鷹架平頭等木，欽差郎中吳道直李方至蘇州燒金磚，欽差郎中戴愬鼎建兩宮，公具題以銀二萬兩發江南而鷹平至，以銀二萬兩發蘇州而金磚至，以銀二萬發徐州而花斑石至，未嘗添註一官。

按仁宗實錄載郎中戴愬於嘉靖三十六年六月受查驗各處大木之命，可參閱上卷木料之來源及採木官一節。

(一)三殿大石窩採石，欽差侍郎黃光昇總理，而分理又差二主事，理刑又差一主事，鼎建兩宮，公具題止差主事郭知易，官不勞而石至。

按仁宗實錄載嘉靖三十六年有戶部侍郎張舜臣於工部提督大石。

(一)三殿中道階級大石長三丈，闊一丈，厚五尺，派順天等八府民夫二萬，造旱船拽運，派同知通判縣佐貳督率之，每里掘一井，以澆旱船資渴飲，計二十八日到京，官民之費總計銀十一萬兩有奇，鼎建兩宮大石，御史劉景晨亦有僉用五城人夫之議，公用主事郭知易議造十六輪大車，用騾一千八百頭拽運，計二十二日到京，計費銀七千兩而縮。

按神宗實錄劉景辰爲提督工程人。

(一)三殿拽運木石車騾，盡派順天等八府，鼎建兩宮，公具題造官車一百輛，召募殷實戶領車拽運，計日計騾給值，其官造車價每輛原銀一百兩，題準每年扣其運價二十兩，以五年爲率，官銀固在，一民不擾。

按會典載仁宗修三殿時，拽運木石，有僱募附近地方慣熟車戶，運載木石之例。

(二)三殿夫匠取之河南山東山西等處，鼎建兩宮，公俱給見錢召募。

按以見錢募工，工匠輪班役法已廢矣。攷明代班匠制度，自洪武二百年來皆奉行不改，不期見革於神宗修建兩宮時，雖爲一時權宜，並非久廢，而吾人於明代營造事例上則爲不可忽視之問題也。至於募匠人數，攷諸實錄會典皆不載，惟班軍助役，則尚見之實錄。

萬曆二十四年八月癸亥，勑侍郎李禎管理乾清坤寧二宮大工班軍。

萬曆二十四年閏八月壬辰，兵部題山東原借留班軍一千名，仍到京補班，著役，毋得延緩，致誤大工，并准徐撫按題，罷班軍一律起解，從之。

萬曆二十四年十二月甲子，命兵部嚴行催促班軍，以濟大工。

修建兩宮之役，實爲明代營造史上革命時期，而賀鳳山氏又爲斯役之中堅人物，其所撰記，自極實貴，惟原書所記極繁瑣，倘盡錄之，則補充考訂，必須時日，因是僅錄上卷七則，略期攷見一班，綜觀全書所記各事，損益參半，蓋凡事有利必有弊，爲事理之常，賀氏任事最大目標多側重省費，故兩宮棟梁有幫品之事，採木有減等之文，此例一開，貽後世以減料之弊，言工程者所不許也，兩宮災於萬曆二十四年三月至二十五年六月，三殿繼燬於火，則其法遺傳於修三殿，實意中事，吾人攷及明萬曆以下，或卽迄於清世，留於今日之建築物，則幫品減料與否，讀賀氏書後，未嘗不致懷疑焉，其事著於兩宮鼎建記大工附錄內，錄之於左：

(一)兩宮梁棟長九丈圍一丈三四尺，見貯楠木中繩墨者百無一二，公苦之，偶見故陽司馬家乘載楠木幫品事甚悉，公質之于內□□公洪陽，且言楠木盡壞于造船，若採非五六年不可，恐材亦□全張，言不可曰，此事孰敢任之，公乃具呈備述于堂請題，部堂如公議，疏上卽報可。

(二)覆川湖貴減楠木尺寸疏照得楠木宮殿所需，每根動費千萬兩，不中繩墨，採將安用，卽頭號不可必得，亦不得遠下二三號云云。

然尚有可爲後世法者，一則利用餘材舊材，一則用材求當，非棄公物乃爲匠者之通病，此種愛惜物力之舉，可引爲法。

(一)照得楠杉大木產在川貴湖廣等處，差官採辦，非四五年不得到京，工興在卽，用木爲急，其南京等處，或有大木，咨行火急查報，見貯灣廠神木廠者，勅內官監提督會同部官，將現在木植計算數目，先盡乾清宮坤寧宮，次配殿宮門均勻搭配，務俾足用，其斗稍裝修等項，只以頑頭標皮并截下半段等木湊用，不許混開于大木之內，以圖侵冒……

（二）照得楠木亘材稍一尖，用不可復得，合無置簿三本，用印鈐記，一發神木廠，逐日開註某日某車戶裝過某號大楠木長圍根數各若干，一本發山臺兩廠，監督官開註某日收過車戶某等，運到某號大楠木長圍根數各若干，下駐某日用匠若干截作某料長圍若干。其有木大過式一寸以上者，俱令鋸解，下聽用，不許斲砍。卽半段頑頭，亦記數收貯備用。

（三）慈寧宮石礎二十餘，公令運入工所，內監譁然言舊，公曰，石安得舊，一鑿便新，有事我自當，不爾累也。

按利用舊石爲省費項中之最大者，賀鳳山辦京察疏有「大工之費可鉅百萬，而石價居其大半」之語。

篇首所引實錄載工部題建二宮議欵十八則，及工部侍郎徐作條陳大工十則，皆見諸賀書，且營之綦詳，蓋皆賀氏之主張也。賀氏董營造事，不僅兩宮，據其記中所載陵寢府第之工，屢參其間，是其經驗亦有過人處。又記中有拒絕鑽刺請託之舉，此點實足表示賀氏作事魄力之偉大。緣鑽刺請託爲社會上傳統之陋習，縱使當局砥礪廉隅，公正無私，亦難免有投鼠忌器之戒，蓋鑽刺者所恃爲後援，厥爲權貴，至明代權貴最爲工部梗者，則爲內官監，上卷所列內府與營造一文已略言之，而鳳山竟能立志不移，屢忤內監，拒營私者於千里之外，其魄力爲何如耶。觀其兩宮鼎建記上卷末一則記曰：「兩宮初興，鑽刺請託，蟻聚蜂屯，公一概峻絕，外至於見之牘奏，如四川差內官採木，則有百戶李綸，改臨清窯于武清通州，內官監督則有指揮林朝棟，百戶張文學，採五臺山沿邊樹木，則有西河王公，俱具稟呈堂題覆，仰藉聖明，一切報罷。　惟有徽州府木商王天俊等千人，廣挾金錢，依托勢要，鑽求劄付，買木十六萬根，勿論夾帶私木不知幾千萬根，即此十六萬根木，逃稅三萬二千餘根，虧國庫五六萬兩，公深鑑前弊，極力杜絕，天俊等極力鑽求，內倚東廠，外倚政府，先揑駱金源妄奏，奉旨工部知道，幸工科給事中徐公觀瀾抄參，公得呈堂立案不行。　前商復令吳雲卿出名再奏，而買木之特旨下矣。　于時奸商人人意得氣揚，謂爲必得之物，可要挾而取之，傍觀者明知其不可，亦莫能爲公計，部堂亦竊笑曰，不看賀郎中執到底耶！　公乃呼徽商數十人跪于庭，謂之曰，爾自謂能難我耶，我如不能制爾，爾則笑我矣，今買木既奉特旨，我何敢違，然須有五事明載劄付中，今明告爾，勿謂我作暗事也，一不許指稱皇木希免各關之稅，蓋買木官給平價，即是交易，自應行抽分，各主事木到照常抽分。　一不許指稱皇木磕撞官民船隻，如違照常賠補。　一不許指稱皇木騷擾州縣派夫拽筏。　一不許指稱皇木攙越過閘。　一木到張家灣部官同科道逐根丈明，具題給價，現今不給預支。　于是各商失色，僉曰，必如此，則劄付直一副空紙，領之何用，公曰，爾欲劄，我但知奉旨給劄耳，劄中事爾安得禁我，不行開載，各商知公不可奪，又懼此事一行，後日路絕，遂皆不願領劄，向東廠倒贓矣。　于是東廠大怒，遣緝役緝公事于原籍中，而不悅者從旁煽禍，必欲置公於危地。此時公禍在不測，未幾東廠死，政府免公私擾若徼天倖然，而竟未免矣。一然鳳山事業之成功者多賴於此，其獲謫也亦以此，然不可謂事業累之也。尚有辨京察一疏，刊於兩宮鼎建記末卷，詳述歷事始末，蓋一段營造史料也，爰附著於篇。

辨京察疏

兩宮鼎建告成，勞臣功罪未著，謹據事直陳，以昭公道，以垂信史事。職聞非常之事，惟非常人爲之，常人之所駭而忌焉者也。職固非非常人也，而鼎建兩宮，不可不謂非常之事。夫非常之事，常人不能爲，而爲之者終不免，即如東事甫完，當事者無一人脫網矣。職爲皇上完北上門，完西華門，今完兩宮，自謂亦有微勞，且私心謂讞獄者尚有議功之條，秉忠者臧否是非之直。職以六年六月之俸，陞一參議，僅與循資挨俸者一例，自分可以免矣，不謂假借計典，讒搆横加。職不足惜，第恐一有非常之事，鑒職之轍，誰敢再爲皇上竭蹶盡瘁而爲之。此職終不能無言也。謹據實略陳其概，惟我皇上憐而垂聽焉。

三十五年內該監工疏有云，大工之費可鉅百萬，而石價居其半，夫鉅百萬則一千萬也，居其半則五百萬矣，乃自萬曆三十四年七月初十日開工起，至三十六年七月十五日兩宮蓋瓦通完，金磚顏料買辦就緒止，職經手發過銀兩，除浙直撿洲解銀六萬兩，神霄殿東裕庫若干板箱堅櫃約費銀四萬兩，曹天祐朱讀萬兩，實計兩宮支費僅六十三萬有奇，不及鉅百萬十分之二，且鑄錢積出銀四萬有奇，尚在六十三萬數內，職完大工衷多益寡，月費不過二萬五千兩耳。職又查嘉靖三十六年修復殿堂例，四川湖廣採木則侍郎劉伯耀，潘鑑，左副都御史李憲卿，郎中李國珍，李佑，副使張正和，盧孝達等。大石窩採石則侍郎張舜臣，主事李鍵。浙直採木則郎中李方至，吳道直，因而參罷知府宿應麟，調御史金燕，蘇州燒磚則郎中戴愬。天下催徵錢糧則御史林騰蛟，唐自化等四員。概省直丁地歲加派銀一百萬兩，則戶科給事中劉贊題準。車騾夫匠派提北直隸山東河南則歐陽必進題準。即今監工者，亦曾謂職調五城人夫拽石，職俱條陳一切罷免，一官不遺，一民不擾，自謂頗有培扶根本之圖。百戶李綸奏差內官川湖採木，西河王奏五臺山採木，指揮林朝棟、張文學各奏改臨清窯于武清縣通州，差官監燒。木商吳雲卿、駱僉源各瀆奏買臨杉等木十六萬根，約該價銀三十萬兩，即科臣劉道亨疏云，若非該司之固執，則十數萬帑金歸之烏有矣。職俱條停陳奏，仰荷皇上俯納，自謂頗有曲突徙薪之計。職萬曆二十一年，同少監僉書王國宵修景皇帝陵，即如舖戶耿應禎原估銀一萬二千餘兩，部減銀四千餘兩，止留工銀七千九百餘兩，比完，職省銀三千餘兩。灰戶沈玉等原估灰價七千餘兩，部減銀二千五百餘兩，留工銀四千五百餘兩，職省銀一千五百餘兩。並磚石等通共省銀七千餘兩，該巡視廠庫給事中張問達職奉旨紀錄。二十二年職同太監何江修獻陵，原估銀八萬餘兩，部減銀四萬餘兩，該職復議工科給事中黎口復題給事中桂口御史時口同職復估再減銀一萬兩有奇，比至工完，職仍省銀三千餘兩。大工所費七十餘萬，俱職親手開納事例銀九十三萬兩，內支給其助工銀，俱管庫科道固封候旨，不但一毫不取之民，抑且一毫不取之庫，自謂頗有生財節用之勞。此俱工科有本，工部廠庫節慎庫有冊，昭彰萬人耳目者。舍此不論，而信趣盤譚暮夜，即萬古無夷齊，何有于職也。況職七年郎官，故居不能蔽風雨，吏部主事吳口、兵部員外田口、丁酉陝西主試回到職家，至京對職嘆息。且如參職用張經等為心腹矣，不知所屬者何人之錢，所壞者何等之事，職不用自營利，而令其各專利，恐非人情。晉辦王化等委官胡覲坤係職二十一二兩年，修理景泰皇帝陵、獻陵，屯田司印信手本開發供事員役，在景泰皇陵職節省七千餘金，獻陵職節省一萬三千餘金，可以徵各役之無能為矣。夫頭張經、灰戶沈玉、沈鮮等十八戶，自壽宮開工，直至今日，四司通用止此一夫頭十八灰戶，銀錢出入，亦係各監工科道並本部冊籍可問而查也。後因大工職去任，堂官始題添灰戶八名，二十五年因內工給散見錢，而後投充夫頭者日衆，二役用之，不自職始，胡為投賄。計日計騾職用主事郭口議至良法也，今且罪職矣，此法若廢三殿宮興，召募無人，勢必復提民車，使畿輔之民，囂然震動，然後知職之識遠，而所全者大也。實收對同數之多寡，俱由監督監工，誰人受賄，劉祿等見在可問也。至于使功使過，不過借以對計日計驟耳，不然，職大工所用委官不下三四十員，胡不指摘一人，而揑去任四年餘，且屯田司開送之胡覲坤耶，吏部去官有冊可查也。臕條杉木舊會估不知造自何官，中間藏號過關，由來不知費帑藏幾千百萬兩，因職買曹天佑木，閱舊會估數過，始看出不覺大駭，隨即改正呈堂，批會工科給事中徐口、楊口，郭口御史蔣口議，僉謂職議爲妥，登簿印鈐，將來不知省帑金幾千百萬兩。即如郎中彭主事會照舊會估磨算，曹天佑木價三萬五千餘兩，內照職改正新估覆算，減冒濫銀四千餘兩，原冊見在工部廠庫可查。裁其冒濫四千兩，復索其例至三千兩，即三尺童子不信也。鋪戶方乾係工科給事中楊口親手塗抹，職與三司郎中同在，曾開一言否，楊口素秉直道，見在可問也。大工鋪戶李號因少席一領，監工責三十板，監督責二十板，一拶，李號泣曰，一席値價止三分五釐，又係自己賠買，已打五十板，一職每戶將來餟粮不下萬餘兩，全家齏粉矣，因而棄家逃走，拶留各鋪戶生心解體，行兵馬指揮楊嘉慶嚴拏二個月，方獲其叔李祿，倚恃老病，通政司四遞通狀，職悉東之高閣，通政司有號簿，工部有原狀，李號見今係名在司，孰追之逃，而謂職放之也，營繕司有冊有官，並本人見在，可查而問也。趙元係虞衡司鋪戶，與職風馬牛之不相及，即面貌職亦不識，有何事于職嫌，而寘之死，工部廠庫有冊可查也。至于窯戶孫世祥職衙門幷無姓名，且大工又不用窯戶之磚，不知因何事扣其價四百兩也，不謂青天白日之下，而有此無踪無影之誣也。然參職一事，雖若甚微，實邪正消長之大機括，恩讎報復之大關鍵，所係計典甚重，伏乞勅下吏部都察院，將職行過事蹟本冊，與見在員役，通提到官，逐一研審，如職所陳有一字之欺，所參有半字之實，並查職自作主事至郎中，曾壞朝廷一件事，要工部一文錢，即將職重治，以爲爲臣不忠不廉欺君者之戒，如係借黜幽之大典，爲酬恨之奇策，乞勅吏部開送史館，俾秉董狐之筆者，直書曰，職賀盛瑞被參，某人陷之也，職死且不朽矣。

同治重修圓明園史料

劉敦楨

一　史料整理之經過

本文範圍，以敘述同治重修圓明園為主體，附帶舉其變遷歷史與斯役有關者，供治史之參考，惟着手之初，係以樣式房雷氏為導綫。雷氏俗稱「樣式雷」，自康熙中葉以來，綰樣式房二百餘載，家藏模型圖樣多種，近歲以生計蹇促，陸續出售，以易澶飽，其一部經本社朱桂辛先生之建議，於民國十九年夏由國立北平圖書館購存，餘歸中法大學，而事前零星散佚，及被中外人士購去者為數亦復不少。年來社中編輯哲匠錄一書，貽緘雷氏，徵求事蹟，適值榆熱相繼淪陷，遷延數月，始由雷獻瑞、雷獻華昆仲出其家譜見示，朱先生因有樣式雷考之編著，囑楨整比清季工程與雷氏有關者，以資參證。愚維清代宮闕陵寢制度，大都因襲前明之舊，偶有創制，未必悉出雷氏一族之規劃，第其累世承辦之圖樣模型，及各作工程做法，為營造當時最忠實可靠之紀錄，治建築史者，苟能董理叢殘，參稽實證，足補官書之不備。且考清世苑囿，自康熙中葉首營暢春澄心二園，與熱河香山行宮，雍乾繼起，復有圓明長春萬春清漪諸園之建，（第一圖）數量之衆，爲元明以來數百年所未有，而圓明園者清諸帝燕居聽政之所，自雍正迄於咸豐，率居於是，故其規模宏闊，又爲西郊諸園之冠。雷氏自發達以降，前後六世，卜居園側海淀村，其世守之業，則圓明園楠木作與樣式房掌案二職也，洎咸豐庚申之役，英法聯軍焚掠園宮，始自海淀徙居城內，然同光二代園工之議，屢仆屢起，非止一度，思起廷昌父子，猶承辦裝修燙樣諸工，故其遺物屬於斯園者獨多，爲研究便利計，首自圓明園始。

邇來檢閱國立北平圖書館所藏雷氏文件，首見旨意檔堂諭司諭檔數册，雜記道光後修築宮苑陵寢工程，頗類日記體裁。內有重修圓明園檔册二本，載同治十二年冬至翌年秋，查勘遺址報告與進呈圖樣燙樣日期，頗稱詳盡。所擬修葺範圍，除長春園外，圓明萬春二園不下三千餘間，因疑譚延闓圓明附記『同治末曾小葺修』一語，與事實不無出入。退檢同時公私紀載，於同治重修一役，閃爍其詞，似有所避忌，獨李慈銘越縵堂日記，謂同治十三年七月十六日，恭王醇王等合疏力阻園工，至以死要停工手詔，則當時工程，決非小規模之修治，不難度知。邇來翻閱館藏雷氏圖樣，大小千餘幅，大者盈丈，小者數寸，有極潦草之初稿，有屢經粘貼改削之副本，亦有黃簽進呈之精樣，雜然並陳，惟乾隆舊圖，百不獲一，餘爲道光咸豐二代之改建圖，與同治重修

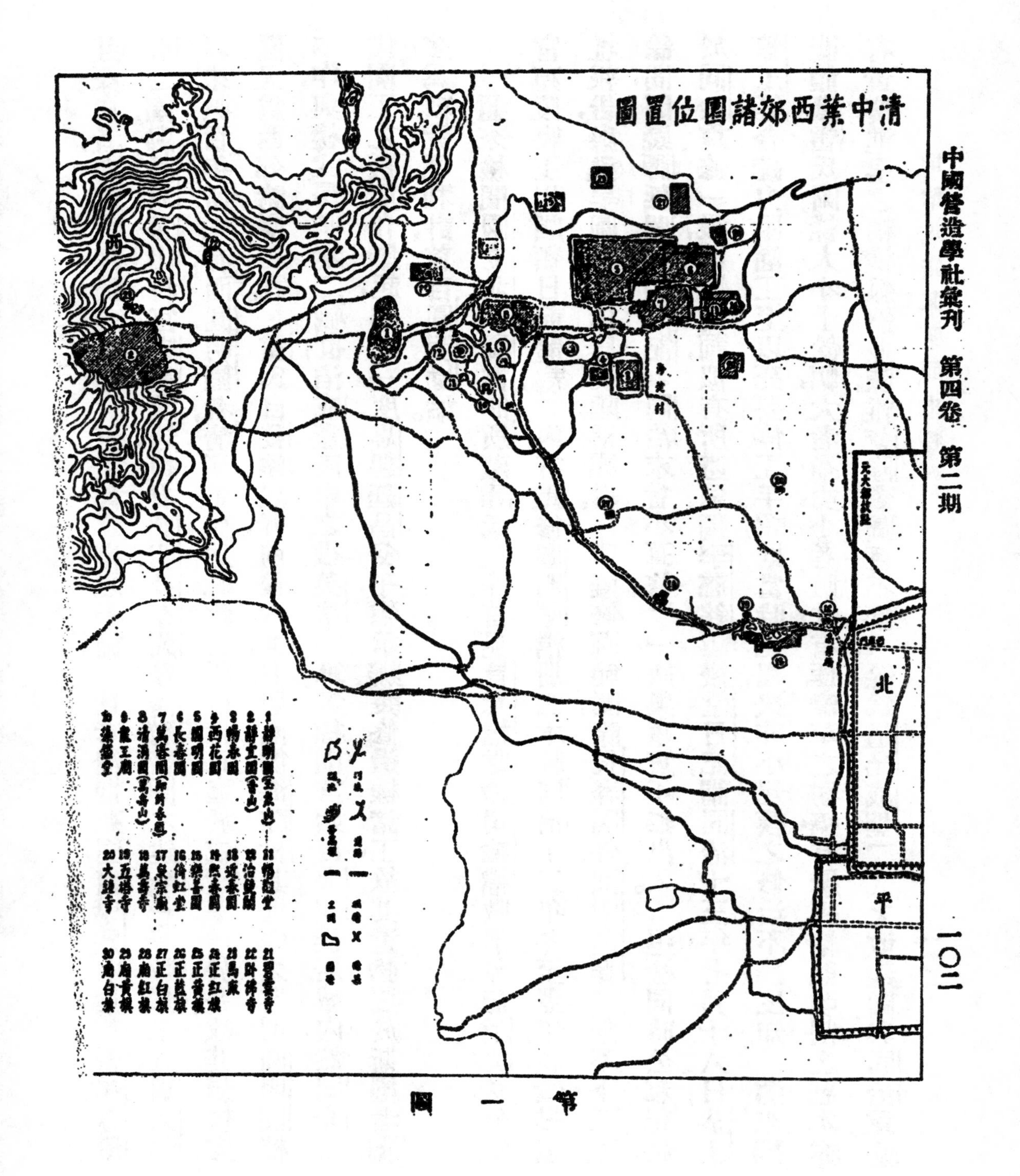
清中葉西郊諸園位置圖
北
平
1 靜明園(玉泉山)
2 靜宜園(香山)
3 暢春園
4 西花園
5 圓明園
6 長春園
7 萬春園(即綺春園)
8 清漪園(萬壽山)
9 龍王廟
12 治貝子園
13 近春園
14 熙春園
15 樂善園
16 倚虹堂
17 泉宗廟
18 萬壽寺
19 五塔寺
20 大鐘寺
21 碧雲寺
22 卧佛寺
23 馬廠
24 正紅旗
25 正黃旗
26 正藍旗
27 正白旗
28 廂紅旗
29 廂黃旗
30 廂白旗

第一圖

圖，約各居三分之一，而後者與檔册所載，一一符合。 同時館藏雷氏圓明園燙樣十餘種，雖未簽注年代，以前圖參校，知重修進呈者實逾半數以上，此外又有安佑宮萬春園工程做法，及查工册多種，益證小修之說不確。 但雷氏當時進呈之樣是否全數採用，其採用者停工時修築至何程度，仍無可考。

嗣社友單士元先生以故宮文獻館整理清內務府檔案之訊走告，不禁爲之狂喜。 緣清代興作大役，向有工部與內府之別，大內自乾清門以北各殿閣及離宮苑囿陵寢舊例屬於內務府營造司掌管，而內府所轄七司，四居宮外，三居宮內，營造司適爲宮內三司之一，此項檔案爲該司積年儲存之卷宗，毫無疑問，且清諸帝經營苑囿，清史稿東華錄等書諱而不言，甚至實錄亦鮮紀載，爲根窮事實，惟有求諸檔册中耳。 卷現貯宮內南三所，無慮數萬件，經單士元諸先生之檢索，發現重修圓明園銷算物料工價數目清册，領用舊木植瓦片石料抵除銀兩清册，監督監修銜名清册，捐修銀兩門文簿，及各木廠領款收據，與辦公費報銷摺多種，又有各座已做活計做法清册六本，係同治十三年八月停工後呈報已修工程之情狀，尤爲重要，於是工程範圍與材料工費監修人員數者，大體備具。 此外又有圓明園中路及清夏堂二處模型，俱二寸大樣，確屬當日進呈之舊物，持與北平圖書館雷氏各圖相較，竟能合若符節，不意易世以後，幾經變亂，尚獲此完整之史料，足推求斯園變遷之歷史，非始願所及也。

前項史料之整理，蒙袁守和沈兼士李麟玉汪申諸先生之贊助，予以各種便利，復承向達金勵張嘉懿單士元諸先生以重要資料見示，於拙作匡助實多，謹誌篇首，以表不忘。

二　重修前之圓明園

北平西北，羣山連亙，自太行迤邐東趨，若天然屏障，其下陂陀起伏，流泉環帶，泉之巨者曰玉泉，東南匯爲昆明湖，餘支衍曼散於近郊，春夏之間，萍藻蒲荇，交青布綠，野禽沙鳥，出沒翔泳，其間無殊江南風景。自遼聖宗開泰間，首創行宮於此，注一 金章宗繼營芙蓉殿，復建景會樓於香山，注二 遂成畿北勝區，爲騷人墨客所樂道。 朝元以降，舊日離宮雖已蕩爲煙雨，而戚畹之別業權璫之墳院，綜錯其間，注三 十里以內，紅樓飛閣與夫梵宮珠塔，參差相望。 清室入關之始，兵事倥偬，初無意於土木，順治及康熙初季，僅因明南海子之舊，略事修葺，備閱軍蒐狩之用。注四 玉泉山舊名澄心園，順治間與南苑同隸奉宸院，亦離宮之一，注五 清史稿載康熙十四年幸玉泉觀禾，嗣後遂常幸西郊。 迨三藩平定，海內乂安，康熙二十三年二十八年再度南巡，樂江南湖山之美，就海淀西丹陵沜明武清侯李偉清華園故址，命吳人葉陶，築暢春園爲避暄聽政之所，注六 惟建造年代，史無明文，私家著述，亦鮮涉及，以清史稿職官志稽之，似成於康熙三十九年前，注七 其後改澄心爲靜明，復建香山行宮，注八 與暢春鼎足而三。康熙四十年後，熙春盛暑大都駐蹕諸園，雍正以降，煬爲風尚，自新正郊禮畢，移居園宮，至冬至大祀前夕，始還大內，一歲之中除夏幸熱河，園居幾逾三分之二，蓋視大內僅爲舉行典禮之所，事畢卽行，無所留戀，自康熙至咸豐六帝崩於宮內者，止乾隆一人而已。注九 故清季苑囿之數，遠邁元明二代，皆園居之習有以致之耳。

注一　金史卷二十四地理志；中都宛平縣，遼開泰二年有玉泉山行宮。

注二　見日下舊聞卷二十二引長安客話，及日下舊聞錄引徐善冷然志。

注三　見春明夢餘錄卷六十五及日下舊聞卷二十二補遺引澤農吟藁。

注四　欽定日下舊聞考卷七十四；南苑舊衙門行宮，前明建，順治十五年重修。又清史稿聖祖本紀，康熙十一年十一月辛丑上幸南苑建行宮，

注五　淸史稿職官志，順治十三年，玉泉山與南苑並隸奉宸院，名澄心園。吳賓生玉泉山名勝錄，謂康熙十九年增建。

注六　靑浦縣志卷二十六及吳振棫養吉齋叢錄卷十八；葉陶字金城，靑浦人，有年子，世其畫學，康熙中供奉內廷，詔作暢春園圖，稱旨，奉命監造。又陳康祺郎潛紀聞初筆卷六，謂是園一樹一石，皆金城所布置。

注七　淸史稿職官志，康熙二十九年，置暢春園總管大臣。

注八　前書職官志；康熙三十年增澄心園副總領一人，三十一年，更名靜明園。香山行宮見日下舊聞考卷八十六。

注九　康熙崩於暢春園，雍正道光崩於圓明園，嘉慶咸豐崩於熱河行宮，惟乾隆於嘉慶三年冬還宮，翌歲正月初三日崩於大內養心殿。又舊例新正上元前後於圓明園西山高水長樓宴外藩設煙火陳百戲，乾隆四十二年正月迎太后觀燈於此，遘疾崩於園內長春仙館。

雍正踐祚，復有營建圓明園之舉。園在暢春北里許，掛甲屯，康熙四十八年賜爲雍邸私園，鏤月開雲等即成於康熙末葉。注十　雍正三年大禮告成，就園南建殿宇朝署值所爲侍直諸臣治事之地，又濬池引泉，闢田廬營蔬圃，增構亭榭，斯園規模遂大體略具。注十一　降及乾隆，以暢春奉太后而自居圓明，其時八方無事，物力殷闐，有清一代推爲全盛之期，園居土木之功，遂無寧歲。乾隆七年營安佑宮，九年成御製四十景詩，凡篇中所收建築無雍正題咏者，疑皆建於此數年內。注十二　又以南宋以後江南林園之勝甲於全國，倪瓚計成所經營，張南園父子所規劃，膾炙人口，過非一日，故數次南巡，流覽名園勝景，圖寫形制，仿置園中，注十三　王氏圓明園詞所謂「移天縮地在君懷」者是也。其奇峯異石不能摹效者，則輦致北來，注十四　無殊宋徽之營艮嶽，而圓明之東，復拓水磨村爲長春園，據乾隆三十五年御製詩「預修此園，備六十歸政後優游之地」，然考澹懷堂含經堂實建於乾隆十四年前，注十五　清史稿且稱十六年長春園建成，注十六　足證是園創立甚久，預修云云非由衷之論也。其後倣意大利 Baroc 建築及水戲線畫諸法，營遠瀛觀海晏堂等於長春北部，開中國園庭未有之創舉，注十七　又於圓明東南包萬春園於內，注十八　號稱

第二圖

此圖依北平圖書館金勳先生所繪者重摹惟加注地點又依樣式房雷氏舊圖增圓明園大宮門照壁餘如原圖

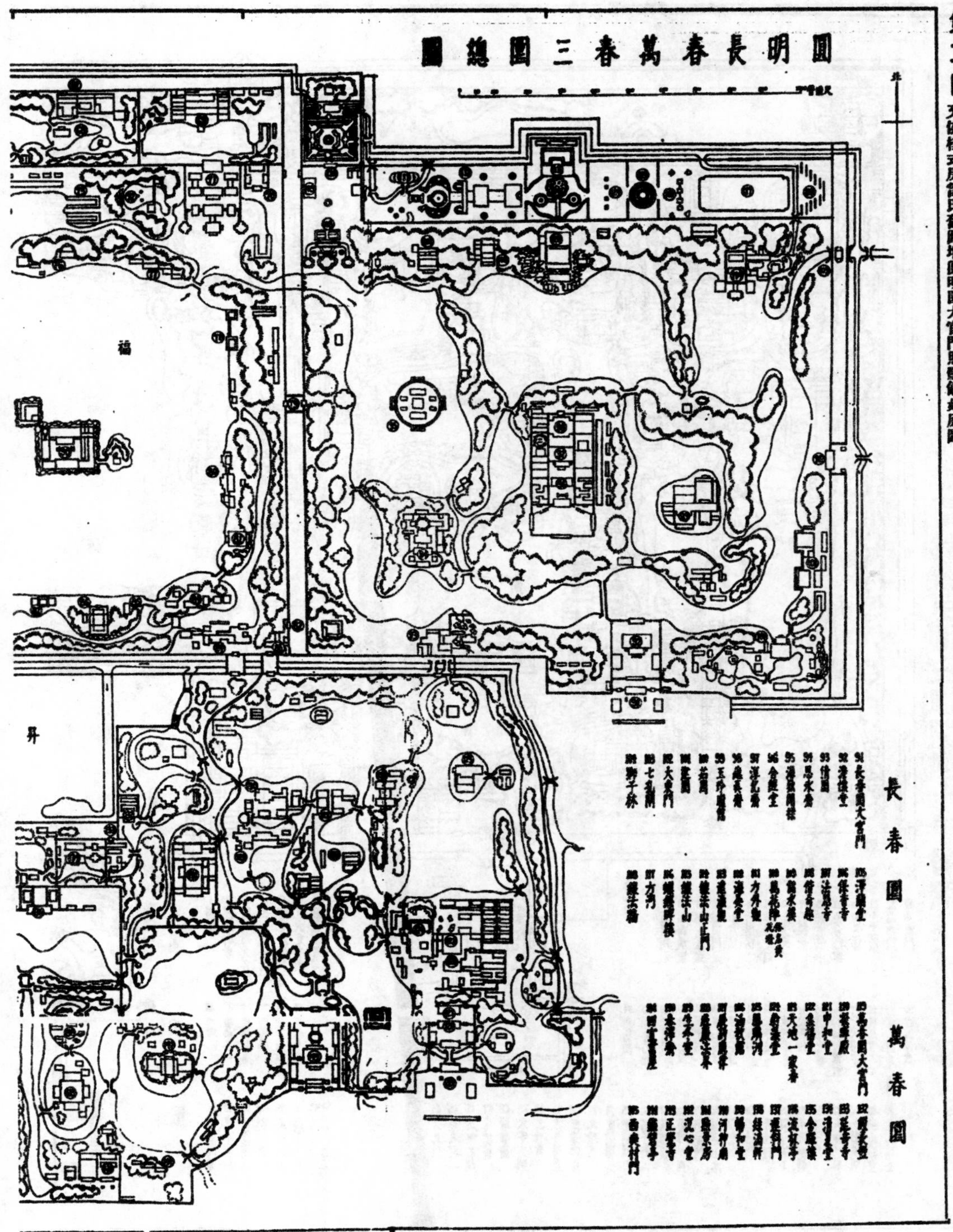

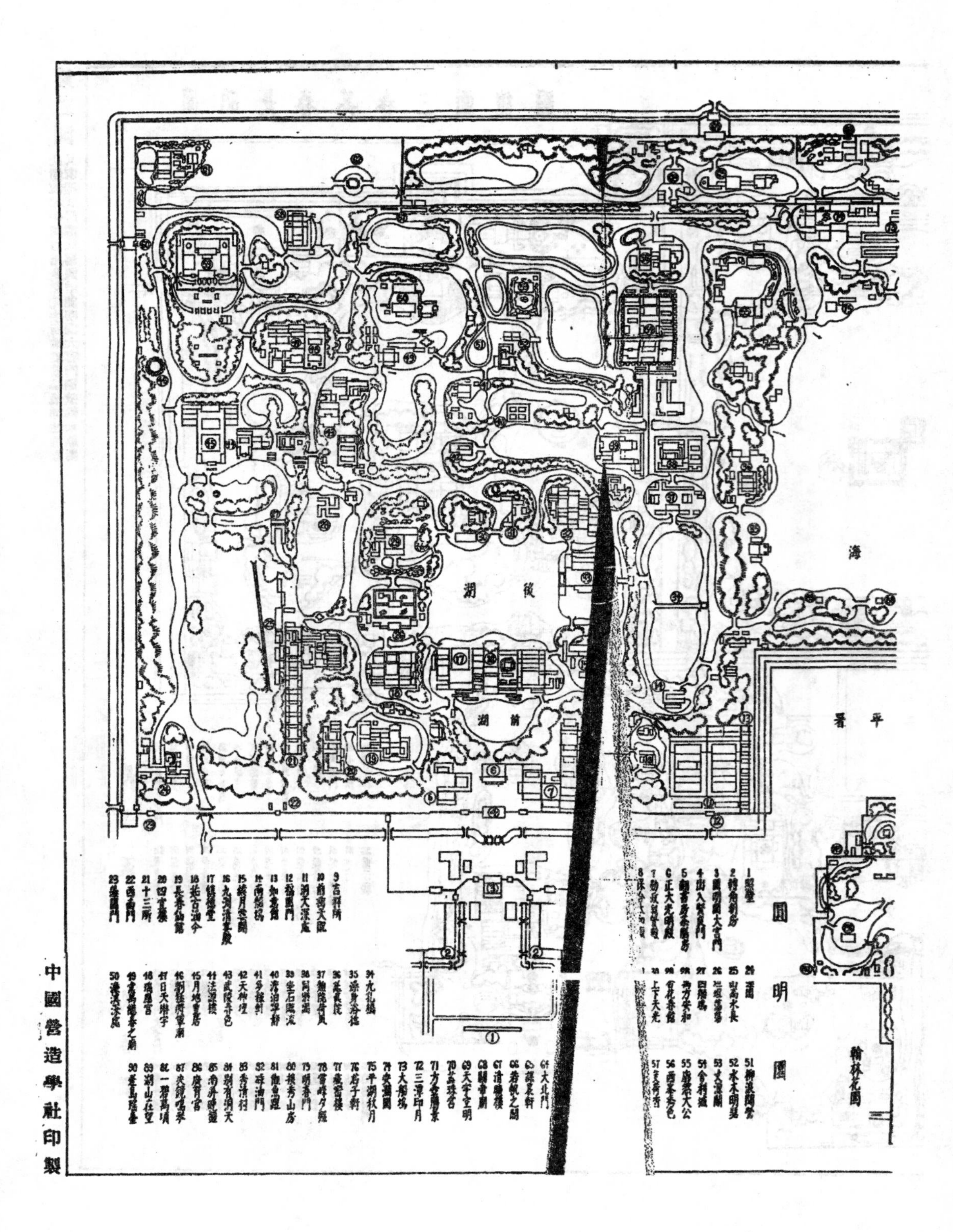

圓明園
1 照壁
2 轉角朝房
3 圓明園大宮門
4 出入賢良門
5 翻書房茶膳房
6 正大光明殿
7 勤政親賢殿
8 保合太和殿
9 吉祥所
11 洞天深處
12 福園門
13 如意館
14 南船塢
15 鏤月開雲
16 九洲清晏殿
18 茹古涵今
19 長春仙館
20 四宜書屋
21 十三所
22 西南門
23 藻園門
25 山高水長
26 坦坦蕩蕩
28 萬方安和
29 杏花春館
30 上下天光
34 九孔橋
35 澡身浴德
38 同樂園
39 坐石臨流
40 澹泊寧靜
41 多稼軒
42 天神壇
43 武陵春色
44 法源樓
45 月地雲居
46 劉猛將軍廟
47 日天琳宇
48 瑞應宮
50 濂溪樂處
51 柳浪聞鶯
52 水木明瑟
53 文源閣
54 舍衛城
55 廓然大公
56 西峰秀色
64 大北門
65 課農軒
66 若帆之閣
67 清曠樓
68 關帝廟
69 天宇空明
70 蕊珠宮
71 方壺勝境
72 三潭印月
73 大船塢
74 安瀾園
75 平湖秋月
76 君子軒
77 藏密樓
78 雷峰夕照
79 明春門
80 接秀山房
83 秀清村
84 別有洞天
85 南屏晚鐘
86 廣育宮
87 夾鏡鳴琴
88 一碧萬頃
89 湖山在望
90 蓬島瑤臺
後湖
前湖
海
中國營造學社印製

33950

中國營造學社彙刊第四卷第三四期合刊本勘誤表

文題	頁	行	誤	正
大同古建築調查報告	圖版十五		地藏殿	觀音殿
			觀音殿	地藏殿
	三	十二	四注	歇山
	十	十四	臨垣	臨壇
	十八	一	至	致
	二十一	三	程次	層次
	二十九	五	歎	縫
		十二	程次	層次
	三十三	十二	進身	進深
	三十七	二	程次	層次
	四十三	五	程次	層次
	四十六	十二	間	亦
	六十	三	高厚均等	高度略等
	六十一	六	外度	外皮
	六十三	七	蜀柱	用蜀柱
	六十八	十三	此項	此種
	六十九	十五	栱華	華栱
	八十	十五	廊廡	廊廡
	八十五	十五	四鋪作	五鋪作
	九十	十三	柱頭鋪作	補間鋪作
	九十三	九	替本	替木
		十一	懸	疊
	九十四	五	願	頓
	九十七	十	角梁	隱角梁
	一一〇	一	斜撐	叉手
	一一五	二	裏跳卷頭	裏跳在正面者見圖版叁拾山面者卷頭

33951

		四	輿柱	輿山面柱
	一一九	三	圖版拾叄	圖版叄拾
	一二一	十二	第二棒縫下	第一棒縫下
			六椽栿上	四椽栿下
	一二五	二	圖版弍拾柒	插圖一三七
	一三一	十四	勢瞬	瞬勢
	一三四	六	東朵殿	西朵殿
		七	西朵殿	東朵殿
	插圖		一七〇山門抱鼓石	一七一山門抱鼓石
	插圖一夹		西朵殿	東朵殿
	一五一	八	稆次	層次
	一五八	十五	梢間	次間梢間間
	一五九	十四	一部唐式	一部分唐式
雲岡石窟中所表現的北魏建築	一七一	十二	綿互	綿亘
	一七五	二	僅由東部	僅由中部
	一八一	一	插圖三十六	插圖四十六
	一八九	十四	上方下圖	上圖下方
	一九〇	插圖十六	四九洞	四六洞
	一九四	五	另	另
	二〇九	二	成例	成列
	二一〇	十二	沙床已見外	床沙已見外
	二一三	七	另	另
哲匠錄	二四九	十	康兩朝	康乾兩朝
同治重修圓明園史料	二七二	九	及	級
	二八七	七	收捐圓明園銀	收捐修圓明園銀
			兩門文簿	兩門文簿
	三〇〇	十六	案	案
	三〇二	十二	館	館
	三二三	十三	十八日	二十八日
	三三六	八	闕	閏

三園，第二圖 統轄於圓明園總管大臣，同時復擴靜明靜宜二園，因甕山金海之勝，築清漪園，謂之三山 注十九 清世土木之盛，當以此時爲最。

我國舊式庭園，疊石造山，矯糅過甚，往往乏自然之美，而亭榭繁密，尤背林園之旨，圓明園之結構，據雷氏諸圖所示，亦蹈繁密之弊，顧其間不無可紀者，如園中殿宇，除安佑宮舍衞城與正大光明殿外，鮮用斗栱，屋頂形狀，僅安佑宮大殿爲四注廡殿頂，其餘歇山硬山挑山，咸作捲棚式，一反宮殿建築之積習，其平面配置，亦於均衡對稱中，力求變化，有工字口字田字井字卍字偃月曲尺諸形，及三捲四捲五捲諸殿，第三圖 後者如愼德堂等，爲帝后寢宮，內部以門罩碧紗櫥屏風間壁自由分劃，不拘常套，大內建築，僅養心殿重戶曲室，略似之耳，亭之平面，有四角六角八角十字流杯方勝數種，以扒山疊落各式遊廊，與殿宇委曲相通，爲園中風景原素之一，橋梁則有圓栱瓣栱尖栱 第四圖 與木板橋多式，又或覆以廊屋，若古之閣道，其餘內部裝修與坊楔船隻，名目繁夥，不能殫舉，要皆爭妍鬬奇，竭當時智力物力所及，博一人之歡，譽之者目爲『萬園之園』，貽書海外，津津樂道，殆非全無所本者也。

注十 王先謙東華續錄乾隆一；康熙六十一年，謁聖祖於圓明園之鏤月開雲。日下舊聞考卷八十；鏤月開雲楠木殿，覆二色瓦，煥若金碧，原名牡丹臺，乾隆九年更今名。

注十一 日下舊聞考卷八十；雍正御製圓明園記：……大禮告成，百務具舉，……始命所司酌量修葺亭臺邱壑，悉

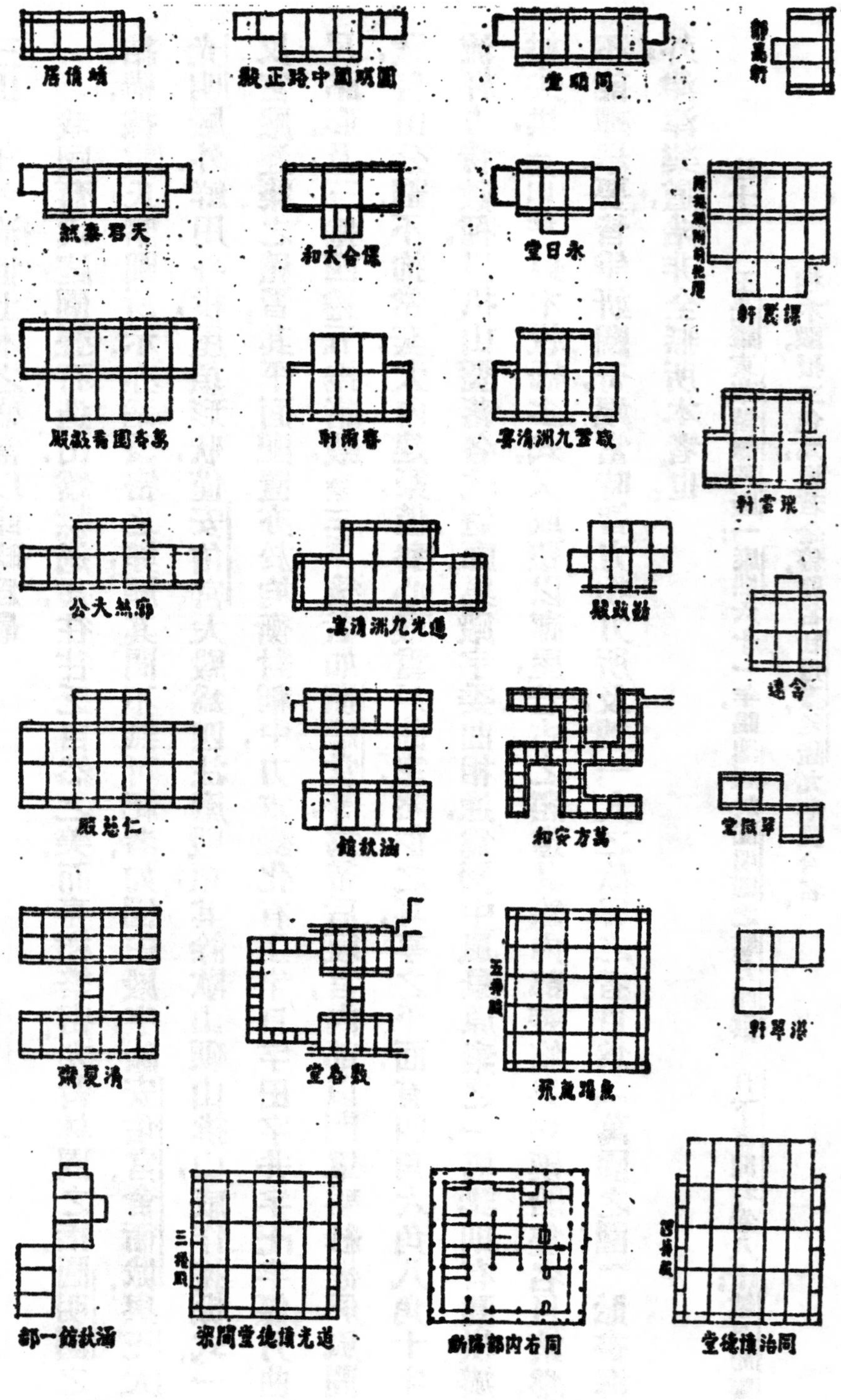

峙倚居　圓明園中路正殿　同明堂　靜嘉軒

天君泰然　保合太和　永日堂　課農軒

萬春園敷春殿　春雨軒　敬雲九洲清晏　瑞雲軒

廓然大公　道光九洲清晏　勤政殿　含遠

仁慈殿　涵秋館　萬方安和　翠微堂

清夏齋　敷春堂　五福殿　魚躍鳶飛　湛翠軒

涵秋館一部　三捲殿　道光慎德堂間架　同右內部隔斷　四捲殿　同治慎德堂

第三圖

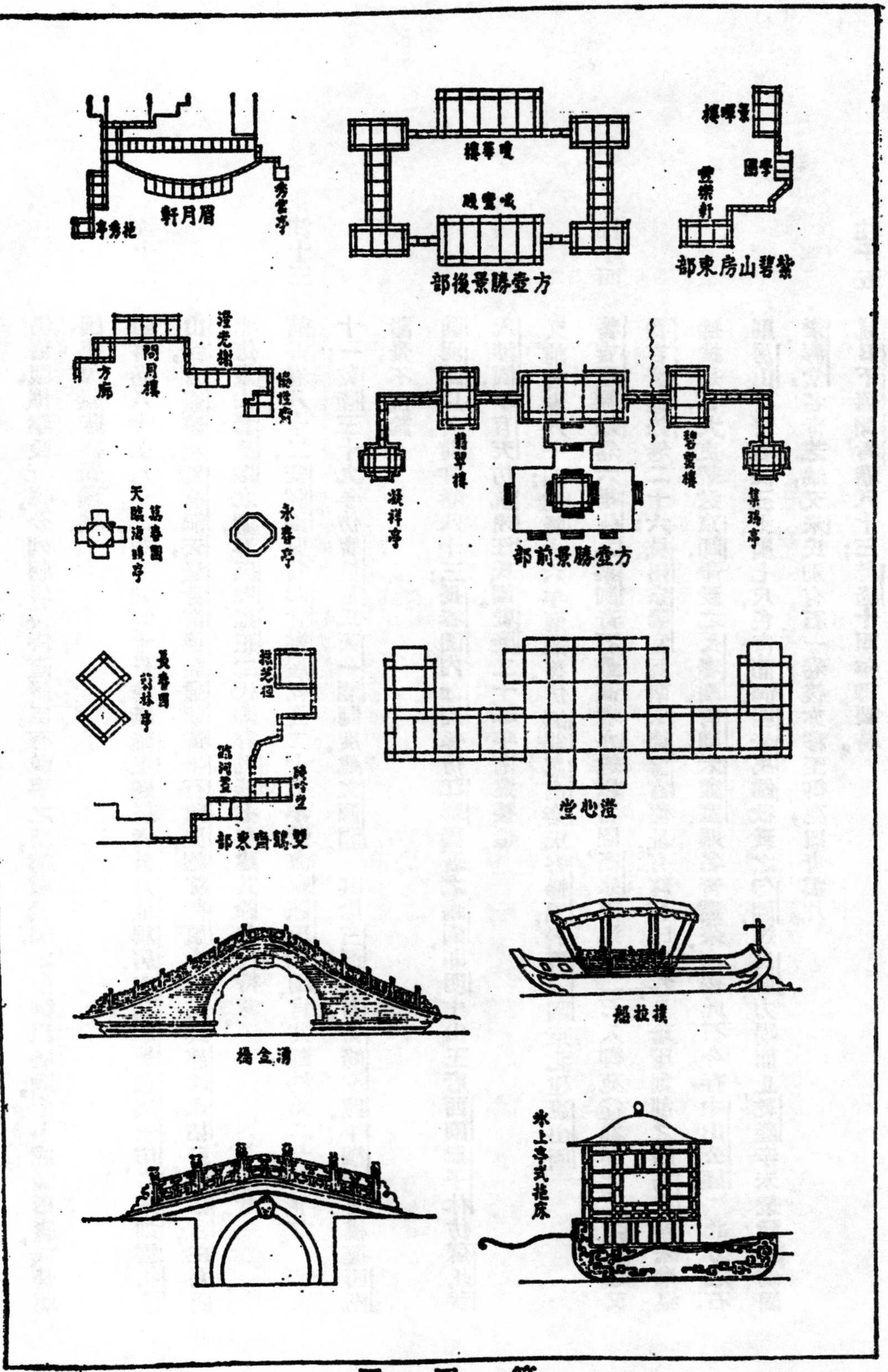

眉月軒

抱秀亭

秀容亭

噉霞樓

方壺勝景後部

學圃

紫碧山房東部

澄光榭

問月樓

方廊

萬春園天臨海鏡亭

永春亭

方壺勝景前部

凝祥亭

翡翠樓

碧雲樓

集瑞亭

雙鶴齋東部

澄心堂

樓船

清金橋

冰上亭式拖床

第四圖

仍舊觀，惟建設軒墀，分列朝署，俾侍直諸臣有視事之所，構殿於園之南，御以聽政……或闢田廬，或營蔬圃，平原膴膴，嘉穎穰穰……

注十二　前書卷八十至八十二，圓明園四十景內無雍正題署者計月地雲居，山高水長，慈鴻永佑，多稼如雲，北遠山村，方壺勝境，別有洞天，澡身浴德，涵虛朗鑑，坐石臨流，麴院荷風十一處。其慈鴻永佑即安佑宮，在園西北，仿景山壽皇殿之制，奉康熙雍正二代御容，乾隆七年建。其餘年代待考。

注十三　前書卷八十二，安瀾園原名四宜書屋，乾隆二十七年遊海寧陳氏隅園，肖其制於此，二十九年成。卷八十一，乾隆三十九年仿寧波范氏天一閣制度建文源閣。其餘三潭印月，雷峯夕照，平湖秋月，模擬西湖諸景，不俱論。

圓明園以外，前書卷八十三，長春園內如園，係仿江寧瞻園，即明中山王府西園，獅子林仿蘇州黃氏涉園，小有天仿杭州汪氏園，乾隆二十二年南巡後造。

又前書卷八十四，乾隆十六年南巡後仿無錫惠山秦氏寄暢園，於清漪園東北建惠山園。

注十四　養吉齋餘錄卷六，揚州九峯園，奇石最高者九，遂以名園。高宗南巡選二石入御苑（按御苑即圓明園）。又養吉齋叢錄卷二十六，杭州宗陽宮爲南宋德壽宮舊址，有窩石曰芙蓉，具玲瓏剜削之致。高宗辛未南巡，捫拭是石，大吏輦送京師，命致之長春園倩園太虛室，賜名青蓮朵。（按此石今存中山公園）北方之石，則房山有青石，長三丈，廣七尺，色青而潤，明米萬鍾欲致之勺園，達良鄉力竭而止。乾隆辛未，輦致清漪園樂壽堂，名青芝岫。又米氏別有石一，卷後亦移至御苑，曰青雲片。

注十五　見日下舊聞考卷八十三，乾隆十四年御製詩。

注十六　清史稿職官志乾隆十六年長春園建成置六品總領一人。

注十七　日下舊聞考未記海晏堂諸建築向達圓明園大事年表載「乾隆五十一年 L. F. Delatour 將繪長春園歐式宮殿雕爲銅版」應建於是年前。

注十八　同治前萬春園舊名綺春園創立年代不明清史稿職官志載乾隆三十七年增綺春園總領一人疑爲王公賜園增擴者。

注十九　日下舊聞考卷八十五與玉泉山名勝錄乾隆初增營靜明園十八年定園內十六景名二十二年建仁育宮五十七年各殿宇腐舊重爲修葺。

日下舊聞考卷八十六及清史稿職官志乾隆十年秋七月增建香山行宮翌年春三月成十二年改名靜宜園。

日下舊聞考卷八十四及清史稿職官志乾隆十五年改甕山爲萬壽山金海爲昆明湖建行宮明年更名清漪園十六年於園東北營惠山園置總管大臣兼領靜明靜宜二園事二十六年清漪園告成。

嘉慶中繕圓明之安瀾園舍衞城同樂園永日堂，注二十　復於北路營省耕別墅十九年構竹園，二十二年葺接秀山房其門窗裝修悉紫檀製鑲嵌珠玉珊瑚翡翠諸物造自揚州當時謂爲「一周製。」注二十一　又因莊敬和碩公主之含暉園西爽村成邸寓園與傅恒福康安父子賜園並入萬春園西路大事修葺於是此園規模益宏注二十二視長春幾無遜色。嘉慶後暢春日就傾圮道光初迎養孝和太后及諸太妃於萬春園以迎暉殿爲正殿，注二十三　十四年建大宮門並葺敷春堂，清夏齋，澄心堂諸殿，其時財用匱乏，遂撤三山陳設，罷熱河避暑與木蘭秋獮，論者美之，注二十三然圓明長春二園裝修，隨時改建，仍無虛歲，據張嘉懿先生所藏三園檔稿估單，道光間歲修一項，恒十餘萬金，新造與翻修之殿宇，若圓明園殿，奉三無私殿，九洲清宴殿，愼德堂，明春門，觀瀾堂等，猶未計及，餘如九洲清宴殿左近，爲諸帝寢宮所在，自道光十六年災後重建，注二十四 推陳出新，非復雍乾間之舊，吾輩苟以日下舊聞考等書校道光後雷氏諸圖，未嘗不驚其變遷之速矣。

注二十　見大清會典事例卷八百八十七，及北平圖書館嘉慶十七年雷氏圓明稿檔。

注廿一　養吉齋叢錄卷十八，御園多界田，嘉慶間復治田一區，曰省耕別墅，爲幾暇課農之所，又嘉慶十九年圓明園構竹園一所，兩淮鹽政承辦紫檀裝修二百餘件，有榴開百子，萬代長春，芝仙祝壽花樣，二十二年園中接秀山房落成，兩淮鹽政承辦紫檀窗欞二百餘扇，多寶架三座，高九尺二寸，地罩三座，高一丈二尺，有萬壽長春，九秋同慶，福增桂子，壽獻蘭孫花樣，俱用『周製』。『周製』者，明末揚州周姓創此法，故名，其法以金銀寶石眞珠，珊瑚，翡翠，水晶，瑪瑙，車渠，玳瑁，靑金，石綠，松石，螺鈿，象牙諸物，鏤刻山水，樓閣，人物，花木，蟲鳥於紫檀漆器之上，凡陳設器具皆可爲之。

注廿二　前書同卷，綺春園條，園西南以緣垣別界一區，名含暉園，莊敬公主釐降時，賜居於此，公主薨逝，額附索特那木多布齋以園繳進，舊又橫界一區，名西爽村，有晰暉樓，爲成邸寓園，嘉慶間成邸別賜園宅，又大學士傅恒及其子福康安賜園，沒後繳進，至是併入大事繕葺，仁宗御製綺春園三十景詩，有宣宗跋，三十景者，敷春堂，鑑德書屋，翠合軒，凌虛閣，協性齋，澄光榭，問月樓，我見室，蔚藻堂，諧芳圃，鏡綠亭，淙玉軒，舒卉軒，竹林院，夕霏榭，清夏齋，鏡虹館，春雨山房，含光樓，（即舊聯輝樓）涵清館，華滋庭，苔香室，虛明鏡，含淳堂，春澤齋，水心榭，四宜書屋，茗柯精舍，眾邈室，般若觀。按含暉園改含暉樓，西爽村在其北，俱在萬春園西，見第二圖，傅恆父子賜園在圓西南隅，翰林花園東。

注廿三　前書卷十八，餘錄卷二，及張嘉懿先生藏三圖檔稿。

注廿四　樂安和爲乾隆寢宮，見日下舊聞考卷八十，道光居慎德堂三捲殿，見陳康祺郎潛紀聞初筆卷二引丹魁堂年譜，咸豐居天地一家春及愼德堂，見雷氏旨意檔與湘綺樓日記第三冊，又慈禧太后其時稱懿妃，居同道堂，均在九洲淸宴殿左右。

道光御製詩文集卷五重修圓明園三殿記：「三殿者前曰圓明園，中曰奉三無私，後曰九洲淸宴……乃以丙申（十六年）九月二十六日戊亥之交，融風告警，鬱攸從之……爰命內府諸臣，庀材鳩工，繕完補闕，……未逾年制已復舊。」

咸豐嗣位，奉康慈太后居萬春園，一如道光故事，時東南數省糜爛，幾無完土，帝憂心焦灼，稍以文酒自娛，咸豐五年移駐圓明，並時幸三山，略復乾嘉間舊制，三園土木，若重建淸暉殿，及添設各殿裝修，礬塘炕等不絕於書。注二十五　洎咸豐十年秋，英法聯軍進逼北京，舉五世經營與百餘年之積蓄，付諸可憐一炬，讀近世史者，每憤英人殘暴，引爲奇辱，吾輩治淸代苑囿，尤悲一代鉅工化歸烏有，觀摩切磋，無所憑藉。至三園焚燬日期，東華續錄與淸史稿所載，注二十六實不無乖誤。案是年八月廿二日薄暮，聯軍抵北京，法人首入圓明園大掠，注二十七　文豐投福海死，注二十八次日英軍繼至，共刼清漪園，又次日入靜明園，注二十九 此數日內附近土匪乘機附和，與外軍焚掠海淀村，官民殉難者甚衆，注三十 廿五日聯軍撤退，諸園仍由中國接管。注三十一 據咸豐實錄及當時上諭，僅言焚燒市街，從征外人之箸述，娓娓敍園中風景，亦每與實狀暗合，知此園除刼掠外，大體完整如舊，注三十二 乃東華續錄以法軍抵園之日，卽圓明焚燬之期，殊違事實，意者續錄所據，殆實錄摺中「園內殿座焚燒數處」一語，在當時秩序凌亂，此擧容屬事實，但以三園之巨，殿宇亭榭，無慮數百，未能遽以少數建築之焚，概括全體，謂圓明等園，燬於是日。嗣英人因使人巴夏禮等被俘於通州議和一役，備嘗虐待，瘐死獄中者十有二人，爲報復計，欲撤毁諸園，其間雖經法軍反對，注三十三 卒於九月初五日晨，派密切爾（Sir Jhon Michell）所部及騎兵團赴園，據正大光明殿爲臨時發令之所，派兵四出縱火，初六日下午三時，是殿與大宮門最後亦付焚如。注三十四 同時清漪靜明靜宜三園，俱罹浩刼，證以實錄所稱瑞常摺及僧格林沁所奏，其時日適不謀而合。注三十五 故圓明園之「掠」與「焚」截然二事，未可淆混，其被焚之期，應以九月初五初六二日爲最正確也。

注廿五 見養吉齋叢錄卷十八，及鄉賢徐叔鴻先生圓明園詞序與國立北平圖書館雷氏旨意檔。

注廿六 東華續錄咸豐十年八月癸未，淀園火，清史稿文宗本紀癸未圓明園災，依陳援庵先生中西回史日曆及二十史朔閏表，癸未係八月廿二日，卽公曆一八六〇年十月六日，聯軍抵京之日。

注廿七 Henry Knollys; Incidents in China War of 1860. P.127.

注廿八　聯軍搶刼財物，見 Rennie; British Arms in China and Japan. P. 167. 216.

故宮文獻館史料旬刊第十七期，咸豐十年八月廿八日內務府大臣寳鋆摺；二十三日驚聞二十二日酉刻夷匪闖入圓明園，旋於二十五日夷匪由園退回，當即委派司員前往探聽，隨後據稟稱園內殿座焚燒數處，常嬪業經因驚溘逝，總管內務府大臣文豐投入福海殉難。

注廿九　前書咸豐十年九月初三日寳鋆摺；二十三日夷人二百餘名並土匪不計其數闖入清漪園東宮門，將各殿陳設搶掠，大件多有損傷，小件盡行搶去，並本處印信一併遺失，二十四日夷人陸續闖入靜明園宮門，將各件陳設搶掠，大件損傷，小件多經搶去，其靜宜園夷人並未前往各殿陳設照舊封鎖。

注三十　前書；清漪園員外郎泰清於廿三日全家自焚殉難。又樣式房雷氏族譜二十二日夷人到圓明園，二十三四日土匪勾串夷人在海淀等處放火搶奪，中營暢春園汎千總燕桂戰死，闔家十六口殉難。以上二事，又見中西紀事。

注卅一　Henry Knollys; Incidents in the China War 1860. P. 203. 204.

注卅二　故宮文獻館藏清文宗實錄，咸豐十年八月廿二日，夷人直犯圓庭，焚燒市街。史料旬刊第十七期軍機大臣寄慶的八月二十六日上諭；該夷突於二十二日直犯圓明園，焚燒市街，又同日寄山西巡撫英桂上諭；現在該夷直撲圓明園，焚燒市街，大肆猖獗，俱未言三園被焚。Robert Swinhoe; Narrative of the North China Campaign of 1860. P. 293—298. 叙圓明園頗詳。

注卅三　前書 P. 326—329.

注卅四　前書 P. 329—331 及 Henry Knollys; Incidents in the China War 1860. P. 204.

又見 Mghee: How we go to Peking, A Narrative of the Campaign in China of 1860. P. 288.

注卅五　按清文宗實錄於圓明園焚燬日期諱而不書，僅載咸豐十年九月丁未(十七日)批步軍統領瑞常奏「夷人復擾園庭，請一併治罪，得旨前摺已批，此次園庭被焚，中營副參遊著免其再行懲處，瑞常接印在初次被搶之後，著加恩降四級留任，文豐慶英均不必再行議處，其三山專汛都守等官著查照前批懲處」查瑞常此摺，與文豐慶英二人列名，係九月十三日遞，原文見故宮文獻館史料旬刊第十八期，摺中除自請處分外，述諸園被焚日期，有『九月初五日夷人復以大隊竄擾園庭將圓明園清漪園靜明園靜宜園內各等處焚燒』數語。又同書第十七期載咸豐十年九月初八日科爾沁親王僧格林沁摺『該夷因前獲之巴夏哩等三十餘名已死過半，是以於初五初六等日，復又分股燒燬圓明園三山等處』，與瑞常摺同，所言初五初六二日，即公歷一八六〇年十月十八十九日，以校外籍所載日期，合若符節。

圓明三園罹刼後，毀損至何程度，則因內務府查勘呈報之文件，迄未發見，無術窮其究竟。私家紀載，言刼後情形者，當推同治十年四月王壬秋先生湘綺樓日記，與徐叔鴻先生圓明園詞序為最先，其時少數宮監，猶典守園中，雙鶴齋與蓬島瑤臺，巍然存留，泉石邱林，依稀宛在，惜徐王二先生所涉，未及全園，其餘無從鈎索。注三十六　其後同治十二年冬重修此園，曾派員查勘遺址，雷氏旨意檔載是年十一月初九日，內務府大臣明善堂郎中貴寶奏對圓明園尚存十三處，計

莊嚴法界　雙鶴齋　紫碧山房　魚躍鳶飛　耕雲堂

慎修思永　思過堂　課農軒　順木天　春雨軒

杏花村　文昌閣　魁星樓

上列諸建築中，屬萬春園者僅莊嚴法界一處，餘如雙鶴齋即廓然大公，與紫碧山房，魚躍鳶飛同隸圓明園四十景內，課農軒，耕雲堂屬北遠山村，愼修思永，知過堂屬西峰秀色，與順木天，八方亭及前述雙鶴齋等，俱在園之北部，其春雨軒，杏花村，係杏花仙館之一部，位於後湖西北，屬中路，文昌閣，魁星樓地位無考。

綜上而言，此園雖經英人有組織之焚燬，卒因範圍遼闊，北部僻遠之建築，多數倖免回祿，亦可云不幸中之幸矣。惟自咸豐庚申迄於同治重修，其間歷時十有三載，風雨所摧殘，樵蘇所竊掠，注三十七　胥在上述範圍以外，而明善等所奏，亦不無挂漏，若蓬島瑤臺，林淵錦鏡，藏舟塢，及長春園之海嶽開襟，萬春園之大宮門，正覺寺，俱其明證，注三十八　此外附屬建築存者尙多，雷氏重修諸圖，每粘「現存」二字，足窺一二，注三十九　故上述各欵，猶不足盡咸豐十年焚燬後之情狀也。

注三十六　見湘綺樓日記咸豐十年四月十一日紀事，及程演生先生圓明園考，惟姻丈徐紹周先生家藏王氏篆書圓明園詞及叔鴻先生詞序墨蹟，以校程書所引謬譌無慮十數處，容當另文刊正，以傳眞相。

注三十七　雷氏旨意檔，同治十二年十二月二十日，圓明園西路十三所第七所西房二間被賊拆倒，工程中如是，平時可知。

注三十八　金勳先生幼時猶及覩海嶽開襟，庚子之役，被土匪拆毀。蓬島瑤臺見前。藏舟塢與萬春園大宮門詳本文工程材料二章。正覺寺現爲顏德慶別墅，尚完整。又故宮文獻館藏同治十三年四月二十八日圓明園咨行內務府請發修理工程銀兩文，有粘修藻園內林淵錦鏡五間殿一欵依工程習慣言，粘修係小修之一，則庚申一役，是殿亦免焚燬之厄。

注三十九 南路勤政殿圖之圓明園司房吉祥所，及中路這修圖之敬事房，均粘現存二字，餘不畢舉。

三 重修之背景

咸豐一代，外遭強敵城下之盟，內構太平天國之亂，擾攘一紀，國勢阽危，無殊累卵，卒依曾李諸人，勘平內亂，奠小康之局，然同治末夷創未復，回疆兵事方興未艾，乃於是時忽以重修圓明園聞，事之悖乎常理若是，論者每引爲怪異，但按諸事實，亦自有其背景，背景維何，曰慈禧之主持，曰內務府諸員之慫恿也。

清諸帝自康熙後，雅好園居，前已略述之矣。同治以沖齡踐祚，二后垂簾，而政權集於慈禧一人，其時髮捻未平，諸園新毀，故一反歷世相沿之習，蟄居宮中者十有餘稔，惟大內殿閣，結構謹嚴，非有喩於林園風景之美，宮中人日久厭生，夙有「紅牆綠瓦黑陰溝」之嘆，迨同治十二年春親政大婚二典，相繼告成，其翌歲，適値慈禧四十萬壽之期，遂以頤養兩宮太后爲辭，於是年八月，命內務府修治圓明園，注四十事尚未行，御史沈淮以緩修請，同治震怒，立召見責以大孝養志之義，注四十一並明諭祇修安佑宮數處，其餘無庸興築。注四十二其事自表面觀之，出自同治孝思之誠，故自恭王以次，援例捐輸，注四十三無敢稍挾異議，惟據內務府及雷氏文件，當時工事範圍，除圓明園外，復援道光來舊例，修萬春園爲太后駐蹕之地，雷氏旨意檔中屢有「奉旨機密燙樣」之語，足徵言行不掩，不無慙恧，且雷氏進呈萬春園諸圖，每仰示慈禧取決，天地一家春內簷裝修，慈禧且操筆親繪圖樣，注四十四其時興致勃發，重視斯舉，又不難想見。及翌歲七月，李光昭報效木植一案，被直督李鴻章舉發，事連內務府諸員朋比舞弊，注四十五御史陳彝、孫鳳翔先後具疏嚴劾，注四十六恭王、醇王等復合章請停園工，辭極危切，大學士文祥伏諫痛哭，至昏絕於地。注四十七同治外懾清議，內無解於慈禧，僅云「園事爲承歡太后，不敢自擅，允爲轉奏」，注四十八則園工操於太后，無異明如觀火。是月二十九日，同治召見軍機大臣、御前大臣等，責恭王「離間母子，把持政事」，褫其親王世襲，降爲郡王，以其贊助於先，反對於後，故激而出此。復詢「十年二十年後，四海平定，庫項充裕，園工可許再舉」，至欲取臣工質言以塞責，一何可笑。然其恚迫之情，固已溢於言表。注四十九是日乃有停園工、修三海之詔，以慰慈禧之不快。注五十故凌霄一士筆記，謂「園工實出西后之意，離間母子一語，帝蓋有隱痛焉」。注五十一

注四十　張嘉懿先生藏同治十二年重修圓明園內務府估算起運渣土摺，臣等於同治十二年九月二十八日，

遵旨修理安佑宮等處工程，先行出運渣土，當即督飭司員達他等，於十月初八日開工。

注四十一　郎潛紀聞初筆：沈侍御諫重修圓明園條：當園工議興，中外錯愕，臺諫中惟沈桐甫侍御淮首上書力爭，上震怒，立召見，諭以大孝養志之義，沈素吶吶，靑蒲獨對，辭於天威，但連稱興作非時，恐累聖德而已。

注四十二　東華續錄同治十二年十月初二日上諭：兩宮皇太后保佑朕躬，親裁大政十有餘年，劬勞備著，而尙無休憩遊息之所，以承慈歡，朕心實爲慊仄，是以諭令總管內務府大臣設法捐修，以備聖慈燕憩，用貲頤養，安佑宮係供奉列聖聖容之所，暨兩宮皇太后駐蹕之殿宇，並朕辦事住居之處，不得過於華靡，其餘概無庸興修。

注四十三　故宮文獻館藏清內務府收捐修圓明園銀兩門文簿：同治十二年十月初九日恭親王首捐銀二萬兩。

注四十四　北平圖書館雷氏旨意檔：同治十二年十一月初九日，雙鶴齋，愼修思永，課農軒，文昌閣，魁星樓，春雨軒，杏花村，知過堂，紫碧山房，順木天，莊嚴法界，魚躍鳶飛，耕雲堂十三處，奉旨交樣式房機密燙樣進呈。又同日召見崇綸桂清明善春佑誠明貴，又呈進萬春園改安燙樣，奉旨留中，……上請示皇太后，再爲交下。　又十九日，天地一家春四捲殿裝修樣，並各座紙片畫樣，均留中，皇太后自畫再與旨意。　同年十二月二十二日，天地一家春明間西縫碧紗櫥單扇大樣，皇太后親畫瓶式如意上梅花嬰孩落散枝，下綠環人物另畫呈覽。

注四十五　見李文忠公全書奏稿卷二十三，李光昭報效木植結訟摺及李光昭欺罔拐騙摺，全文載停工原因一章。

注四十六　東華續錄同治十三年七月十八日上諭：御史陳彝奏內務府大臣辦事欺矇，請予處分一摺，革員李光昭報效木植種種欺罔，業經降旨交李鴻章審辦總管內務府大臣於該革員先後具呈時，並不詳查駁詰，遽為陳奏，實屬辦事欺朦，咎有應得，均著交部議處以示懲戒。又同年月二十四日上諭：御史孫鳳翔奏前署內務府司員肆行欺罔，情罪尤重，請先予嚴懲一摺，據稱上年李光昭呈請報效木植及此次呈進木植，皆係現任內務府大臣貴寶署理堂郎中任內之事，貴寶朦混具稿呈堂，並與李光昭交通舞弊等語，貴寶於李光昭報效木植一案，輒敢朦混回堂入奏，致李光昭得售其姦，欺朦尤甚，貴寶著先行交部嚴加議處，並著李鴻章查明李光昭有無與貴寶交通舞弊情事，據實奏明辦理，以示懲儆。

注四十七　李慈銘越縵堂日記同治十三年八月一日又聞上將以前月二十日復開園工，十六日軍機大臣恭王，御前大臣醇王等合疏上言八事，曰停園工，戒微行，遠宦寺，絕小人，警晏朝，開言路，懲夷患，去玩好，辭極危切，俟上出，伏諫痛哭，文相國至昏絕於地。

注四十八　翁文恭日記同治十三年七月十八日，上意深納，惟園工一事未能遽止，為承太后歡故不敢自擅，允為轉奏也。

注四十九　前書同治十三年七月二十九日午初三刻，隨諸公入對，大抵詬責言官及與恭醇兩王往復辯難，且有「離間母子把持政事」之語……上曰：「待十年或二十年四海平定庫項充裕時園工可許再舉乎？」則皆曰：「如天之福，彼時自當興修。」遂定停園工。

注五十　東華續錄同治十三年七月二十九日上諭：前降旨諭令總管內務府大臣將圓明園工程擇要興修，原以備兩宮皇太后燕憩，用資頤養，而遂孝思，本年開工後，朕曾親往閱看數次，見工程浩大，非剋期所能蕆功，見在物力艱難，經費支絀，軍務未盡平定，各省時有偏災，朕仰體慈懷，甚不欲以土木之工，重勞民为所有圓明園一切工程均著即行停止，俟將來邊境乂安庫款充裕，再行興修因念三海近在宮掖，殿宇完固，量加修理，工作不至過繁，著該管大臣查勘三海地方酌度情形，將如何修葺之處奏請辦理。

注五十一　見國聞週刊第十卷第十二期。

清室蹶起遼東，鑒明閹宦擅權之失，禁寺人干政，順治入關，始設內務府，其時猶有明宮監服役宮中，未幾受內官吳良輔輩煽立十三衙門，廣結黨類，把持內外，康熙元年，誅良輔，仍復內務府官制，改惜薪司爲內工部，十六年更名營造司，注五十二　盡革前明舊制，易以滿員，其意善矣，然日久弊生，凡侵帑納賄，冒銷工料諸端，一如往日宦寺所爲，故內務府堂郎中諸缺，衆視爲脂膏窟澤，相沿積習，幾無一洗手奉公之人。　其興作大役，須會同工部修造者，每藉端要挾，擅作威福，廉正之士，不與上下其手，則謀所以去之，雖材良工巧，不以爲美，工部四司受制於內府，莫可誰何，非一日也。　注五十三　嘉慶間禁用原有估料匠役，另行遴派，並以大學士戴均元總理內府工程處，冀以漢員蕩除舊習，乃均元三督工程，均獲咎譴，注五十四　自後漢員遂無復任斯職者。　同治初，軍事未靖，庫帑空虛，顧內務府奏銷册所載，其時三海土木，歲不絕書，注五十五　誠以一日無事，若輩即絕生財之道，必百計慫恿，藉故廣興營造，遂其糜冒之私。　同治七年秋，捻匪甫平，滿御史德泰據內務府庫守貴祥所擬按戶畝鱗次收捐之法，奏請修復園庭，代濟民生，諸大臣以侈端將起，請旨切責，革德泰職，謫貴祥於黑龍江，注五十六　事雖未成，而貴祥與內府諸員急欲規復圓明等園，希圖漁利，躍然如見。且貴祥以庫守微員，竟敢妄擬條陳，德泰亦竟爲之具奏，必有操縱主持於後以探朝旨者，若德泰輩徒供犧牲利用之具耳，其事譎詭頗類說部，且爲重修斯園之導線，宜乎近人許指嚴點綴渲染成圓明園總管世家一篇焉。

注五十二　見清史稿職官志五及蕭一山清代通史上卷第三篇第十五十六兩章。

注五十三　見郎潛紀聞初筆卷六內務府積弊條。

注五十四　見大清會典事例卷八百八十七及郎潛紀聞二筆卷五漢臣總理內務府工程處條。

注五十五　內務府奏銷冊每年四冊，存故宮文獻館，自乾隆迄宣統，大體完整。

注五十六　東華續錄同治七年八月初一日上諭：前日據御史德泰奏請修理園庭，以復舊制，並稱內務府庫守貴祥有擬就章程五條，既不動用庫款，又可代濟民生，條理得宜，安置有法各等語，當諭軍機大臣將德泰代遞貴祥所擬章程呈覽，詳加披閱，荒謬離奇，實出情理之外，當此軍事未平，民生困苦流離，朝廷方欲加意撫恤，以副視民如傷之隱，乃該庫守則請於京外各地方按戶按畝按村鱗次收捐，如此擾害閭閻，尙復成何政體？前明加餉派餉，以致民怨沸騰，國事不可復問，我列祖列宗屢次引爲殷鑒，中外大小臣工，詎不深知？況御史爲言事之官，其於國計民生有礙者，正當力陳其弊，藉資補救，不意德泰所陳，竟違列聖之彝訓，反欲朝庭剝削小民，動搖根本，并以貴祥所擬章程爲可取，且於國計民生，兩有裨益，喪心病狂，莫此爲甚。德泰着即革職，庫守貴祥，以微末之員，輒敢妄有條陳，希圖漁利，着即革去庫守，發往黑龍江給披甲人爲奴，以爲莠言亂政者戒。

同治生長宮中，狎近宦豎，素惡講章性理之學，莅政以後，內務府堂郎中貴寶文錫及侍讀王慶祺等日侍左右，導以興土木修園籞，唯戲嬉游宴是務。注五十七 其時園工初起，欵料俱缺，乃有捐修之議，貴寶文錫以微職努力報輸，冀邀主知，注五十八 而各工所需木植，三山近春園拆卸者，無殊杯水車薪，不敷甚巨。適有粵人李光昭覬覦富貴，具呈內務府請報效木料，貴寶以足助園工之成，遽朦混呈堂入奏，移文兩湖四川諸省，設法解運，並派筆帖式成麟偕行。詎知光昭一窶人子，素行無賴，圖以近倖爲護符，游川楚產木之區，勒索肥己，初無久儲待運之料，以濟巨工，而成麟則欲藉以補缺，注五十九 其朋比爲奸，洵如李文田所云「內務府諸臣熒惑聖聽，朘削窮民，爲自利之計」者也。注六十 時戶部侍郎桂清兼筦內務府，好直言，力爭園工，首斥去，注六十一 翌歲六月，貴寶卒膺內務府大臣之命，注六十二 嗣雖以李案去職，不旋踵開復原官，與文錫同督三海工程，注六十三 終同治之世，寵遇未衰。當園工未罷時，恭王等奏請「遠宦寺，絕小人」，即指若輩言，其後御史李宏謨復指劾貴寶文錫爲小人，請召還桂清，注六十四 故園事雖主於慈禧，而慫恿煽惑者，貴寶諸人也。

注五十七 越縵堂日記同治十三年十二月初五日；弘德殿諸師傅，皆帖括學究，惟知勤錄講章性理腐末之談，以爲啟沃，故上心厭之，不喜讀書，狎近宦豎，遂爭導以嬉戲遊宴，莅政以後，內務府郎中貴寶文錫與宦官日侍上，勸上興土木，修園籞。

注五十八　故宮文獻館藏清內務府收捐修圓明園銀兩門文簿同治十二年十月二十一日貴寶捐銀五千兩，十二月初一日文錫捐銀一萬伍千兩。

注五十九　李光昭報效木植一案辯停工原因一章。

注六十　越縵堂日記同治十七年七月三十日；若農師六月初七日所上請停止園工封事約三千餘言，後言「此皆內務府諸臣及左右宵人，熒惑聖聰，導皇上以朘削窮民，為其自利之計」。

注六十一　東華續錄同治十二年十一月十三日，調桂清為盛京工部侍郎。　斥放原因見翁文恭日記光緒元年二月十六日，訪暱桂蓮舫，（即桂清）相為流涕，蓮舫以爭園工外轉，今以叩謁梓宮來京留補工部侍郎，允矣為君子人矣。　又見越縵堂日記同治十三年十二月初五二十六等日紀事。

注六十二　雷氏堂諭司諭檔同治十三年六月十一日貴寶授總管內務府大臣。

注六十三　越縵堂日記同治十三年八月二十八日邸抄總管內務府大臣前署堂郎中貴寶，於革員李光昭報效木植時，朦混回堂入奏咎無可辭著照部議即行革職。　十月十六日邸抄以內務府堂郎中文錫為總管內務府大臣。　按文錫曾以營私浮冒，於二年前被御史張景清參劾革職見同書同治十一年五月廿五日紀事。

又翁文恭日記同治十三年十月初十日特旨復貴寶官職，同辦三海工程，賜文錫頭品頂戴，同辦工程。

注六十四　越縵堂日記；同治十三年十二月二十六日；今日所共稱為君子者則有盛京工部侍郎桂清，今日共稱為小人者，莫如總管內務府大臣文錫貴寶，請召還桂清，嚴懲文錫等。

四　工程

圓明園自同治十二年八月，諭令內務府興修後，首定修築範圍，由樣式房銷算房進呈圖樣燙樣，估計工料，同時拆除殘毀牆垣，清運渣土，於是年十二月提前供樑，翌歲次第興築，至七月末停工止。大宮門等處，祇餘寬瓦一事，惟天地一家春，正大光明殿，安佑宮等處較大建築，以木植缺乏進行稍緩耳。　茲依工作順序，逐類分述如次。

(甲)修理範圍。

此次修理計劃，據張嘉懿先生所藏內務府採辦木料奏底，當時擬修殿宇共計三千餘間；屬於圓明園者為南部大宮門，出入賢良門，正大光明殿，勤政殿，及附近朝房值所，供朝覲治事之用；次為九洲清宴殿，愼德堂一帶，為歷代帝后寢宮，卽俗稱圓明園中路者，其餘殿宇亭榭，若安佑宮，藻園，上下天光，萬方安和，武陵春色，杏花春館，同樂園，舍衛城，雙鶴齋，西峰秀色，紫碧山房，北遠山村等，或酌量修理，或止清除渣土，俱屬於圓明園中路北路，卽福海以西及迤北一帶，其福海附近，僅治明春門一處，餘未修造。　屬於萬春園者有大宮門，天地一家春，蔚藻堂，清夏堂數處，備慈安慈禧二太后之臨幸，而兩園道路，橋梁，船隻，河道，泊岸，碼頭，園牆，門樓等附屬工程，亦同時擇要興修。　本文除上述重修事項外，道光後迭經翻造之建築，如圓

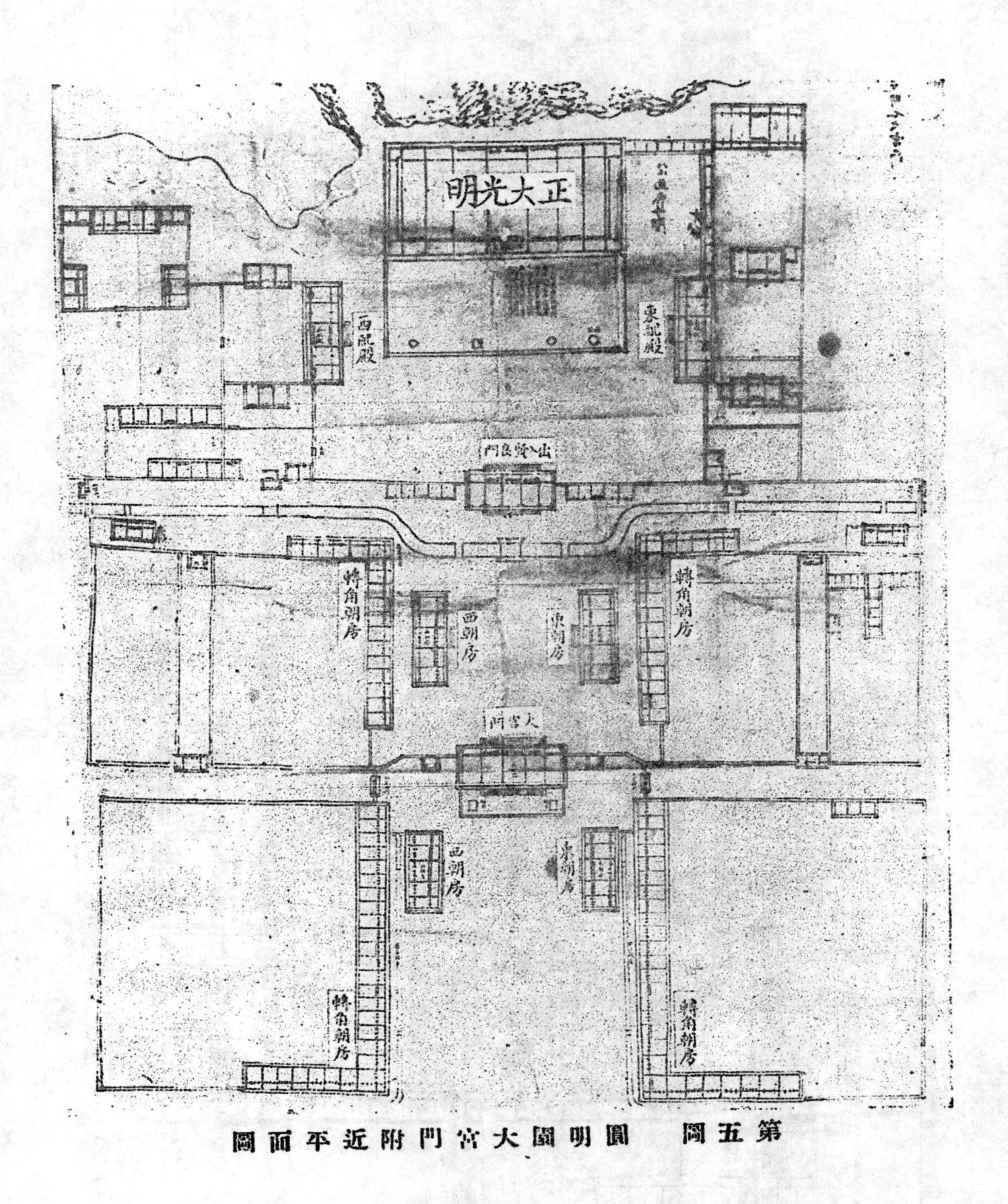

第五圖　圓明園大宮門附近平面圖

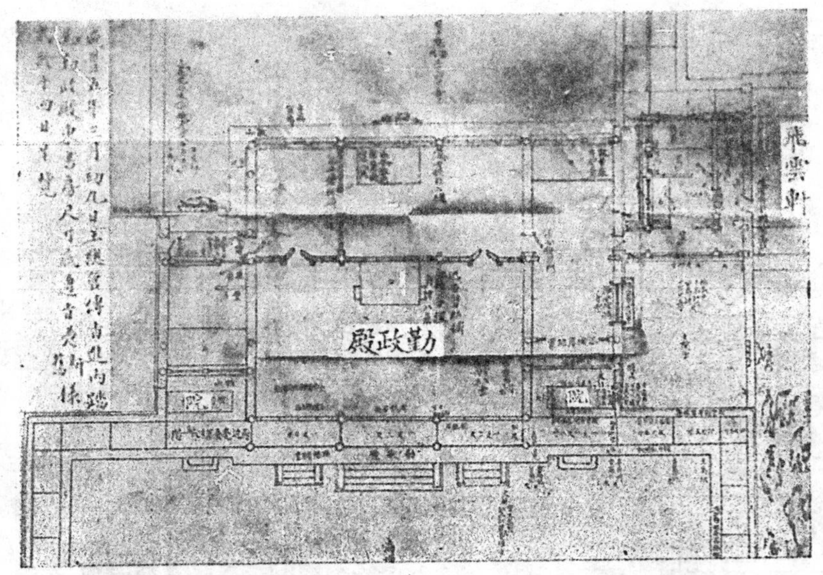

第六圖　勤政殿平面圖

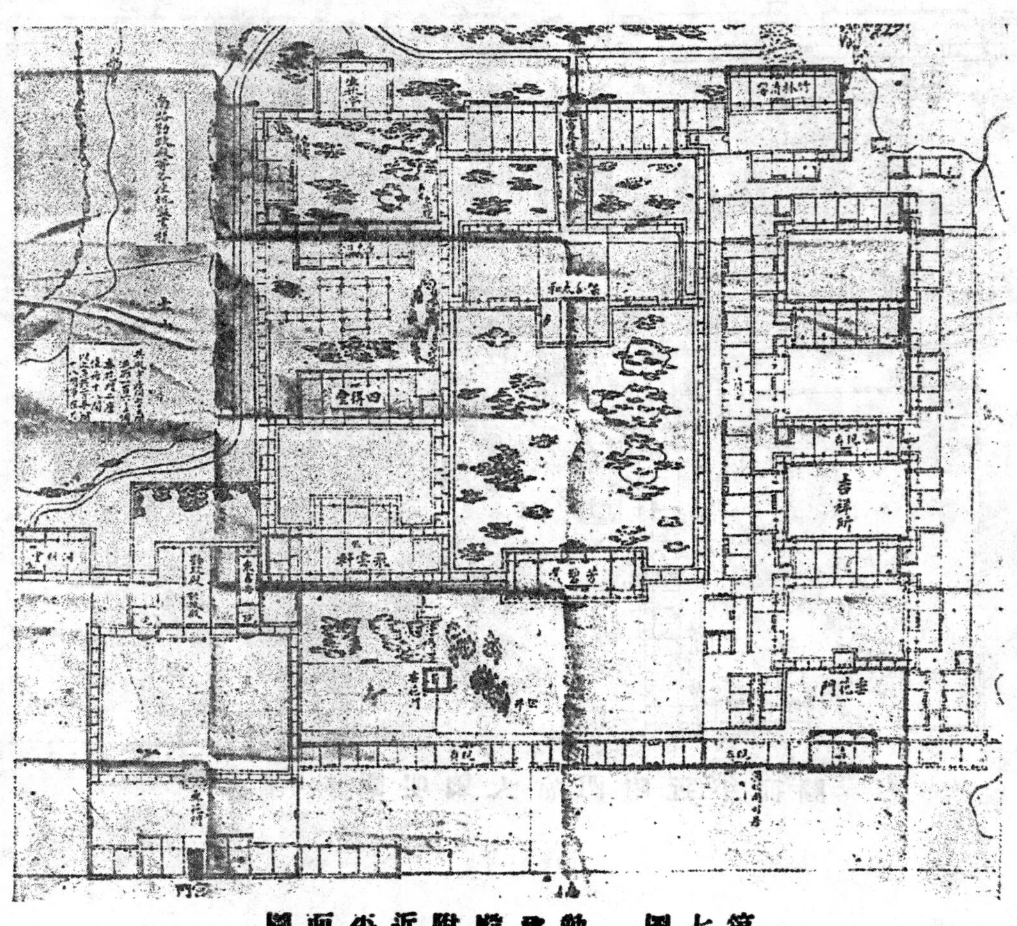

第七圖　勤政殿附近平面圖

明園中路與萬春園之敷春堂及改建年代不明之勤政殿武陵春色等並依雷氏諸圖附帶舉其變遷經過，供留心斯園歷史者之參考焉。

(二)圓明園大宮門　大宮門在扇面湖之北，第五圖南向，前有廣場，其南建影壁，繚以牆垣，闢東西二門。宮門面闊五間，捲棚歇山頂，前設月台，陛三出，左右看牆闢旁門各一。門前東西朝房分立兩側各五間，復有轉角朝房若曲尺狀，位於東西朝房後各二十七間，東為宗人府，內閣，吏部，禮部，兵部，都察院，理藩院，翰林院，詹事府，國子監，鑾儀衛，東四旗各值房，西為戶部，刑部，工部，欽天監，內務府，光祿寺，通政司，大理寺，鴻臚寺，太常寺，太僕寺，御書處，上駟院，武備院，西四旗各值房。據內務府各座已做活計做法清冊，此次清運轉角朝房渣土共計七十間，視第五圖所載約增三分之一，未諳何時所擴充。又重修紀錄言庫房三十間，清刨渣土，疑係日下舊聞考東夾道內之銀庫，惟雷氏圖內未載，確否待證。大宮門附近，截至停工止所修工程，依前項內務府已做活計做法清冊摘錄如次；

大宮門一座五間，補蓋內明間面闊一丈五尺，四次稍間面闊各一丈二尺，前進身二丈，後鑽金廊深八尺，通進身二丈八尺，簷柱高一丈三尺，徑一尺二寸，八檩捲棚歇山頂，大木已齊。台基面闊六丈七尺四寸，進身三丈五尺四寸，明高二尺四寸，除踏跺御道石外，餘已齊。排山搏脊等一部宽齊。

左右門罩二座，揭宽已做背底。

東朝房台基一座拆修清運渣土。

西朝房一座五間，東西轉角朝房二座，每座三十五間，轉角朝房後，東西大庫房三層計三十間，俱拆去牆垣，起刨清理渣土。　兩山看牆湊長十二丈四尺，隨門口二座粘修。

前後拆去海墁甬路湊長五十四丈九尺四寸。

(二)出入賢良門　出入賢良門俗稱二宮門，在大宮門北，御溝繞前若偃月形，列石橋三（第五圖），略似大內太和門而規制稍小。　門東西面闊五間，前後陛三出，兩山順山朝房各五間，其東西復設門罩各一，供臣工出入。　御溝前有東西內朝房各五間，轉角朝房各十九間，（舊圖作十八間，稍異，）為各部院入值之所。　據日下舊聞考西轉角朝房西南有茶膳房翻譯房等，第五圖略而未載，大體位置見第二圖。　其重修範圍，據前項內務府清冊，擇要條舉如次；

出入賢良門一座五間，補蓋；內明間面闊一丈二尺，四次盡間各面闊一丈一尺，前進身一丈六尺，後鑽金廊深七尺，通進深二丈三尺，檐柱高一丈二尺，徑一尺一寸，南北八檩捲棚歇山頂，大木齊。　台基面闊六丈一尺六寸，進深二丈八尺六寸，高二尺一寸五分，僅踏跺未安。　屋頂頭停齊，未調脊宽瓦。

兩山順山朝房二座十間，補蓋；各面闊一丈，進身一丈二尺，檐柱高九尺，徑七寸，五檩外捲棚挑山頂，脊瓦一部齊。

左右門罩二座，清理台基，運出渣土。

東西內朝房二座十間，補蓋；每間面闊一丈，進深一丈四尺，檐柱高一丈八尺，徑八寸，八檩捲棚挑山頂，大木齊。　柱頂石，檻牆，山牆，及排山勾滴等齊。

轉角朝房二座每座十九間補蓋內十八間各面闊九尺五寸，一間見方一丈進深一丈者十二間，廊深三尺餘七間進深七尺廊深三尺簷柱高八尺徑七寸捲棚硬山頂大木已齊。

繙書房南北通長六丈東西九尺，茶膳房五局共房間一百四十三間，起刨清理渣土拆去牆垣。

膳房補砌大牆二段湊長八丈

添修値宿更房十九間。

（三）正大光明殿　殿在出入賢良門內，爲圓明園之正衙，新正曲宴親藩，小宴廷臣及常年壽誕，受賀於此，又上元筵宴於此，觀慶隆舞，狀八旗士馬射獵破陣，列伶工奏樂，具載會典。殿東西七間單檐歇山捲棚頂，其結構尺寸據第五圖所示與社藏同治重修正大光明殿勤政殿等座做法所載者稍異，疑前者爲庚申焚燬前之圖，重修尺寸依做法節抄如次：

正大光明殿東西面闊七間內明間面闊一丈六尺五寸（第五圖作一丈六尺三寸）二次間各面闊一丈五尺五寸，（第五圖作一丈五尺二寸）四再次盡間各面闊一丈三尺五寸，（第五圖作一丈三尺八寸）進深三丈九尺，（第五圖作三丈八尺）週圍外廊各深六尺，檐柱高一丈五尺，（第五圖作一丈六尺）徑一尺五寸，檐端單翹重昂，斗口二寸五分，上覆十檁捲棚歇山頂。前月台面闊十二丈二尺五寸進深四丈六尺七寸高三尺八寸，台上石座四，各高二尺六寸徑三尺二寸。

又東西配殿各五間位於台兩側稍前，明間面闊一丈一尺，四次盡間各面闊一丈，進深六尺，前後廊各深四尺，檐柱高一丈五尺，徑九寸，八檁捲棚歇山頂。

此殿工程情形，據雷氏旨意檔『同治十二年十二月十六日辰二刻供樑，派總管內務府大臣明善至正大光明殿行禮』及內務府文件內有此殿承造商人永德廠盡煜支領採辦木石各料之收據，則當時已在興工之列，惟各座已做活計做法清冊，僅言停工後保護樑架，未及其他，疑當時木植缺乏，諸大殿自供樑後，無術進行，前冊所云『復繩緊標添拴壓風繩』係指保護供樑之架而言，非全殿架構也。

(四)勤政殿　正大光明殿東有洞明堂五間，舊爲秋審勾到地點，若大內之懋勤殿，其東勤政親賢簡稱勤政殿，乾隆時日於此披省章奏，召對臣工，與宮內養心殿同，即古日朝之制也。殿東爲飛雲軒，其北四得堂，再北秀木佳蔭及生秋亭。飛雲軒之東爲芳碧叢，其地多竹，盛暑時自勤政殿移此辦事傳膳。北爲保合太和殿，再北富春樓，東北竹林清響。自芳碧叢以東爲十八間庫，庫東曰吉祥所，第七圖　係妃嬪皇子厝柩地點，勤政殿一區至此爲止。第六圖所示咸豐時勤政殿圖與第七圖完全一致，後者且有簽注『現存』二字者三處，疑爲同治重修時查勘遺址後進呈者，惟飛雲軒之東已無靜鑑閣，懷清芬亦不諳何時易名四得堂，但大體規模猶符日下舊聞考所述乾隆舊狀也。又勤政殿舊係五楹，此圖割東梢間之前半爲小院，西梢間則前後截縮幾半，未知何時所改建，其後同治重修，雖復五楹之制，乃又增前抱厦三間，後抱厦五間，第八圖　益非原狀，惜重修圖百尋未獲，殊爲憾恨。當時擬修

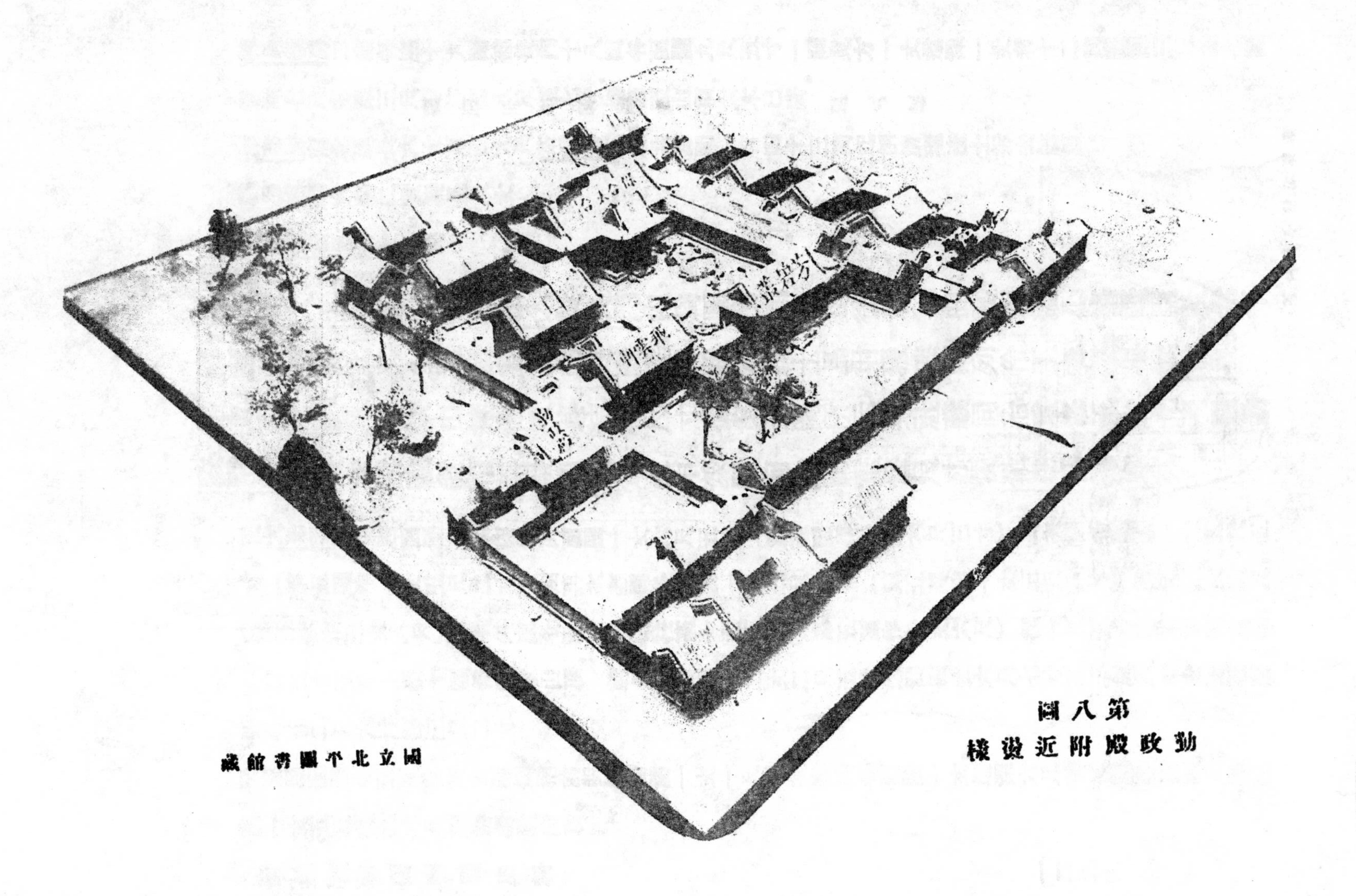

第八圖
勤政殿附近設樣

國立北平圖書館藏

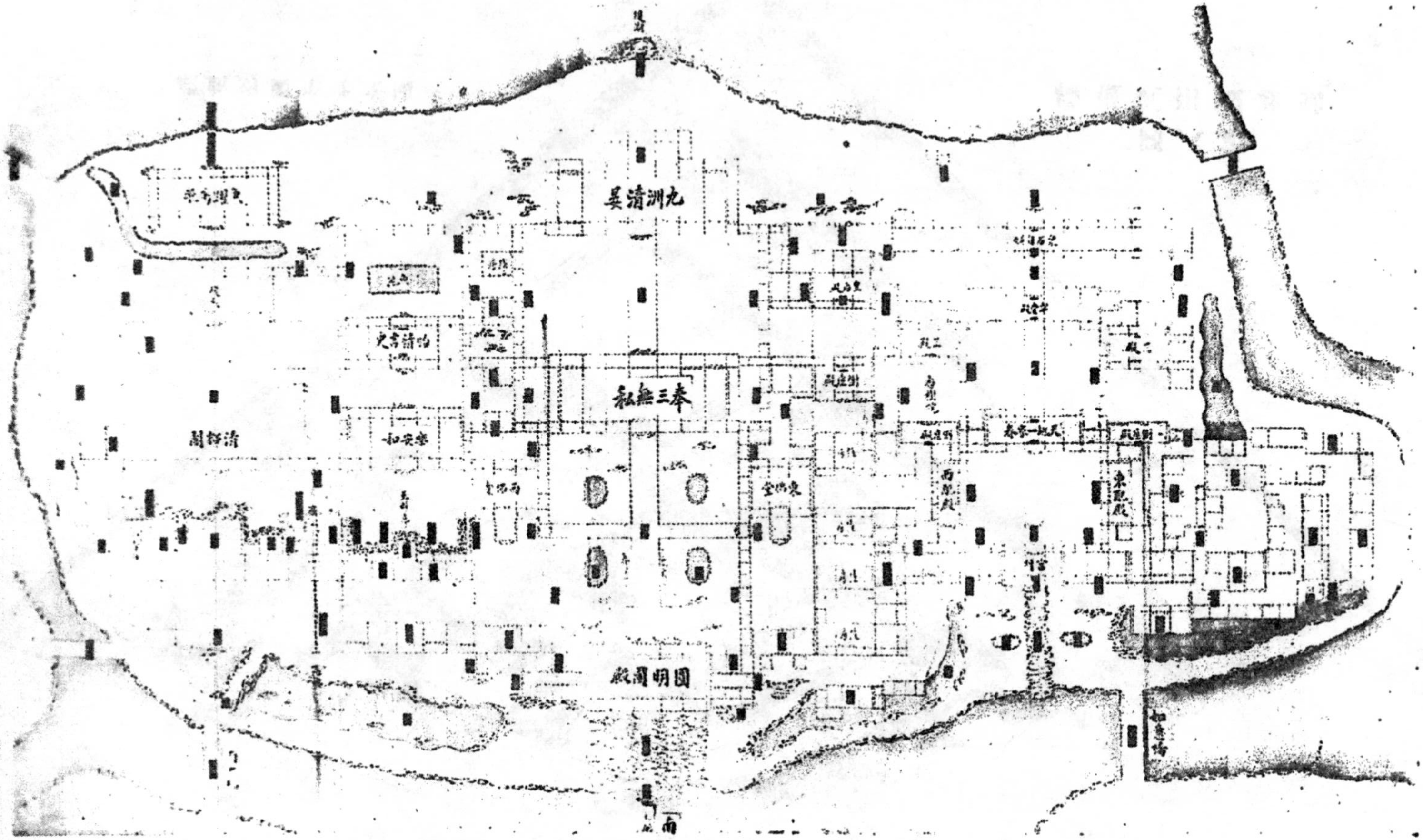

第九圖　九洲清宴附近平面圖

範圍，據社藏重修做法所載，包括竹林清響於內，頗為遼闊，但內務府各座已做活計做法清冊，僅舉洞明堂勤政殿二建築及附屬遊廊値房，餘未興工，其節略如次：

洞明堂台基一座五間，通面闊五丈四尺四寸，進深二丈九尺三寸，高一尺三寸，拆修。

垂花門南面南房（按即宮門）一座五間，兩山硬山房二座，每座二間，粘修竣。

前垂花門台基一座拆修。

勤政殿一座五間，內明間面闊一丈三尺四寸，次梢間各面闊一丈二尺，進深一丈一尺五寸，前後廊各深四尺。前抱厦三間，進深七尺，後抱厦四間，進深一丈二尺，檐柱俱高一丈二尺二寸，徑一尺。正座六檁挑山，前後抱厦各四檁，借一檁，前抱厦歇山，後抱厦西歇山，東挑山，大木齊。 台基僅踏跺未安。

兩山轉角遊廊四十四間，台基二座，拆修。

院內兩邊海墁長六丈九尺六寸，中央甬路長五丈七尺四寸，拆去。

後檐遊廊三丈台基一座，拆修。

左門內東偏厦値房一座二間，拆蓋，西轉角房一座三間，拆蓋大部齊。

院牆湊長二丈八尺五寸，拆修齊。

東搖子門外南値房一座三間，補蓋，前甬路長一丈五尺，拆修齊。

東遊廊東北値房一座三間，夾攏灰棚五間，粘修齊。

宇牆搖牆湊長四丈六寸，隨門口一座補修齊。

司房宮門東山值房一座五間偏厦二間揭瓦，後檐房一間拆修，大部齊。

東院西房一座三間揭瓦，灰棚一間拆修齊，攢牆影壁淩長二丈二尺七寸粘修，包山牆長二丈三尺三寸拆修，抹修山脚長一丈五尺已齊。

奏事處南北值房台基三座拆修。

添修值宿更房九間。

（五）圓明園中路　正大光明殿後，有湖曰前湖，湖正北為圓明園中路，中央南向者曰圓明園殿，後為奉三無私，楠木殿再後九洲清宴殿，其東后妃所居最著者曰天地一家春，西為樂安和，乾隆寢宮也，又西清暉閣，（第九圖）北壁懸圓明園圖，乾隆二年，畫院郎世寧、唐岱、孫祐、沈源、張萬邦、丁觀鵬等所繪，閣前有露香齋，左為茹古堂、松雲樓，右為涵德書屋，凡此所述，悉依日下舊聞考所述乾隆時狀況也。第九圖所示，已無露香齋、茹古堂、松雲樓、涵德書屋等名，圖中所載，未見舊聞考者，亦有泉石自娛、怡情書史、魚躍鳶飛數處，惟奉三無私之西，尚無慎德堂，猶存昔日規模，疑此幅繪

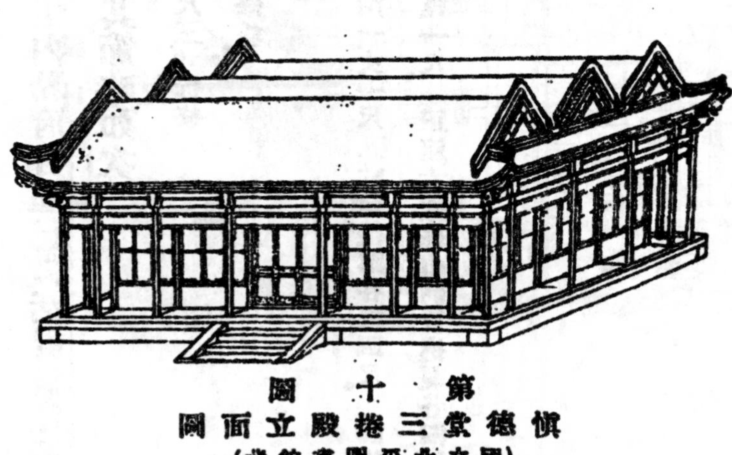

第十圖
慎德堂三捲殿立面圖
（國立北平圖書館藏）

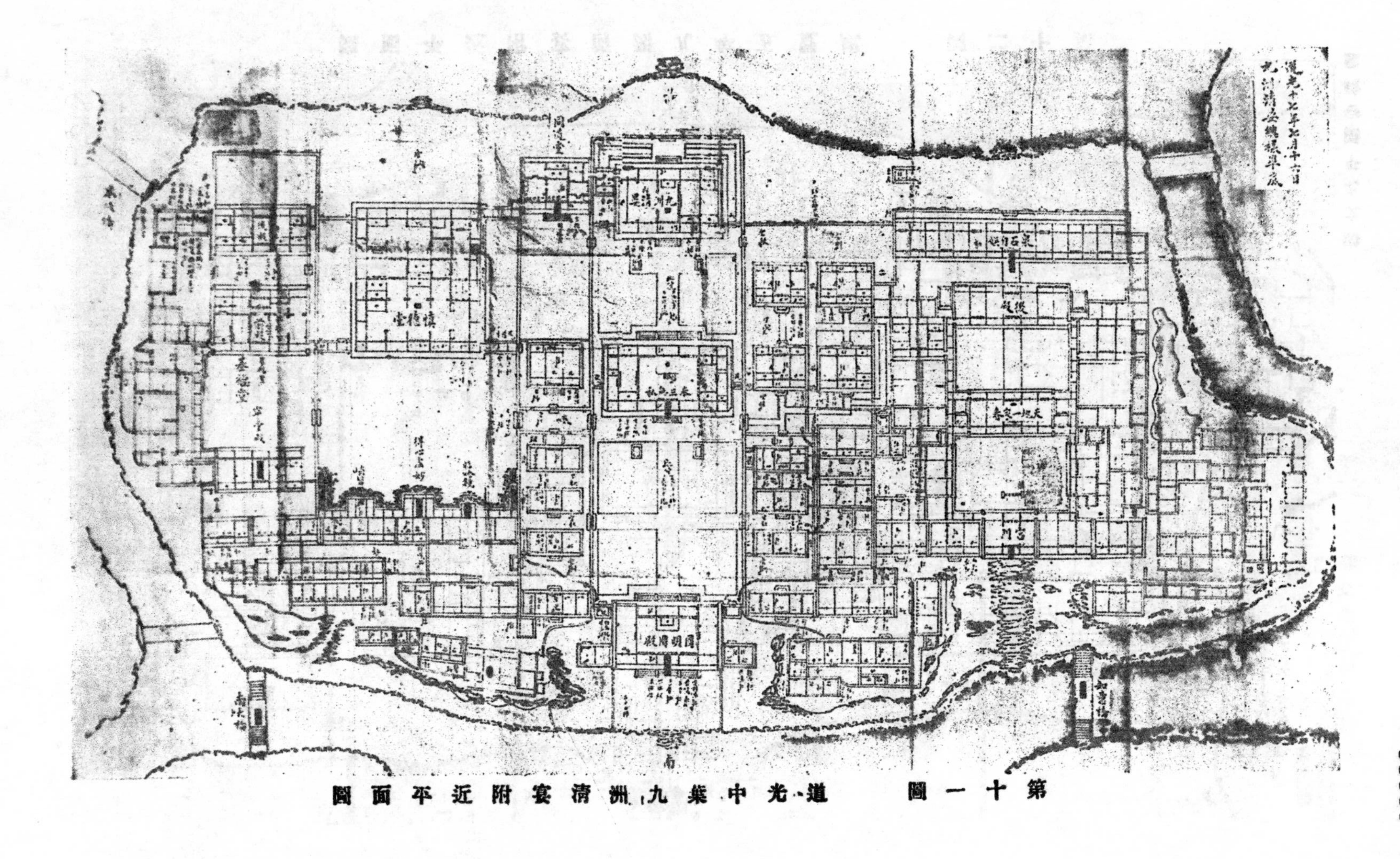

第十一圖　道光中葉九洲清宴附近平面圖

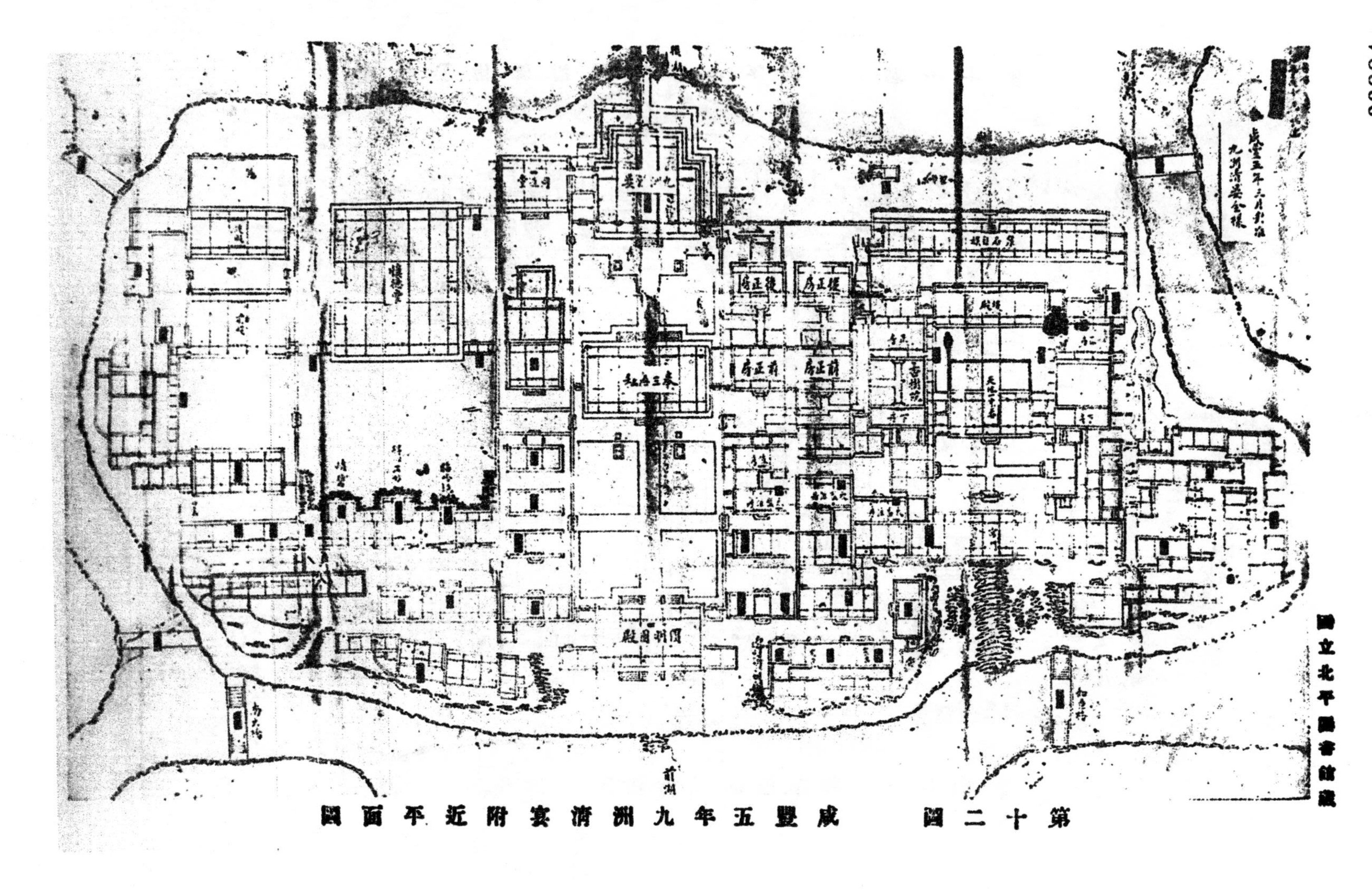

第十二圖　咸豐五年九洲清宴附近平面圖

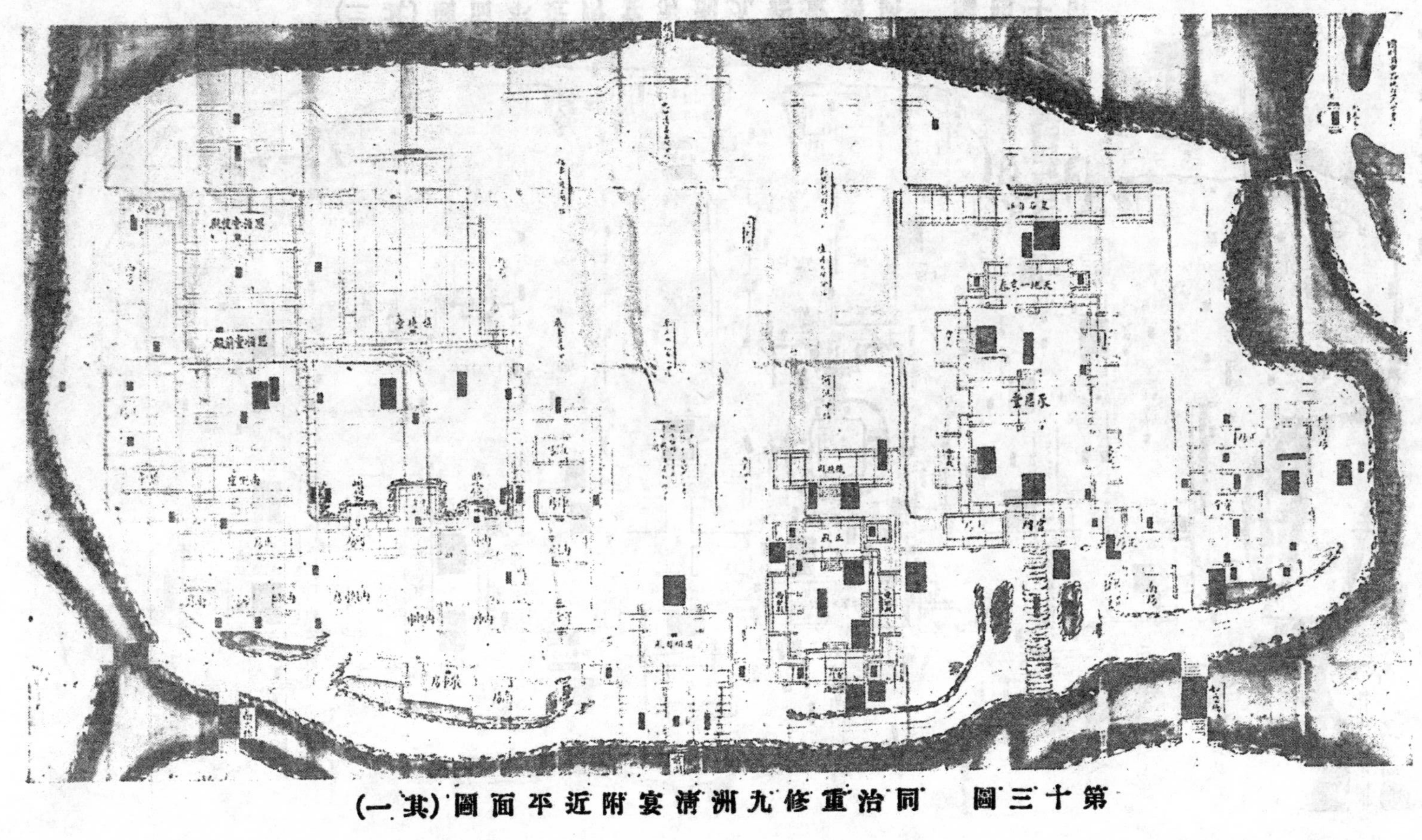

第十三圖　同治重修九洲淸宴附近平面圖(其一)

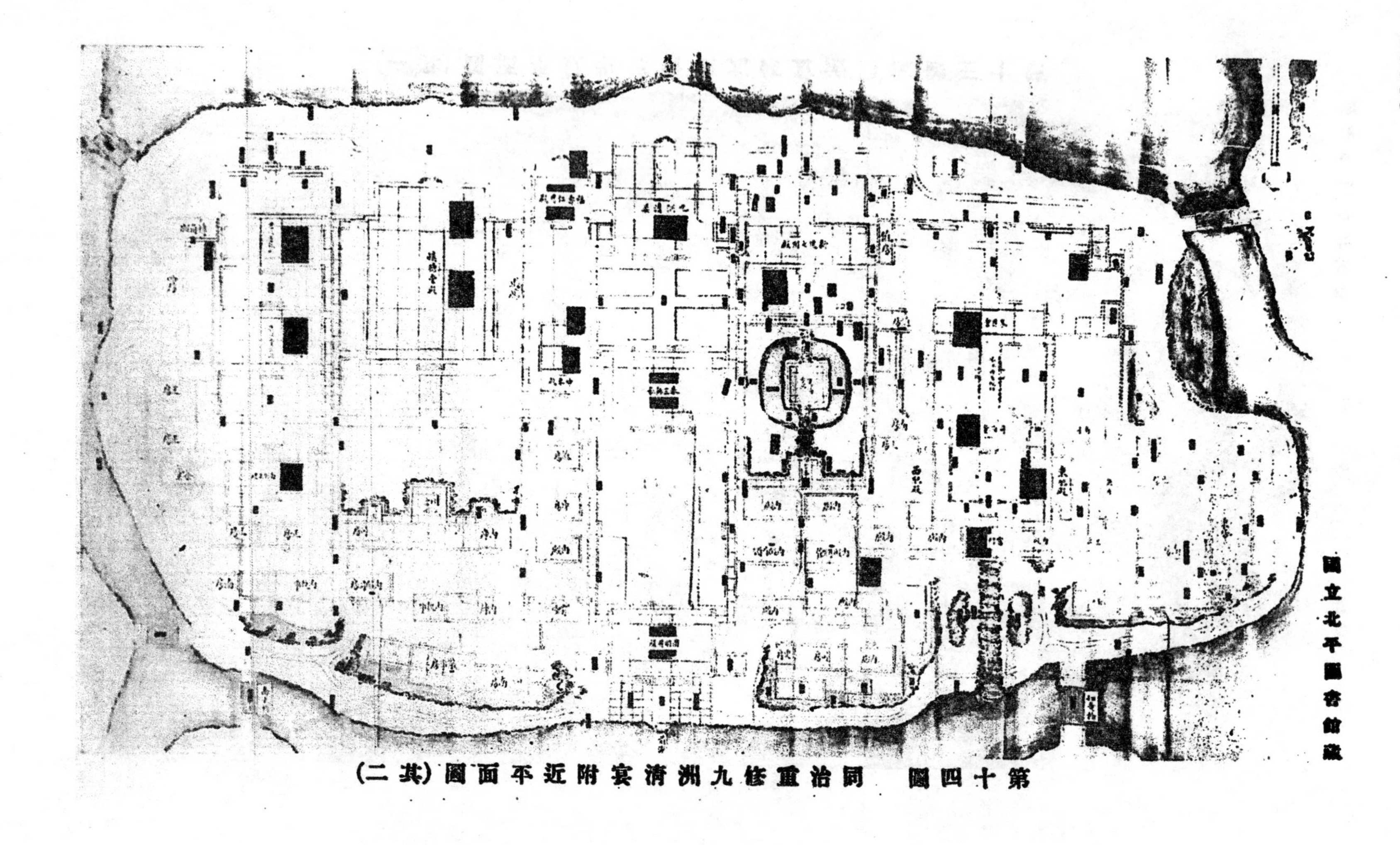

第十四圖　同治重修九洲清晏附近平面圖(其二)

第十五圖　同治重修九洲清宴燙樣

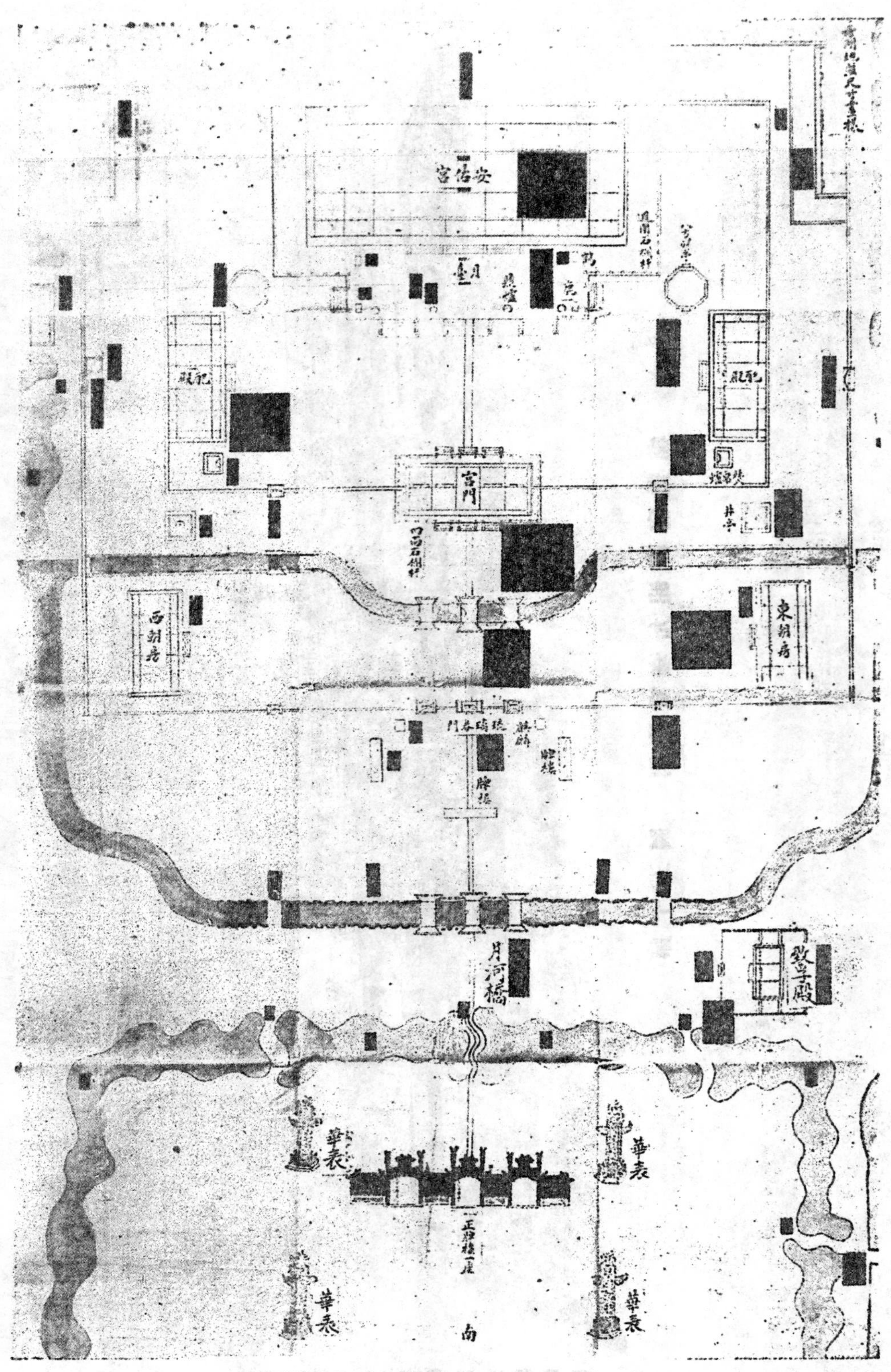

第十六圖 安佑宮平面圖

於嘉慶間，或道光初季，就愚所知範圍，現存雷氏諸圖中，當推爲較舊者矣。迨道光十年，就怡情書史附近營愼德堂第十圖三捲殿爲寢宮。注六十六舊制始爲稍變，十六年秋，圓明園奉三無私，九洲清晏三殿災，後重建。第十一圖其時新正十四日，倘宴近支親藩於奉三無私，末歲自勤政殿移此辦事接見臣工，注六十六因時辨用，遂非原狀所能限度。第十一圖所誌年日，係三殿將成之期，所載與第九圖異者；

（子）奉三無私殿至九洲清宴殿間之東西遊廊，向內挪移，與奉三無私殿以南之廊，成一直線。

（丑）改九洲清宴殿爲五楹，其後抱厦三間廢止。

（寅）東佛堂前後各增建三間殿二座。

（卯）西佛堂之前增三間殿二座，後增三間殿一座。

（辰）九洲清宴殿西，新建同道堂三間。

（巳）怡情書史及北部魚池，改建愼德堂。

（午）樂安和撤除，其前玉照亭改得心處妙，昭吟鏡，峭碧等。

（未）清暉閣改穿堂殿後殿，與魚躍鳶飛，改基福堂前後殿。

（申）圓明園殿左右臨湖土山，改建敬事房內殿司房等。

依上所述，圓明園中路一區除東部天地一家春附近，其餘咸經道光中葉大事改築，咸豐初，雖復九洲清宴殿後抱廈，又於同道堂前加建三捲殿為戲台第十二圖然大致與道光時無甚出入。

注六十六 張嘉懿先生藏圓明園估單文件道光十年八月添建慎德堂三捲殿，估價十三萬三百餘兩，十一年落成，共報銷二十五萬二千餘兩。又道光以慎德堂為寢宮宴宗親於奉三無私殿，末歲召見臣工辦事亦於此，見郎潛紀聞初筆卷二及養吉齋叢錄卷十五。

庚申一役後，圓明園中路僅存西南隅敬事房九間，同治重修之初，於原有殿宇房間六百五十六間內擇建四百三十七間，綴修者幾達三分之一，又改慎德堂為四捲殿，易同道堂為福壽仁恩殿，基福堂前後殿為思順堂，移天地一家春於後殿，以其舊址為承恩堂，復於東佛堂部位，建後照殿七楹。第十三圖 翌歲擴九洲清宴殿為前後二捲，其東營七間殿，殿南闢魚池，建方亭池中，廢泉石自娛十五間房，移天地一家春於萬春園，易其地為承恩堂，而以前殿為同順堂。第十四十五圖 據內務府各座已做活計做法清冊，圓明園殿與同順堂，承恩堂七間殿，奉三無私殿，福壽仁恩殿等當時俱已修造，泉石自娛之台基重修後又復拆去，惟九洲清宴，慎德堂，思順堂三處迄未興工，殆因欵料俱缺，擬而未行耳。其已修工程如次；

圓圓明殿一座五間，補蓋；內明間面闊一丈三尺四次盡間各面闊一丈二尺，進深二丈二尺，外前後廊各深六尺，檐柱高一丈二尺，徑一尺一寸，八檁捲棚歇山頂，大木已齊。台基通面闊六丈七尺，進深四丈，高二尺一寸，拆砌。頭停已妥，尚未調脊宽瓦。兩山順山房二座，每座二間，大木已齊，踏跺未安，頭停妥，未調脊宽瓦。

遊廊後檐門罩二座修齊。

同順堂宫門一座三間，七檁捲棚硬山頂，大木門桶齊，踏跺未安，頭停妥，未調脊宽瓦。東西配殿二座，每座三間，六檁前落金硬山頂，大木齊，台基、條踏跺未安，頭停妥，未調脊宽瓦。

同順堂一座五間，各面闊一丈，進深一丈六尺，外前後廊各深四尺，檐柱高一丈五寸，徑一尺，八檁捲棚硬山頂，大木門桶齊，地盤石料齊，踏跺未安，頭停妥，未調脊宽瓦。

承恩堂台基一座七間，面闊六丈九尺四寸，進深二丈六尺四寸，高一尺，拆砌竣工。

七間殿一座七間；內明間面闊一丈一尺，六次盡間各面闊一丈，進深一丈六尺，外前後廊各深四尺，檐柱高一丈，徑一尺，八檁捲棚硬山頂，大木門桶齊，台基並踏跺二座齊，頭停妥，未調脊宽瓦。後檐成搭土墻一道，長十六丈，寬二丈，已修。

七間殿前開刨魚池一座，長六丈五尺，寬六丈，深五尺，幷房基底盤六座，俱拆刨運出。

門罩台基三座拆修。

泉石自娛十五間房台基一座，面闊十四丈六尺二寸，進深二丈四尺四寸，高一尺，拆修後復行拆去。

奉三無私殿一座五間，內明間面闊一丈三尺，四次盡間各面闊一丈二尺，進深二丈六尺，外週圍廊各深六尺，檐柱高一丈三尺，徑一尺二寸，十檁捲棚歇山頂；台基面闊八丈，進深四丈五尺，高二尺四寸，拆卸柱頂石斗板增條竣。

福壽仁恩殿台基一座三間，面闊四丈一尺四寸，進深三丈四寸，高二尺二寸；幷北面平台三間，西面平台四間，拆修

33991

齊。福壽仁恩前月台改三捲殿台基一座九間面闊三丈三尺四寸，進深五丈四寸，高一尺九寸，改修齊。西面遊廊十間台基長七丈一尺五寸，寬七尺，高一尺三寸，三捲殿南面平台台基一座五間燎房台基一座三間燈房前丹陛一道，均拆修齊。

九洲清宴殿兩邊往南至前湖暗溝二道，湊長五十六丈八尺，福壽仁恩殿前暗溝一道，長三丈五尺，均拆修齊。

如意橋東成搭浮橋一座，圓光門水關前，幫搭浮橋一座。

添修值宿更房二十間。

(六)安佑宮　宮在後湖西北，第十六圖　前設綽楔三，綴以短垣，若明長陵之龍鳳門，前後列華表各二，今國立北平圖書館與燕京大學所立者是也。自此北循山徑，至月河橋，東南有致孚殿三楹西向，橋北建綽楔四，居北者製以琉璃，題「鴻慈永佑」四字，據日下舊聞考，兩側各有石華表各一，重修圖簽注麒麟，未諳何時所易。其北，東西朝房各五楹，次白石橋三，次安佑門五楹，簡稱宮門。門內東西焚帛爐各一，東西配殿各五楹，中央南向者為安佑宮大殿九楹覆四注廡殿頂，為園內僅有，前月台列銅製鶴鹿鼎各二，兩側八角碑亭各一，略如景山壽皇殿之制，乾隆七年建，凡臨幸御園日及每歲四月八日至此瞻謁，朔望薦熟徹饌，一如生時禮。重修時工程做法册，現存北平圖書館，其大殿宮門二者俱於同治十二年冬提前供樑，惟以材料缺乏之大殿迄未興工，宮門等已修者，摘抄已做活計做法清册如次；

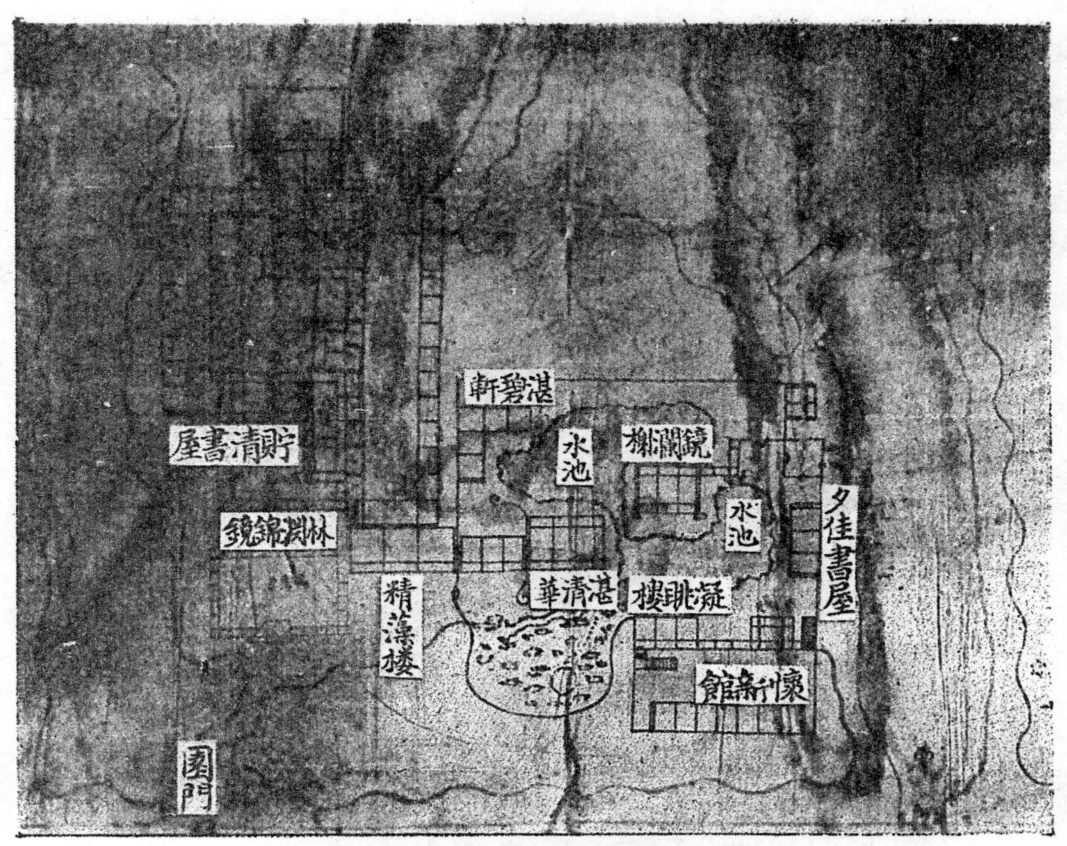

第十七圖　藻園平面圖

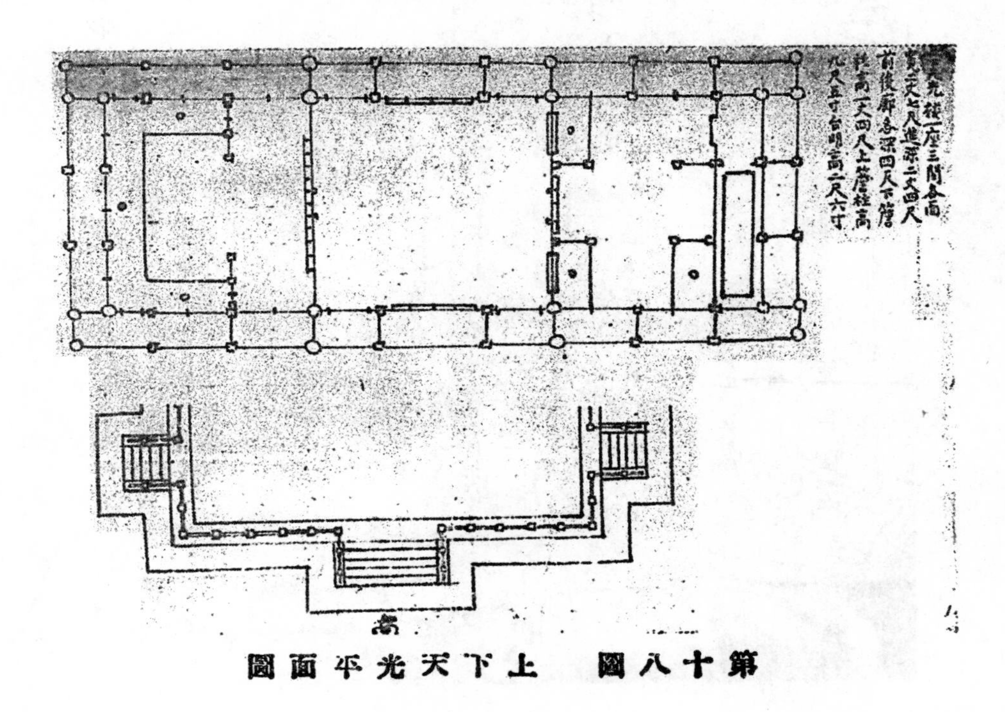

第十八圖　上下天光平面圖

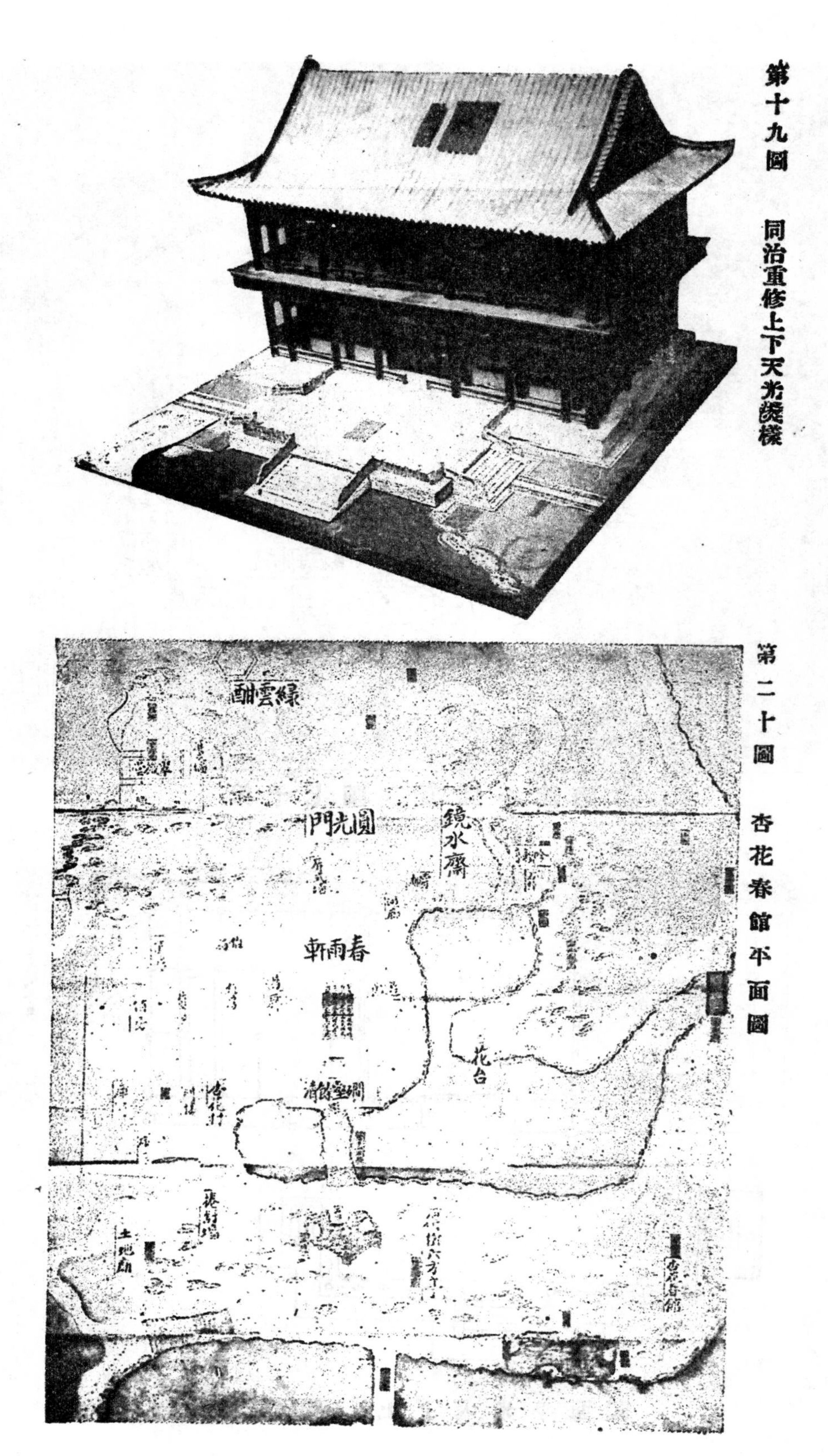

第十九圖　同治重修上下天光談樓

第二十圖　杏花春館平面圖

安佑宮宮門一座五間補蓋；內明三間，各面闊一丈三尺五寸，二稍間各面闊一丈一尺，進深二丈六尺，檐柱高一丈二尺，徑一尺三寸，中柱徑一尺五寸，檐端重昂斗口二寸二分，七檁歇山頂，大木齊。台基面闊七丈八尺二寸，進深四丈一尺七寸，高四尺，拆換齊。頭停妥，未調脊瓦瓦。

東西朝房二座，每座五間，內明間面闊一丈二尺，四次稍間各面闊一丈一尺，進深一丈六尺五寸，外前廊深四尺，檐端一斗二升麻葉斗口二寸，七檁前落金挑山頂，大木齊。台基拆修未竣，頭停已妥。

東西角鼎大牆值房各二座，每座七間，內補蓋七間，揭瓦七間。

南山灰棚一間補修，大部齊。

曲尺院牆湊長二十丈八尺二寸；內九丈五尺二寸補修，隨門口一座，十一丈三尺拆修。

發宇殿牆外松樹二株，搭架保護。

西南門起往北至工次，運大件木植石料行走地車，經由道路，平墊湊長三百五丈，又成搭浮橋五座。

添修值宿買房十一座，共三十間。

(七)藻園　園在圓明園西南隅門內，為林淵錦鏡殿五間，原名曠然堂，庚申刼後猶存，前有院落，周以迴廊，後為貯清書屋，殿東有池，池東曰夕佳書屋，池北曰鏡瀾榭，南曰凝眺樓，再南曰懷新館，池西北曰湛碧軒，西南曰湛清華，俱燬。第十七圖所示大體與日下舊聞考符合。

據故宮文獻館藏同治十三年四月二十八日圓明園咨行內務府請發放工程銀兩文內有「林淵錦鏡殿五間，粘補裝修」一欵，知當時此殿亦在修補之列，惟工程詳狀不明。

（八）上下天光　上下天光樓在後湖北慈雲普護之西，日下舊聞考謂乾隆時，上下樓各三楹，左右有六角亭各一，與雷氏草圖一致，惟同治重修燙樣及旨意檔所載，改爲上下五楹，第十九圖　並倣南海春藕齋樓梯，不得露明，但其月台之闊，猶止三間，疑沿用舊時台基也。內務府已做活計做法清冊稱『樓面闊三間，清理台基渣土，計面闊八丈七尺四寸，進深三丈八尺四寸，均扒高四尺起刨運出』，則當日工程僅清除渣土，餘未修築。

（九）杏花春館　在上下天光之西，東南臨後湖，舊爲菜圃，宮門五楹，題磵壑餘清，後爲春雨軒大殿五楹及後抱厦三楹，其間聯以遊廊，東西各十四間，東北爲鏡水齋，吟籟亭，西爲杏花村，西北爲翠微堂，大致猶如乾隆時舊狀。第二十圖　據雷氏檔冊及前述發放工程銀兩文，春雨軒大殿宮門遊廊及迤西値房，杏花村等，俱未毁，重修時僅頭停拔草，糊飾內部耳。春雨軒之平面尺寸，摘錄重修時雷氏查工冊如次；

春雨軒五間，各面闊一丈二尺，進深二丈四尺，前後廊各深五尺，後抱厦三間，面闊同，進深一丈二尺。

（十）萬方安和　在杏花春館西，築室小湖中，作卍字形，共三十三間，第二十一，二十二圖　冬燠夏爽，雍正時最喜居此，萬方安和爲南面正室之額，後遂以此統稱之。其南十字亭，刼後猶存，據雷氏旨意檔，同治十二年夏，萬方安和與舍衛城等同時降命重修，又據張嘉懿先生所藏估單，及故宮文獻館同治十三年十月二十四日，圓明園咨行內務府請發放工程銀兩

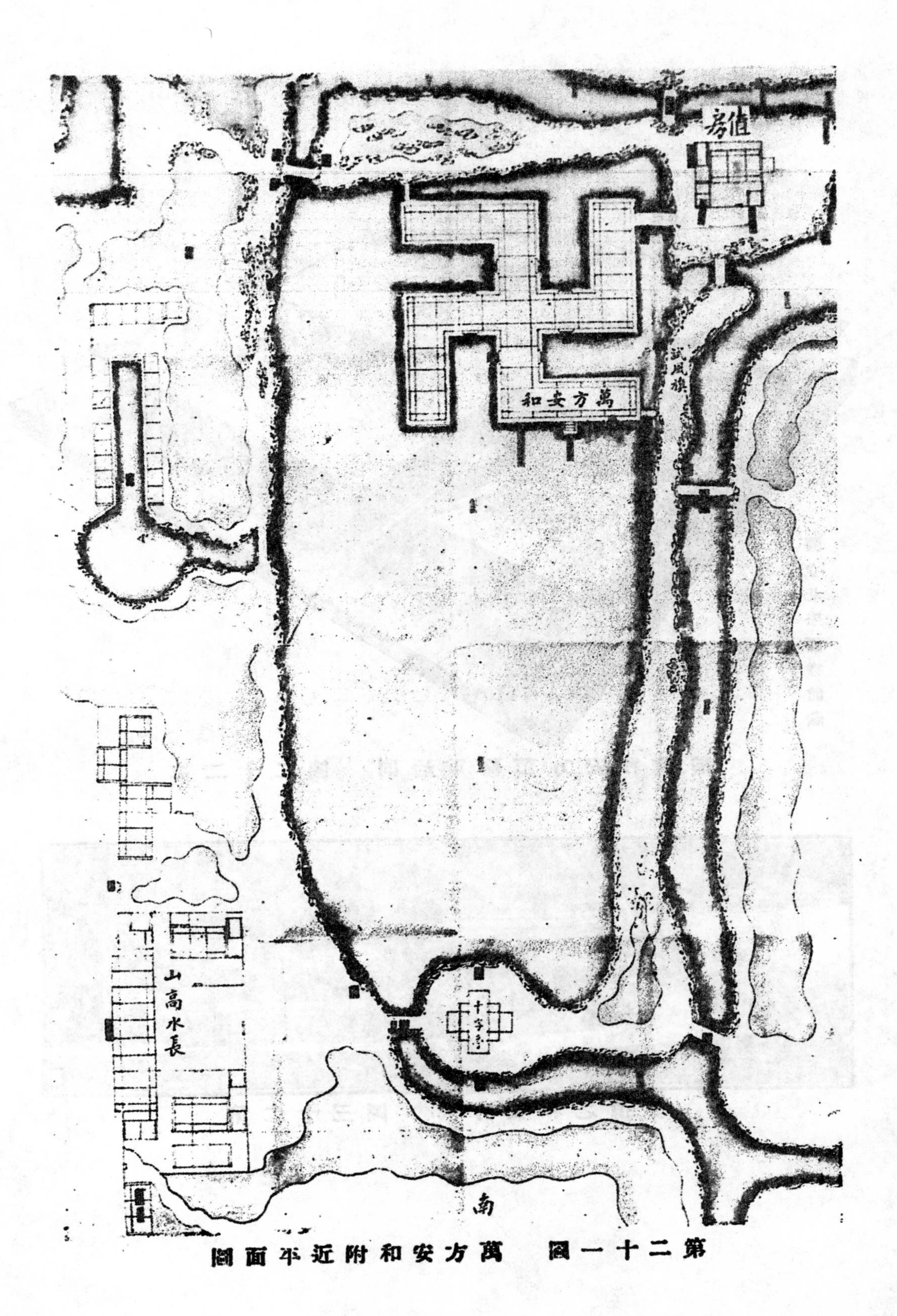

第二十一圖　萬方安和附近平面圖

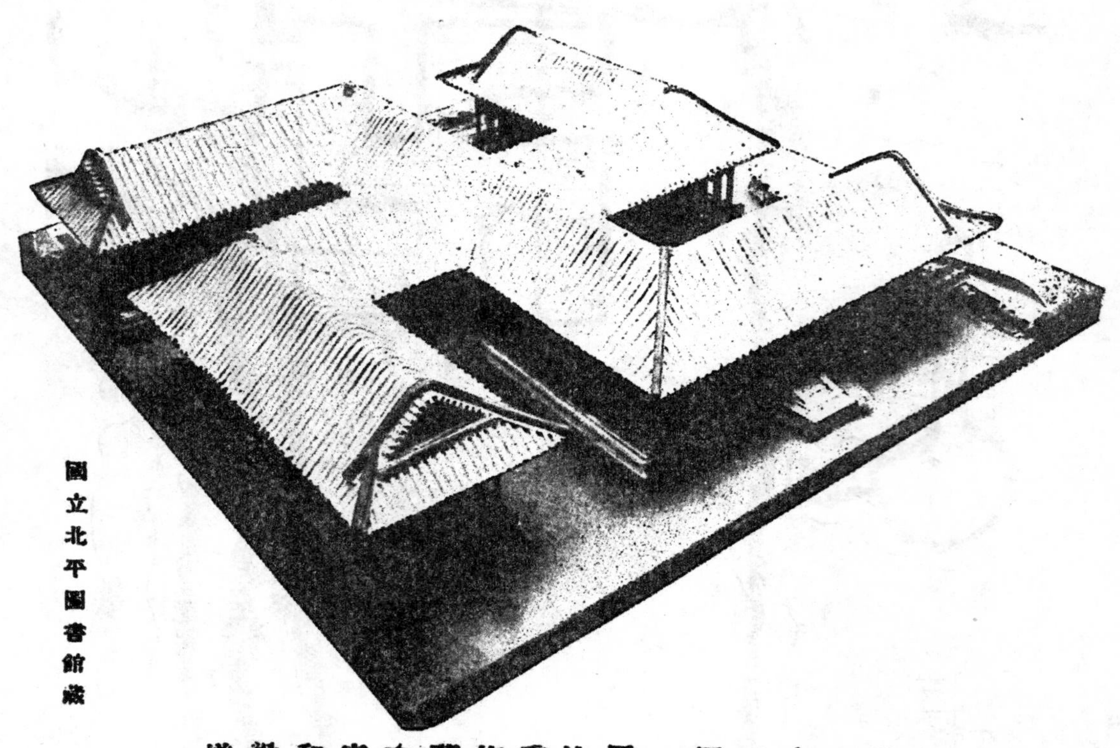

國立北平圖書館藏

第二十二圖　同治重修萬方安和燙樣

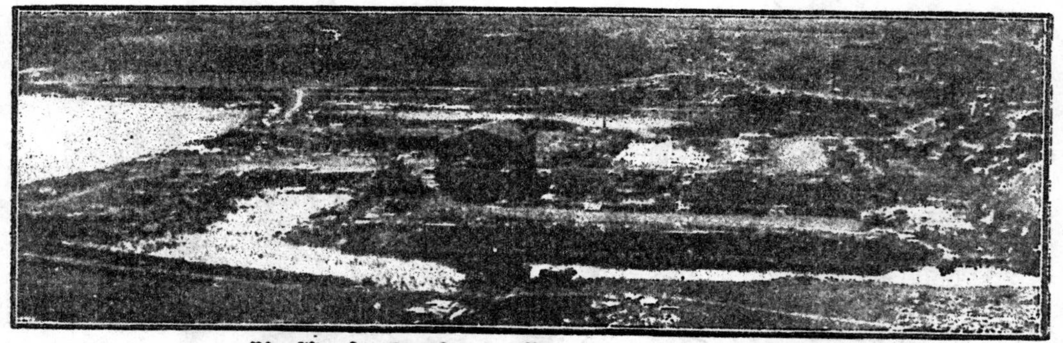

第二十三圖　萬方安和之遺跡

第二十四圖　武陵春色附近平面圖

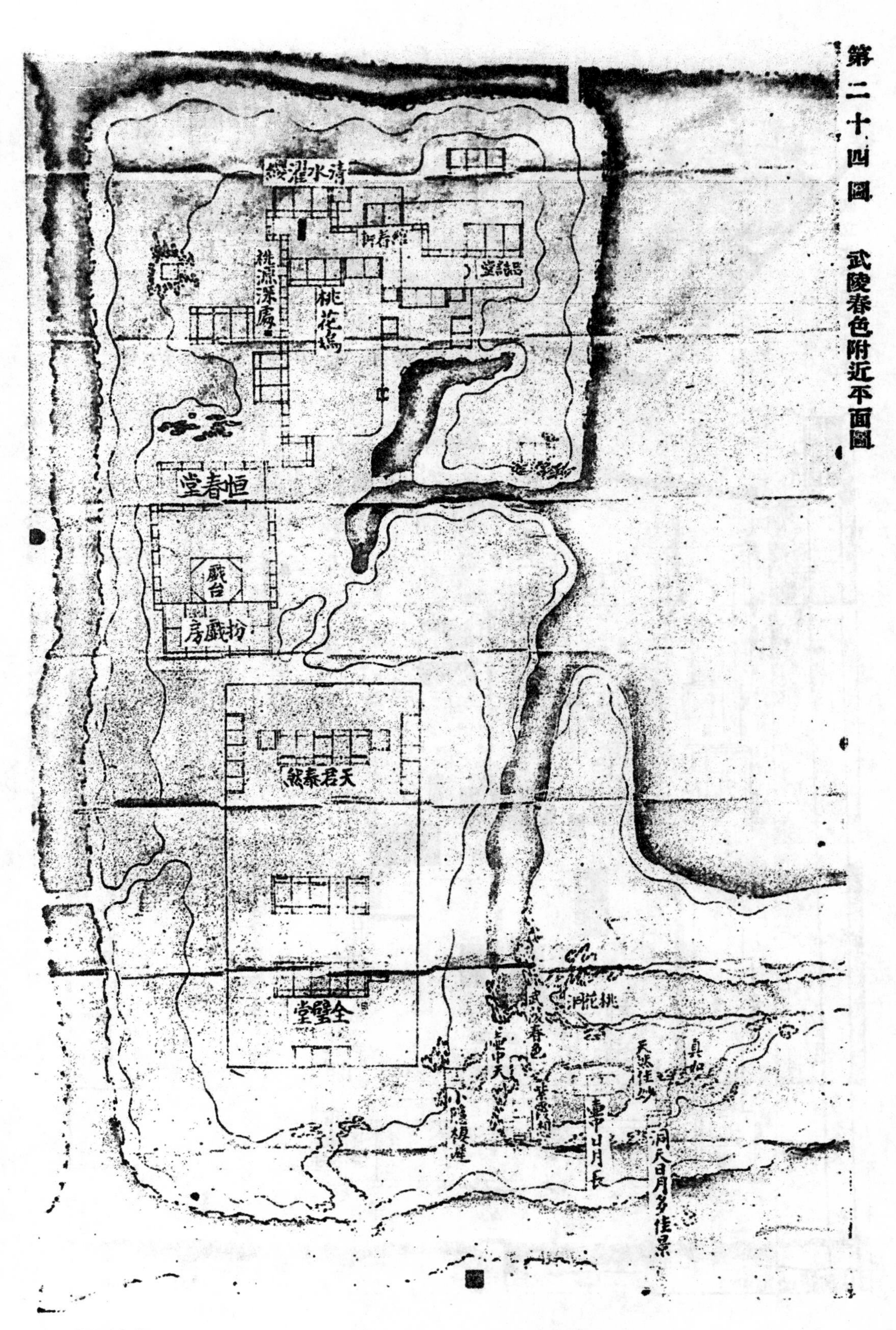

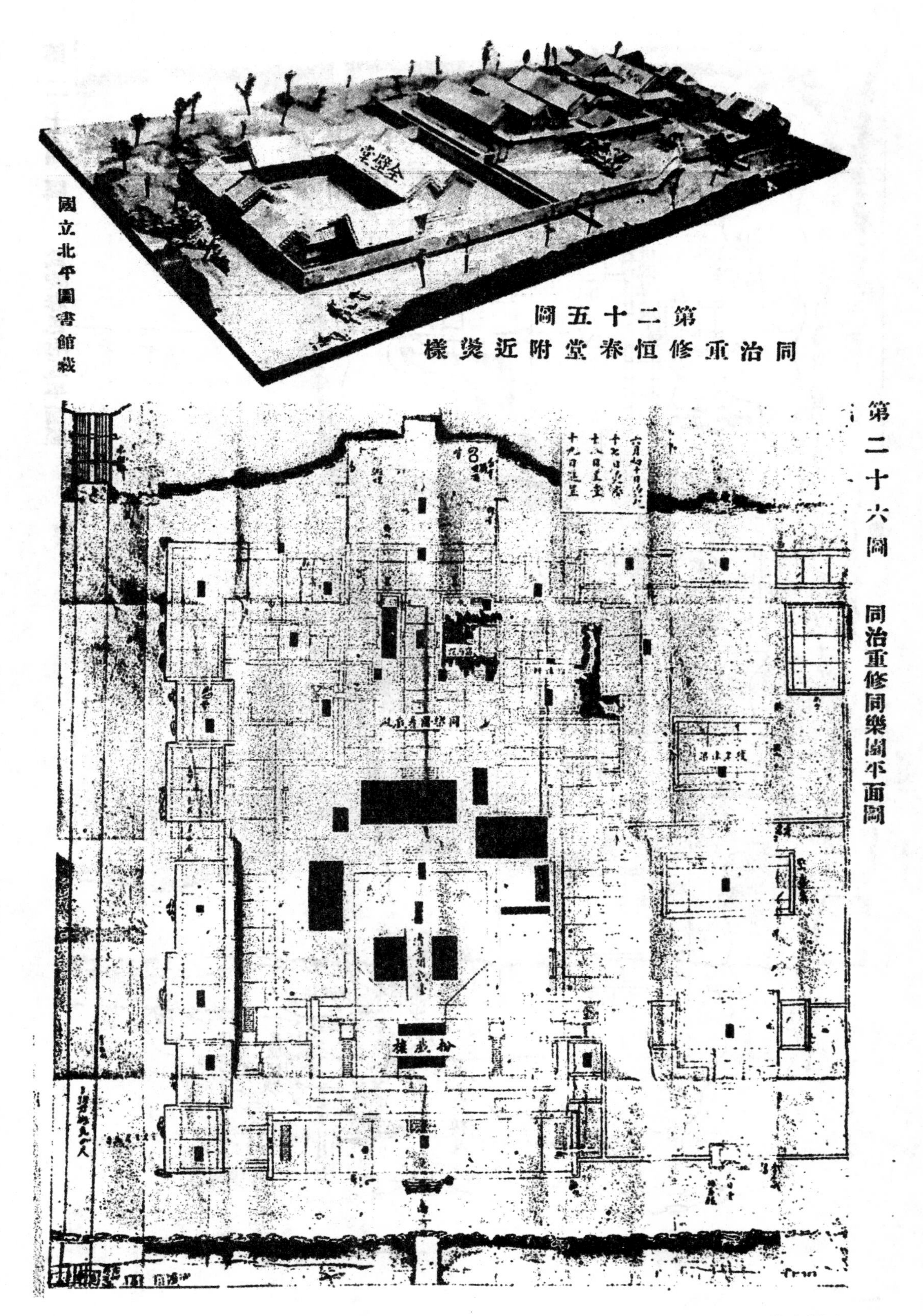

第二十五圖 同治重修恒春堂附近燙樣

國立北平圖書館藏

第二十六圖 同治重修同樂園平面圖

文此殿照舊式修建，前後估算工料二次，但停工時僅拆去殘毀牆垣，清理渣土，木石各工猶未著手。其舊樣重要尺寸與擬修範圍見於估單者節錄如次：

萬方安和卍字殿一座，計三十三間，各面闊一丈四尺，進深一丈四尺，外週廊各深四尺，簷柱高一丈一尺五寸見方八寸，七檁外捲棚，中井十字脊，四轉角四歇山頂，照舊式重修。

拆修下部大料石台基涵洞碼頭，補修板座三座，拆修週圍青山石泊岸湊長一百八十五丈五尺。

清挖淤泥，修砌甬路及石點景等。

南岸十字亭揭瓦，並補修北值房三間，抱厦一間，南值房一間，西值房二間及灰棚院牆等。

（十一）武陵春色　雍正時舊名桃花塢，在萬方安和北，乾隆即位前曾居此，有軒三間，曰壺中日月長，南臨小池，東爲天然佳妙，其南厦曰洞天日月多佳景，西爲小隱棲遲亭，亭西北曰全璧堂，自堂後入山口，東爲清秀亭，西清會亭，正北爲桃花塢，又西北曰桃源深處，東北曰綃春軒，曰品詩堂，乾隆時統稱武陵春色，列爲四十景之一。第二十四圖所示爲庚申未焚前情狀，以校日下舊聞考，壺中日月長之西增紫霞想，全璧堂北無清秀、清會二亭，另建五間殿二座，後者曰天君泰然，其西北爲恒春堂及戲臺，俱不知建於何時。據雷氏旨意檔：

同治十三年五月初十日命修理全璧堂，恒春堂與萬方安和，舍衛城等處。六月二十四日諭全璧堂宮門撤去，改門罩一間，兩邊添值房各三間，東西配殿各三間，海墁碍分位，添蓋兩捲殿各五間。恒春堂扮戲房後房六間，挪正改五間，添工字平台三間，再添南房五間，工字平台三間兩山添遊廊通至北遊廊，看戲殿兩山添拐角遊廊各二間，兩山添蓋耳房共四間，清會亭地盤撤去，添蓋兩捲房各三間。

與第二十五圖參對，除恒春堂看戲殿外，幾全部變更舊觀。同年七月十八日，雷氏進呈修改後樣，即第二十五圖所示者，與旨意檔所載完全符合，惟是月末園工停止，發放工程銀兩咨文，謂全璧堂恒春堂二處工程，僅拆去牆垣，清理渣土而已。

(十二)同樂園　在後湖東北，與坐石臨流東西相對，位於舍衛城之南。乾隆間，新正十三日起，在園酬節，宗室王公及蒙古外藩陪臣俱入座賜食聽戲，萬壽前後亦如之。園內戲臺曰清音閣，凡三層，下設機軸，神祇仙佛自上縋下，鬼魅昇自下層，爲圓明園最巨戲臺，其南附扮戲房五間，北爲看戲殿五楹，乾隆時係二層，南向。雷氏旨意檔與發放工程銀兩咨文，載同治十三年六月十九日進呈模型圖樣第二十六圖，看戲殿僅一層，廿四日諭戲臺仍改三層，看戲殿改二層，樓板須與中層戲臺平，七月初三日進呈改正燙樣，初八日發還，令依樣修建，迄停工止，園內羣房六十間，祇清除渣土，尚未拆去牆垣。

(十三)舍衛城　同樂園西有南北長街，列肆若市，并令宮監扮商賈貿易之所，若康熙暢春園東之有蘇州街也。衛北度雙橋，曰舍衛城，爲園內供奉佛像地點，其前百肆雜陳，頗與北平廟市情形暗合。據日下舊聞考與金勳先生所藏圖第二十七圖，城作長方形，南北視東

第二十七圖 舍衛城平面圖

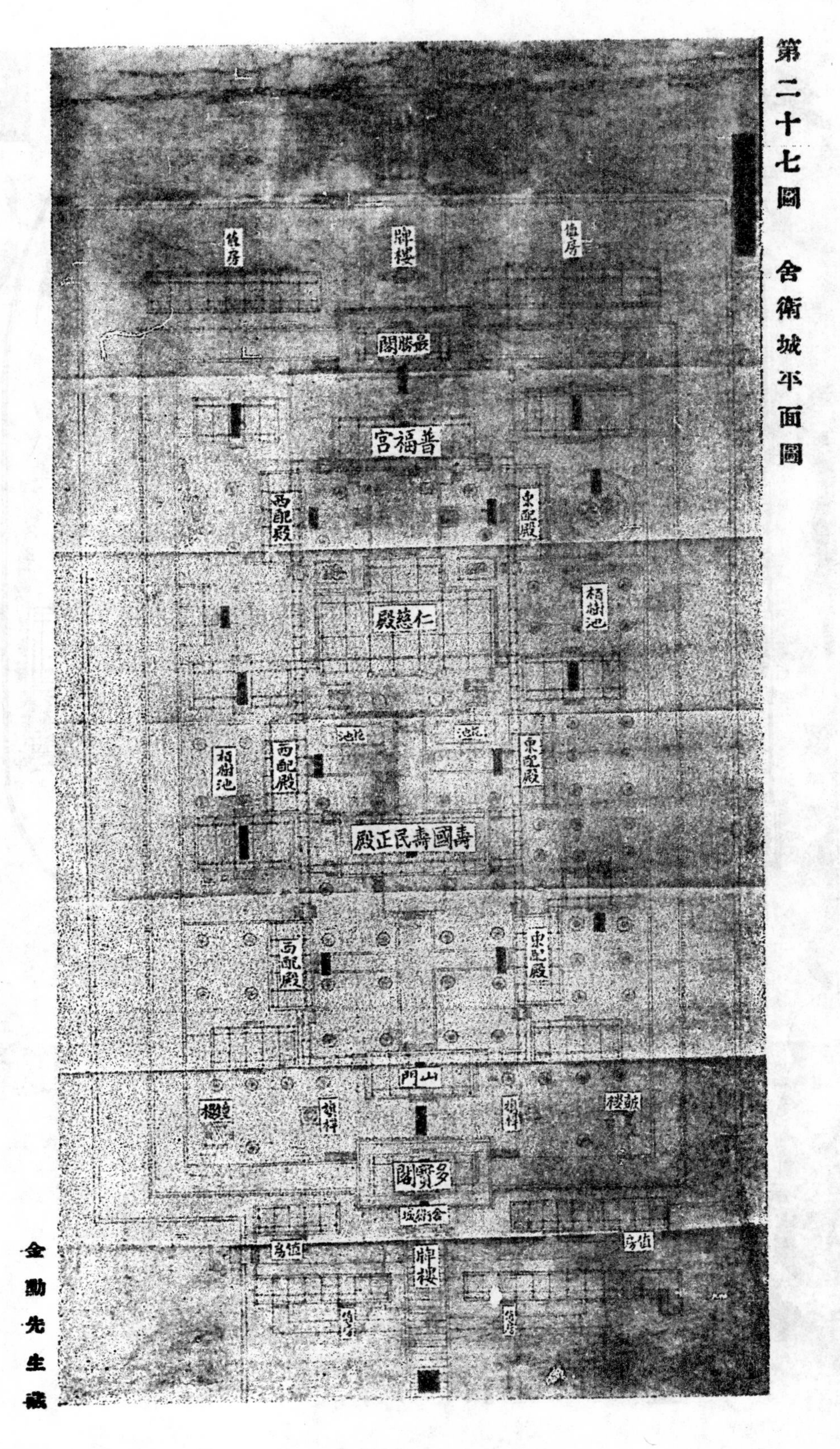

金勳先生藏

第二十八圖　雙鶴齋廓然大公平面圖

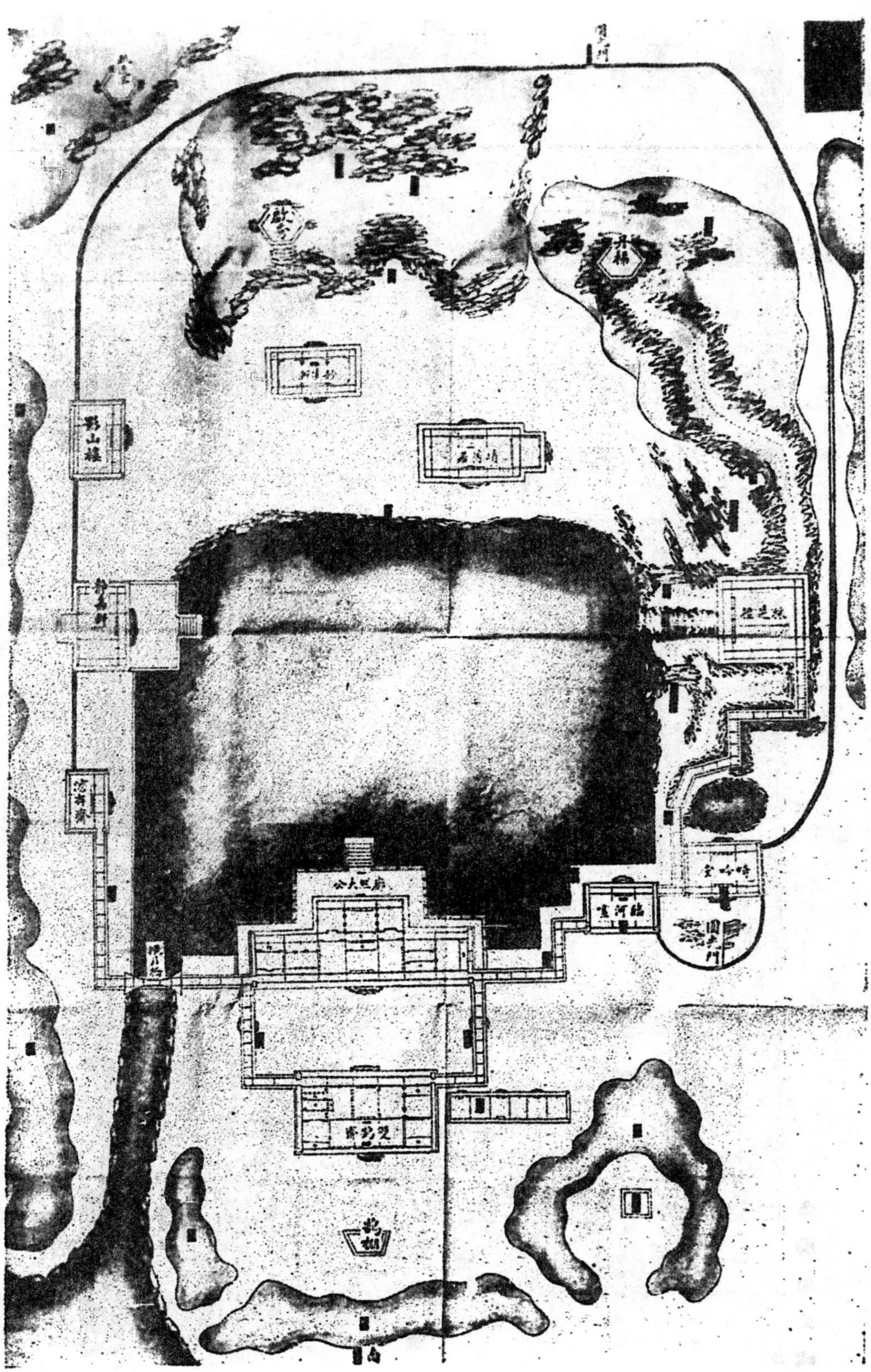

西約增三分之二，甃以磚壁前樹坊楔三，次多寶閣祀關壯繆，閣北鐘鼓二樓分立左右，次山門，次正殿題壽國壽民，後爲仁慈殿，又後爲普福宮，自正殿至此各有東西配殿五楹，最後曰最勝閣。發放工程銀兩咨文載舍衛城殿宇房間遊廊牌樓共三百二十六間，重修時拆除殘毀墻垣，運出城內外渣土五十五段，湊長四百一丈六尺云。

(十四)廓然大公　在舍衛城東北，亦稱雙鶴齋，第二十八圖　庚申刼後，四十景中推此最爲完整。正南爲雙鶴齋及前抱厦各五間，外觀若兩捲，殿後爲左右遊廊各十一間，接廓然大公七間殿，殿附後抱厦三間，北臨大池。殿東爲臨河疊未見日下舊聞考，再東稍北曰綺吟堂各三間，北爲採芝徑方亭，建於石壁上，以扒山遊廊紆曲與綺吟堂通。池北南向者爲峭蒨居，西北曰妙遠軒，再北敞秀亭，其東丹梯亭，北垣門內舊有天眞可佳樓，久毀，未見此圖。廓然大公西有規月橋，折北至池西，爲澹存齋，自廓然大公至此覆以廊屋，其北有平台臨池西北隅者曰靜嘉軒，乾隆時稱菱荷深處，再北爲影山樓，舊在垣外，未諳何時包於垣內矣。其修理範圍撮錄發放工程銀兩咨文如次；

雙鶴齋一座五間，附前抱厦五間，廓然大公一座七間，後抱厦三間，拆修天溝，找補裝補。

雙鶴齋殿內寶座見新及辦買傢具。

修補遊廊五十七間，又規月橋遊廊三十間，內添修二間，補修十間，拆修八間。

修補値房七間，東山値房六間，更棚一間，又粘修値房十五間，添安門窗。

修理院牆長二十五丈七尺，隨門口一座。

海墁甬路凑長十二丈三尺。

抱河。

(十五)西峯秀色　在舍衛城北，曩時七夕巧筵，常設於此，有綵棚蛛盒之勝。其正殿九間三捲，題「愼修思永」，後殿七間兩捲，題「知過堂」，此二者刼後俱存，宜亦在修葺之例，惟未載內務府已做活計做法淸册，詳狀不明。據中法大學所藏正殿平面圖第二十九圖，東西九楹，其前附前房七楹，抱厦三楹，疑後世就月台增建者。大體尺寸見北平圖書館藏雷氏查工册，摘抄如次；

愼修思永三捲殿一座九間內明間面闊一丈四尺，二次間各面闊一丈三尺，二梢間各面闊一丈二尺，四盡間各面闊一丈二尺，中捲進深三丈一尺，前捲進深二丈二尺，後捲進深一丈六尺，內前後廊各深六尺，檐柱高一丈二尺五寸，台明高三尺，外檐紅柱綠裝修油飾。

後殿知過堂兩捲殿一座七間內明間面闊一丈四尺，二次間各面闊一丈三尺，二梢間各面闊一丈二尺，二盡間各面闊一丈二尺，後捲進深二丈，前後廊各深五尺，前捲進深一丈四尺，前廊深五尺。

(十六)紫碧山房　在圓明園西北隅，第三十圖　宮門內正宇曰紫碧山房，後爲橫雲堂，再後爲樂在人和，是爲中部三建築。橫雲堂東南爲納翠軒，有遊廊東北通石帆室，室在巖洞

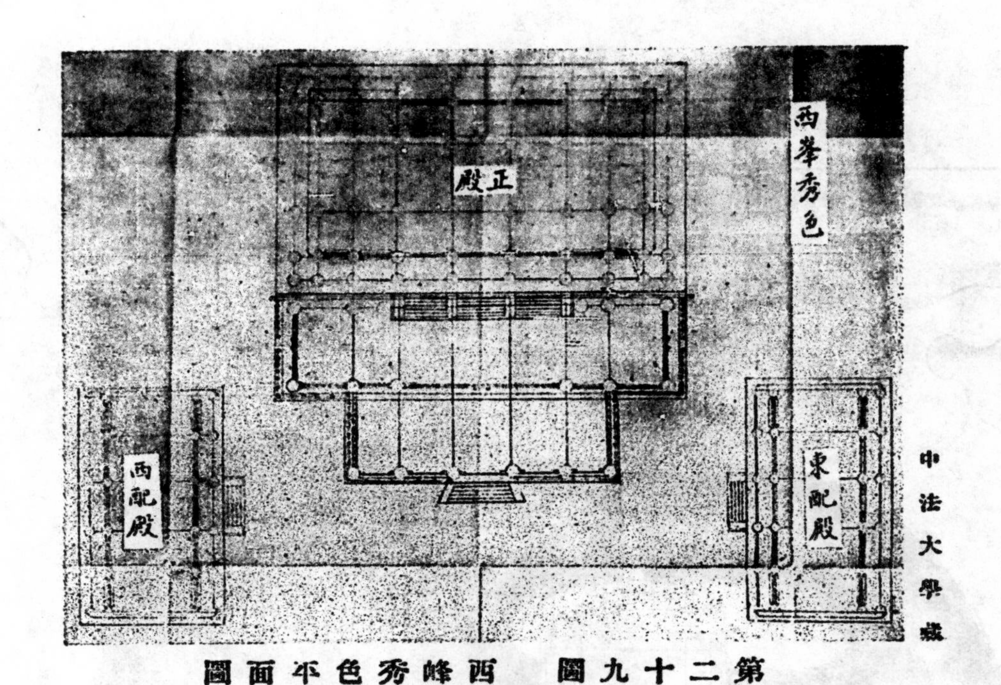

中法大學藏

第二十九圖　西峰秀色平面圖

金勳先生藏

第三十圖　紫碧山房平面圖

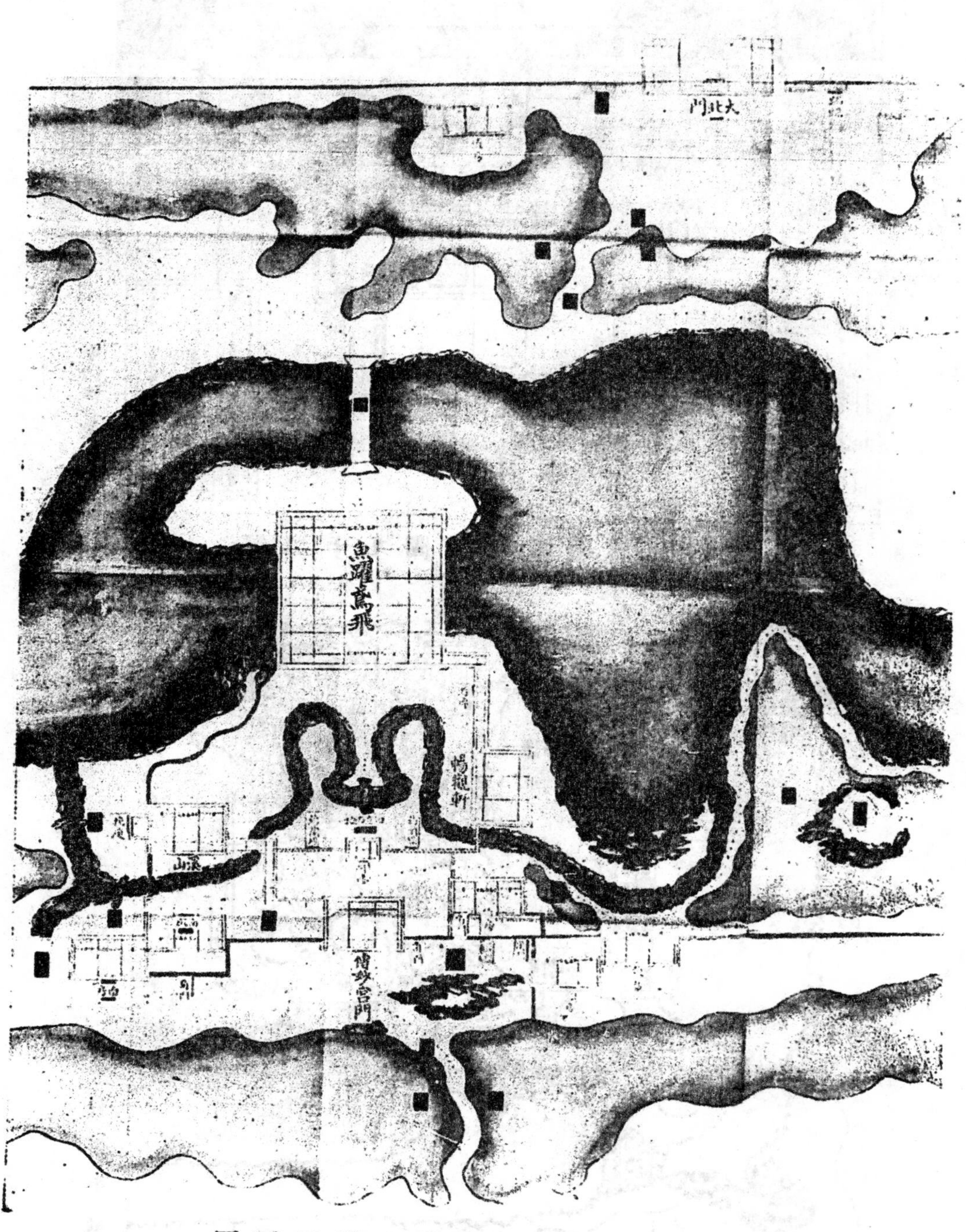

第三十一圖　魚躍鳶飛平面圖

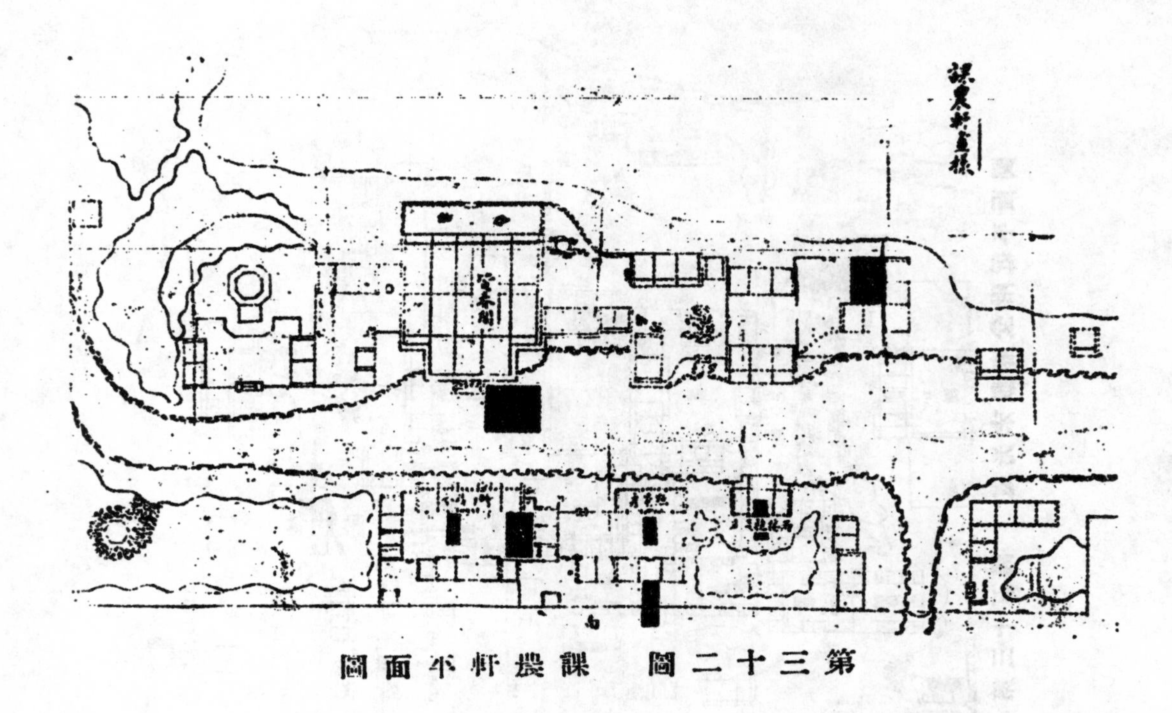

第三十二圖　課農軒平面圖

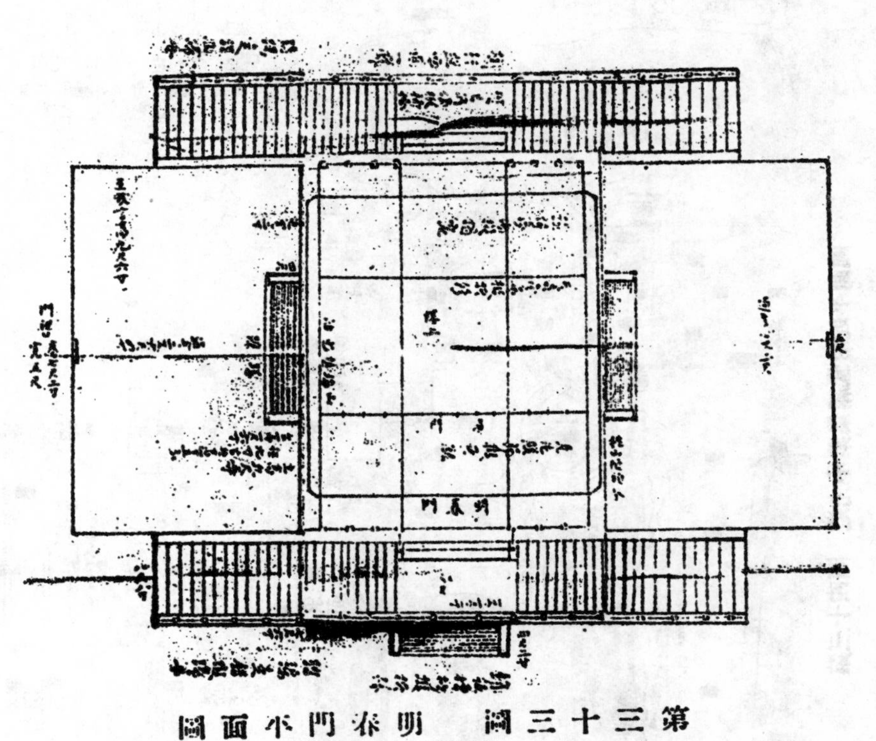

第三十三圖　明春門平面圖

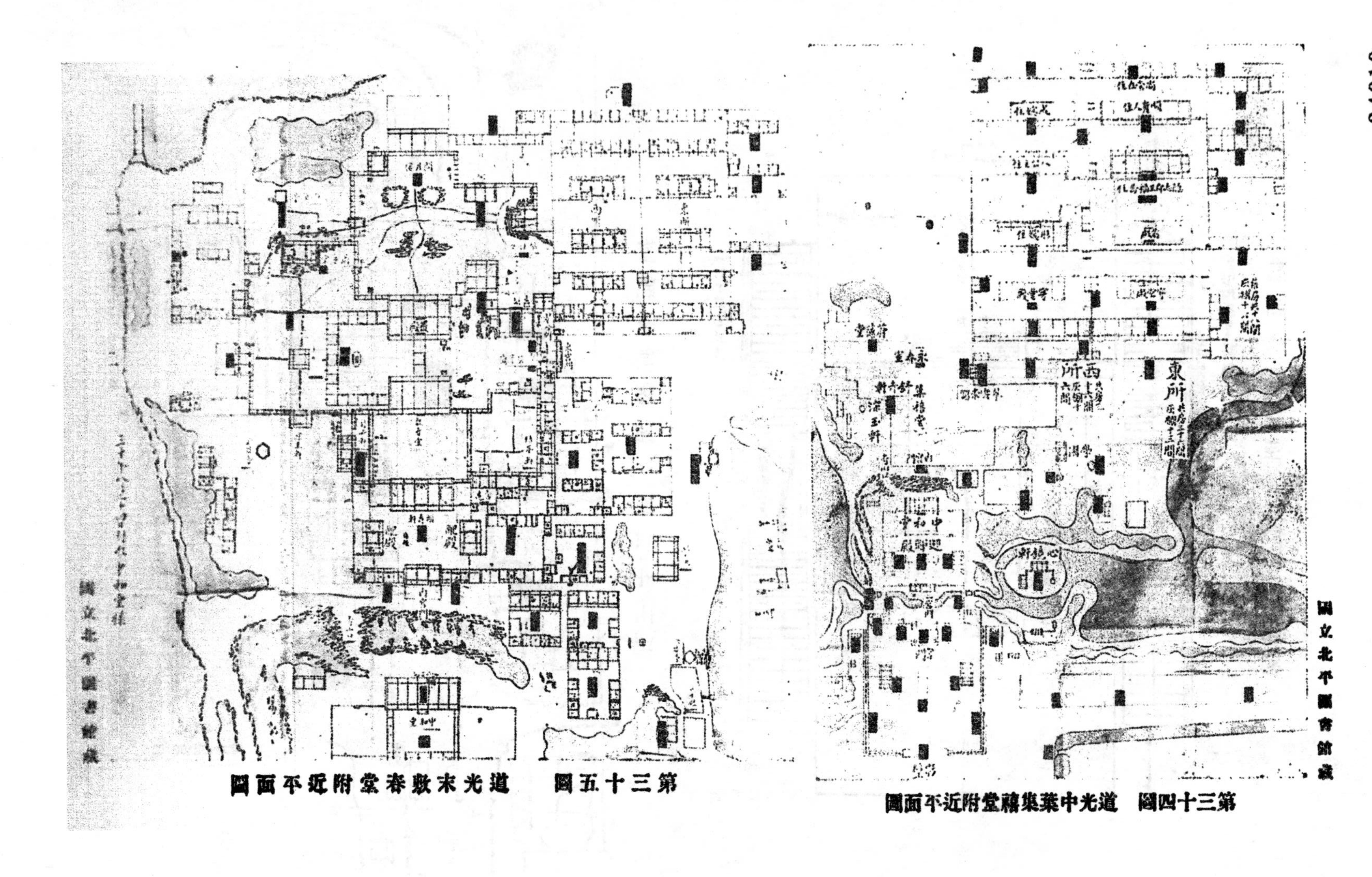

第三十四圖　道光中葉集禧堂附近平面圖

第三十五圖　道光末敷春堂附近平面圖

中，其東南曰景暉樓，正南曰豐樂軒，室北曰坐霄漢，再西北爲霽華樓，是爲東部。紫碧山房之西爲含餘清嵥池，東南岸其北稍西翼然水中者曰澄素樓，再西北有引溪亭，與樓遙對，俱屬西部。第三十圖　圖中樂在人和納翠軒坐霄漢含餘清爲後代增築，餘如日下舊聞考所載。其紫碧山房三間與樂在人和五間未燬於庚申，一役重修時曾補安裝修，又葺南更房五間及墁路，見發放工程銀兩咨文。

（十七）魚躍鳶飛　紫碧山房之東，有順木天八角亭，再東大北門之南，爲魚躍鳶飛，此二者皆未毀於英法聯軍。第三十一圖所示，魚躍鳶飛跨池上，平面作正方形，每面五間，俱有遊廊，東南爲暢觀軒，正南門樓疑即乾隆時鋪翠環流樓，再南傳妙室，改宮門，大致猶如日下舊聞考之狀。　檔册文件未言修理，俟考。

（十八）北遠山村　魚躍鳶飛之東，禾嘻彌望，河南北岸仿農居村市者，爲北遠山村，有繪雨精舍及皆春閣，閣五間兩捲前抱厦三間，其北窗題課農軒，故北遠山村又簡稱課農軒。第三十二圖　東北度石橋，西爲耕雲堂，同治重修時與課農軒值房等尚存，惟耕雲堂未見修葺紀錄耳。其已修部分，據發放工程銀兩咨文節錄如次：

課農軒兩捲殿，頭停拔草，修理天溝，收拾門窗，找補糊飾，換糊紗窗，成搭廚房，修理碼頭，平墊黃土海墁，清理山場地面等。　值房十九間，頭停拔草，補安門窗，找補牆垣，成搭高炕，補砌大牆，拆修門口等。

(十九)明春門　門在圓明園福海東，通長春園，兩側有踏跺，上爲三捲樓九間，見張嘉懿先生所藏道光二十四年拆改文件，以較第三十三圖所示修理准底，大致符合，惟此圖未注年月，不能定爲何時所繪。同治十三年重修此園，曾拆改明春門，並清理平墊道路，見前項咨文，但改修圖百尋未獲，工程詳狀不明。

(二十)萬春園大宮門　以上諸處工程，胥隸圓明園內，屬於萬春園者，有大宮門天地一家春清夏堂三處，俱已修築，其工程做法冊藏北平圖書館，惟澄心堂與四宜書屋雖呈進圖樣，迄未興工。　按萬春園原名綺春園，建造年代不詳，僅知乾隆三十七年置總領一人，隸屬於圓明園總管大臣，其後嘉慶間，西併含暉園西爽村等，故雷氏文件每稱園有東西二路，含暉西爽即西路之一部也。　大宮門在園東南隅，第三十四圖前有影壁，次東西朝房各五間，次大宮門五間，捲棚歇山頂，左右門罩各一，門內御河縈繞若弓形，北爲二宮門五間，內東西配殿各五間，中央爲迎暉殿五間，其後中和堂七間，東爲心鏡軒三間。　中和堂之北有土山，自西端壽山口繞至內宮門，內爲集禧堂，北曰永春室，西北曰蔚藻堂，東北爲東所西所，第三十四圖所示，居彤嬪成嬪順貴人，俱宣宗妃，又八公主及隱志郡王福晉亦居此，王名奕緯，宣宗長子，嘉慶十三年生於潛邸，道光十一年薨，福晉與諸妃同居，宜在王薨之後，又按內務府文件，道光十四年建扮戲房於敷春堂後，此圖敷春堂尚用永春室舊名，則圖中所示，應爲道光十一年至十四年間之情狀也。

據故宮文獻館藏各座已做活計做法清册，此次修理工程，大宮門僅揭宽與抽換檐椽五成，飛檐椽七成，其前影壁粘修，東西朝房及門罩揭宽，則二宮門外各建築未毁於庚申英軍之手，甚爲明瞭。 重修時自迎暉殿以南均已興工，大體規模猶如舊狀，第三十七圖至停工止揭宽諸座已落成，其概狀如次：

大宮門外南面大影壁一座，長九丈一尺五寸，厚五尺五寸，通高一丈三尺四寸，粘修齊。 又平墊泊岸一道，東西長四十三丈二尺，寬五尺六寸，高三尺二寸。

東西朝房二座，每座五間，揭宽齊。

大宮門一座五間，揭宽，內明間面闊一丈二尺，二次間各面闊一丈一尺，二盡間各面闊一丈，進深一丈八尺，外後廊深八尺，檐柱高一丈二尺，徑一尺八欜，捲棚歇山頂，查已挑換檐椽五成，飛檐椽七成，頭停已妥，瓦片換新七成。

左右門罩二座，揭宽，看牆湊長二十三丈八寸，隨門口二座，粘修齊。

右翼諸旗房二座五間，補蓋齊。

大宮門內東面進深看牆一段，長十二丈八尺，隨屏門桶一座，拆修一部已調脊。

門罩內東値房一座三間，補蓋齊。

二宮門一座五間，補蓋，內明間面闊一丈一尺，四次盡間各面闊一丈，進深一丈一尺五寸，外鑽金廊深六尺五寸，檐柱高一丈一尺，徑一尺七欜，後落金外捲棚歇山頂，大木已齊，台基拆換僅踐踐未安。 頭停妥排山勾滴脊宽齊。

南邊看牆二道，湊長十三丈一尺二寸，隨門口二座拆修，未抹飾。
迎暉殿前東西配殿台基二座，東西屏門外値房台基二座，俱拆修，大部齊。

（二十一）天地一家春　天地一家春係圓明園中路舊名，同治重修時，移置於此，地點爲舊日永春室敷春堂故址。　其附近變遷歷史，據張嘉懿先生藏內務府呈堂稿底『道光十四年綺春園添建宮門，勤政殿東西配殿朝房左右門，並粘修心鏡軒，又於敷春堂後添蓋扮戲房七間』，知其時宮門附近曾大事擴充，敷春堂之名，亦見於此，惟未獲改修圖及做法工程詳狀，無由徵實。　第三十五圖係道光三十年所繪，無勤政殿與扮戲房，疑其間復經改築，否則呈堂稿底所載，或未全部實施，殊未可知。　是圖所示集禧堂已改頤壽軒，永春室改敷春堂，其北增後殿五間兩捲，連以廊屋若工字形，再北有問月樓五間，東部澄光榭，協性齋，凌虛閣，挐合軒，結峯軒，含遠，及西部鏡綠亭，點黛亭等，未見第三十四圖，惟澄光榭，協性齋，凌虛閣，鏡綠亭諸名，見嘉慶三十景詩，疑是圖頗多脫漏。　同治重修，第三十六七圖　仍復頤壽軒爲集禧堂，併敷春堂前後殿，爲天地一家春四捲殿，東西闢二院，繞以遊廊，居慈禧太后，於是其北改問月樓爲澄光榭，東部廢，西所全部營看戲殿，戲台，扮戲房，及附屬諸屋，其西南凌虛閣與含遠名存而位置稍異，西部則擴蔚藻堂爲五間，遷點黛亭稍東，又增堂前東西五間房各一座，廢鏡綠亭，於其南建八角亭，移淙玉軒及南垣與內宮門之西看牆成一直線，其涂各

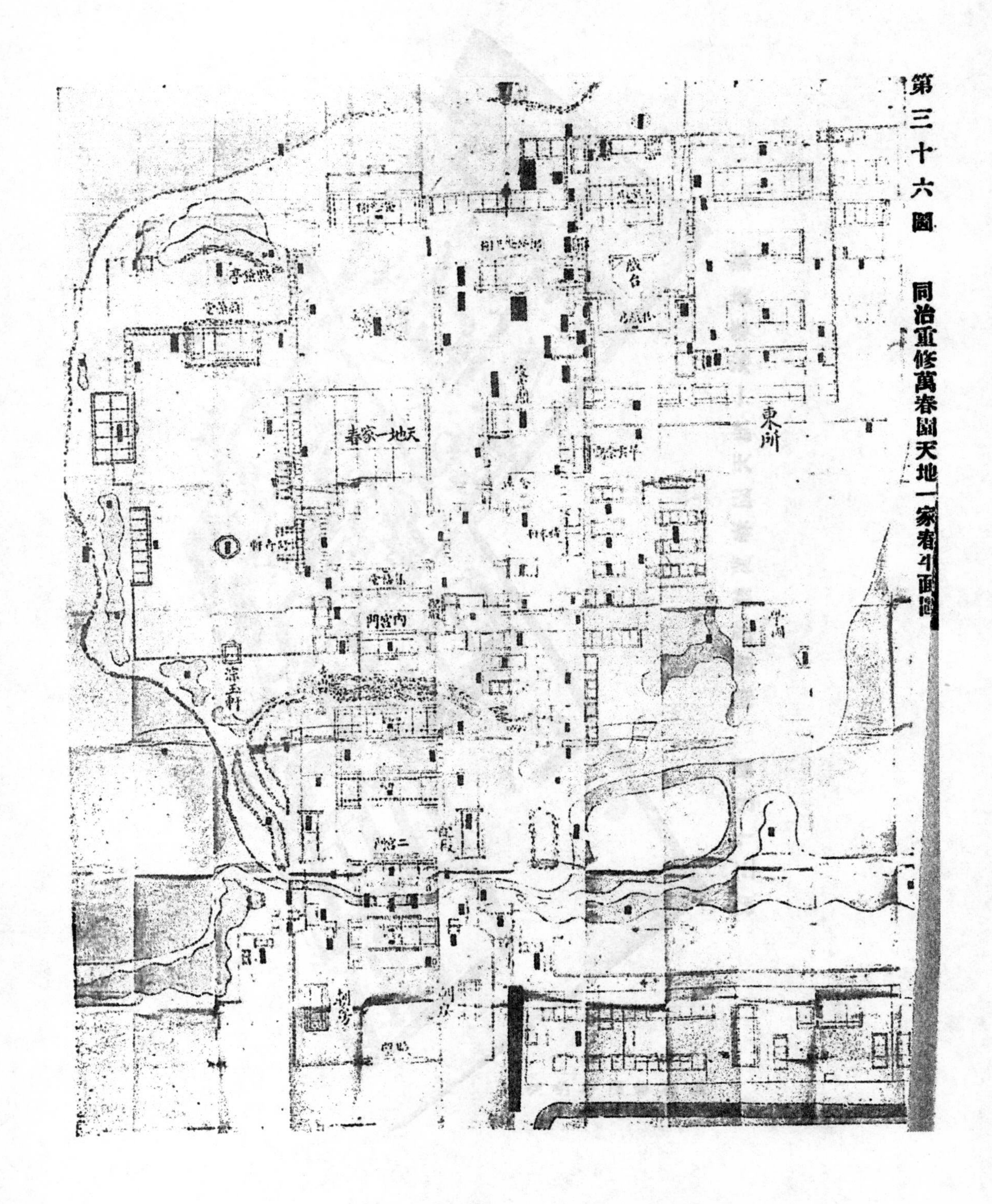

第三十六圖　同治重修萬春園天地一家春平面圖

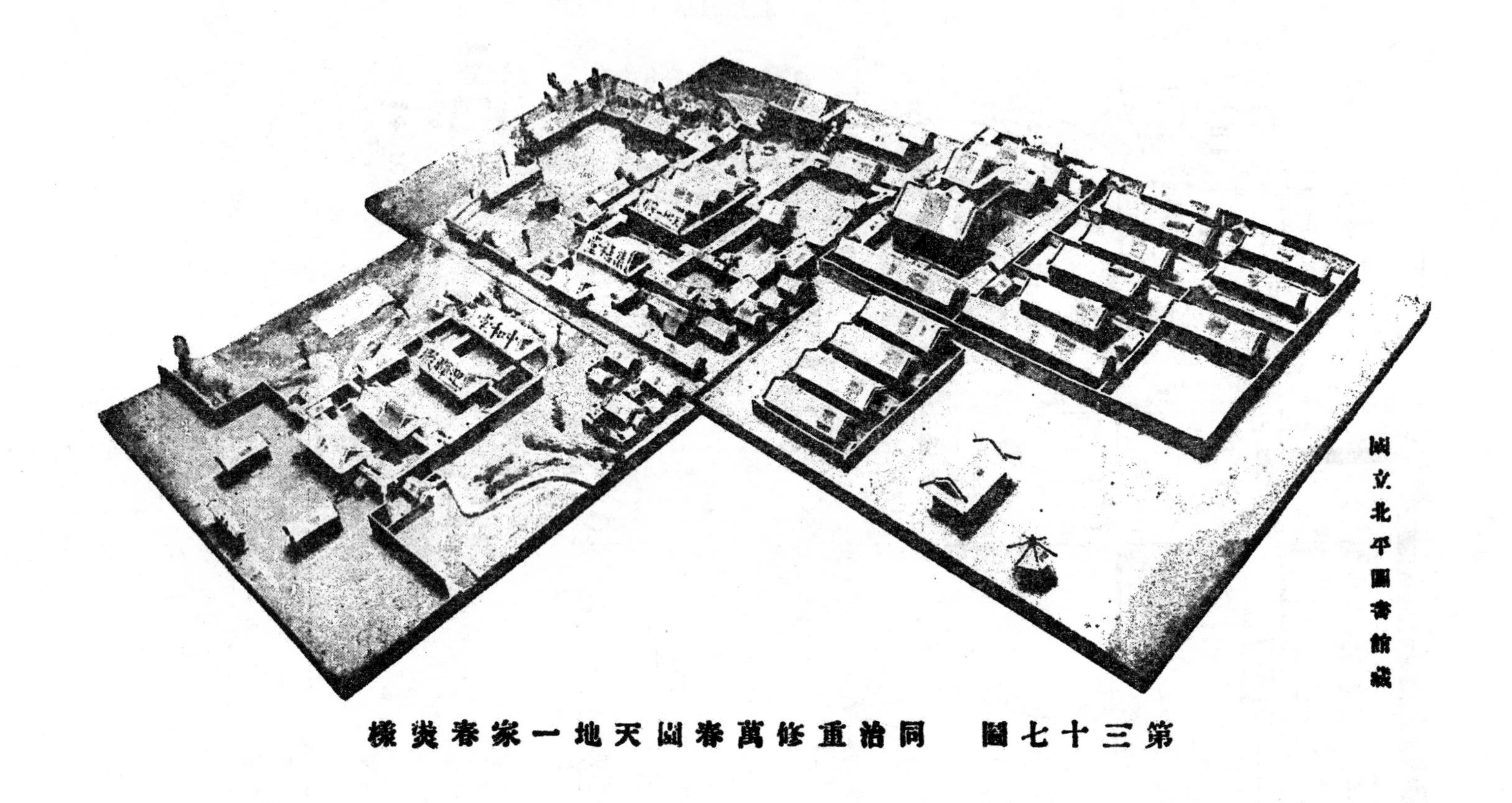

第三十七圖　同治重修萬春園天地一家春燙樣

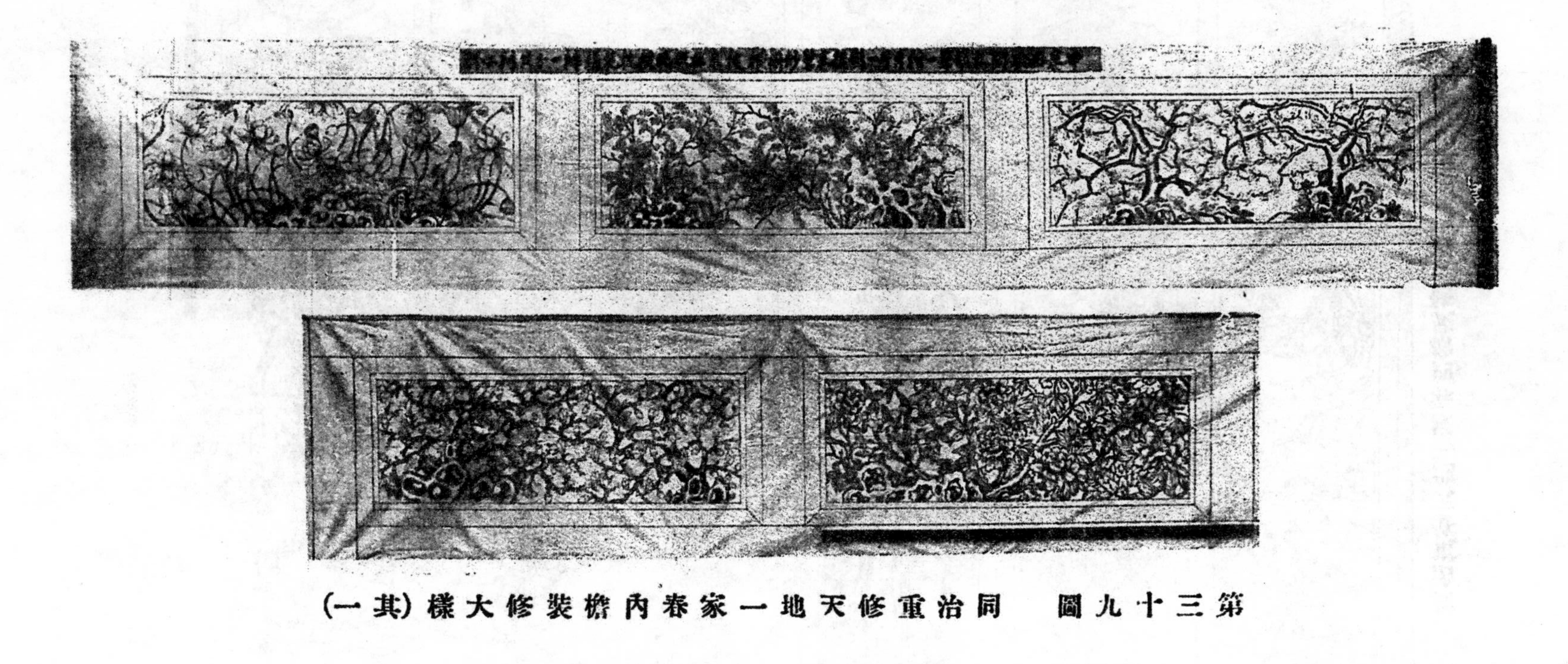

第三十九圖　同治重修天地一家春內檐裝修大樣(其一)

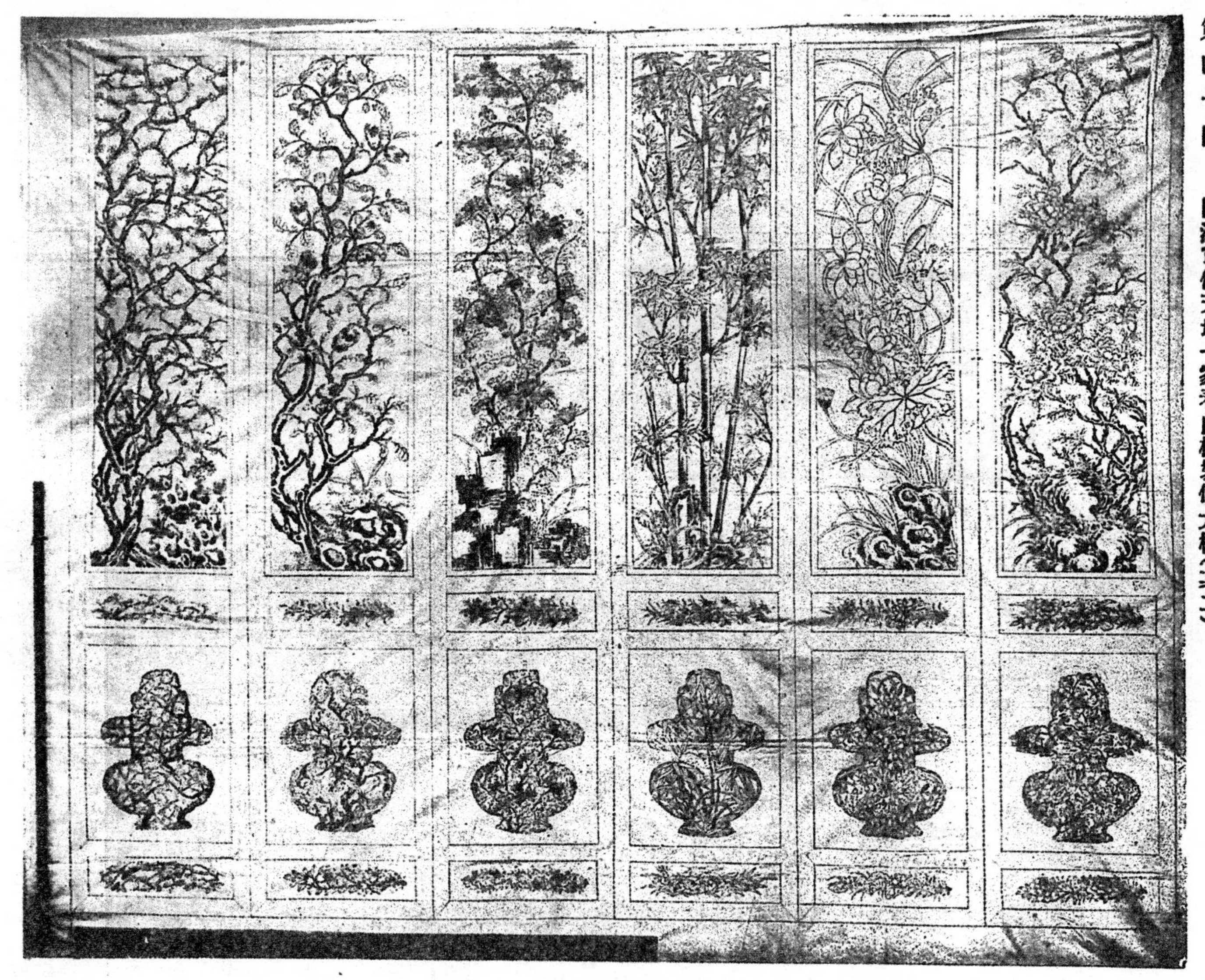

第四十圖 同治重修天地一家春內檐裝修大樣(其二)

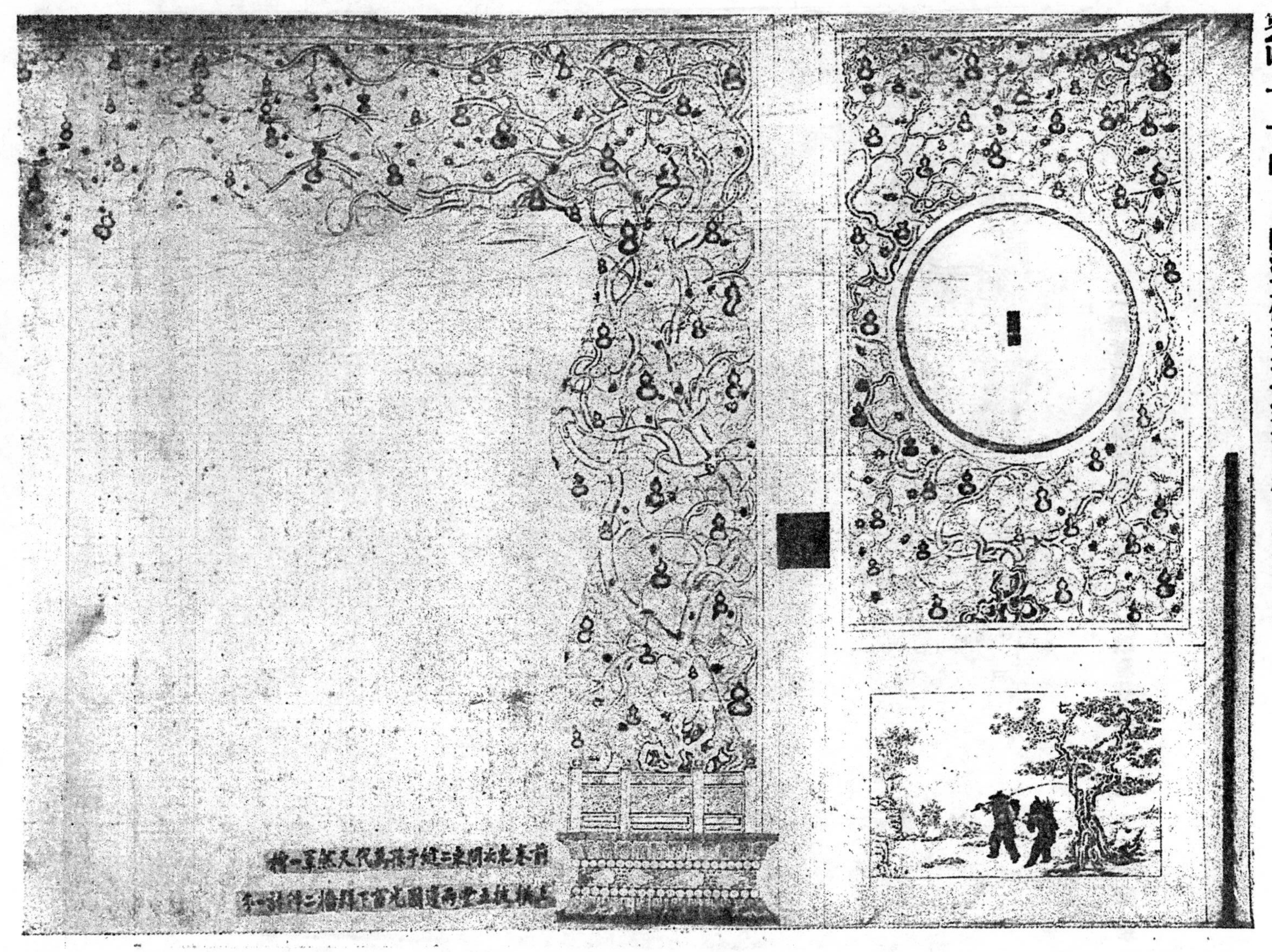

第四十一圖 同治重修天地一家春內檐裝修大樣（其三）

第四十二圖　同治重修天地一家春內檐裝修大樣(其四)

第四十三圖　同治重修天地一家春內檐裝修大樣(其五)

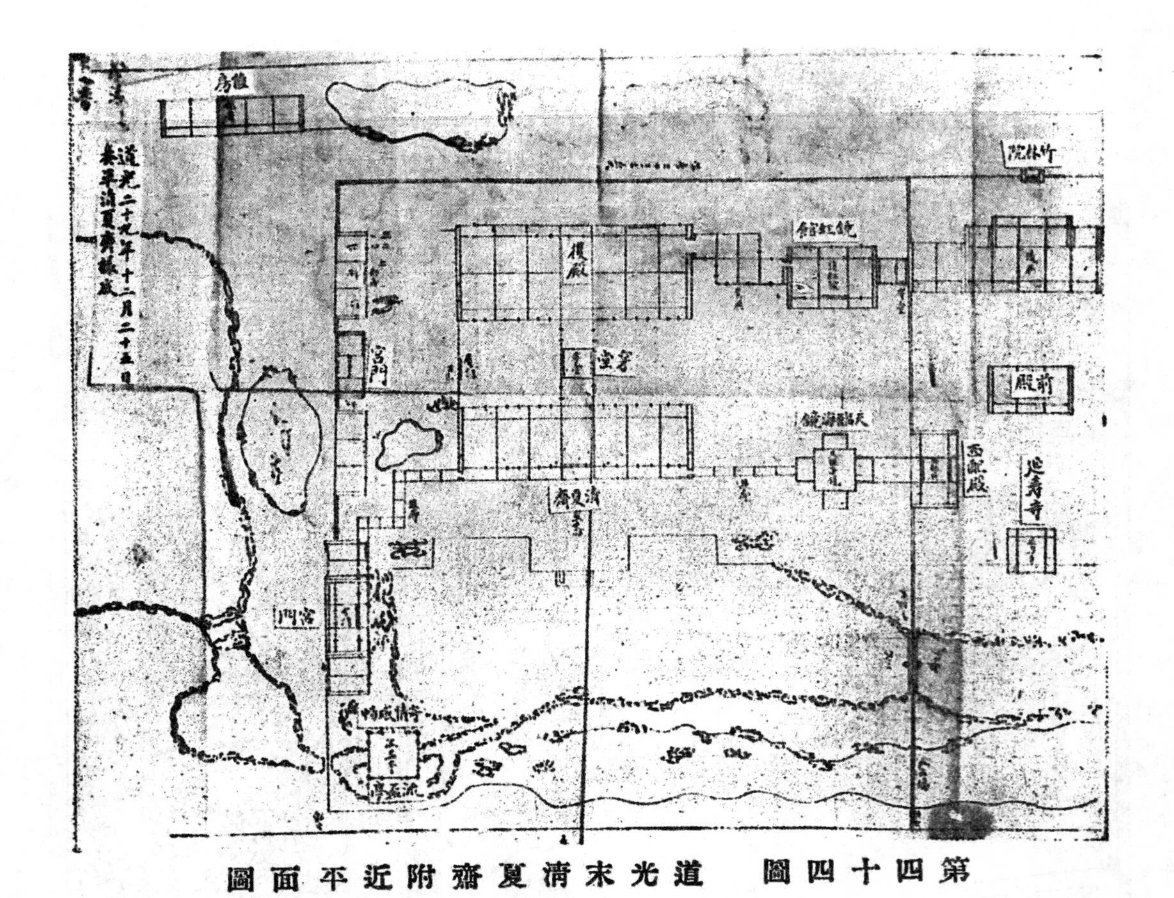

第四十四圖　道光末清夏齋附近平面圖

第四十五圖　流杯亭舊平面圖

部拆除零星建築，擴大院落，以遊廊委曲相聯，較道光舊圖所示者，氣局稍爲恢闊，變更之劇烈，殆無減於圓明園中路諸殿也。

天地一家春東西五間，內中央明間面闊一丈三尺，左右次盡間各面闊一丈二尺，南北四捲，前中後三捲各進深二丈八尺，後抱廈進深二丈六尺，外加前後廊各深六尺。第三十八圖 內部碧紗櫥，橫披，飛罩，瓶式罩，天然罩，圓光罩，寶座，屏風等項裝修，據雷氏旨意檔及堂諭司諭檔，自同治十二年十月起，所呈畫樣，迭經改削，同治慈禧均操筆親繪圖樣，翌歲五月，樣式房製成洋布裝修大樣三十餘份，交粵海關採辦，第三十九至四十三圖，卽其一部也。各項工程，截至停工止，以蔚藻堂進行較速，天地一家春祗完成基礎，餘未興築。茲節錄各座已做活計做法清册如次：

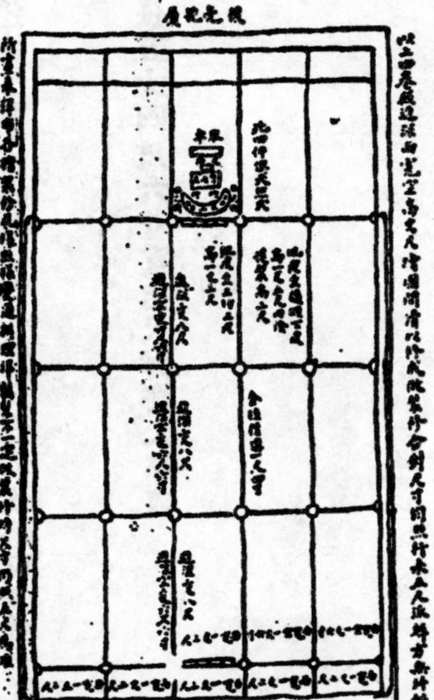

內宮門一座三間，補蓋兩山順山房二座，每座四間，補蓋均大部齊。

東西配殿台基二座，拆修一部齊。

紫禧堂拆御陡板，增條未完。

第三十八圖

天地一家春殿台基一座面闊六丈八尺二寸，進深十二丈九尺二寸，高二尺，改修，俱做齊底脚。

殿東拆去山石高峰三段長五丈三尺三寸已完。　後面靑石山罩壁一座，長六丈五尺拆卸已修底盤。

西殿台基一座拆修齊。　往南遊廊三十間，台基湊長十九丈八尺，拆修一部齊。

澄光榭台基一座五間挪改東山遊廊七間台基湊長三丈五尺六寸改修，一部齊。

東面高台方亭台基一座，面闊一丈九尺六寸，進深一丈八尺六寸高五尺五寸改修，連背底已齊。　週圍包砌山石點景兩邊遊廊六間，台基湊長四丈三尺六寸，改修一部齊。　往南遊廊台基湊長七丈一尺九寸，添修，一部齊。

協性齋方亭周圍山石照壁點景山峯湊長十二丈寬四尺成堆已齊，拘掘五成。

含遠殿台基一座挪修，又添修殿南値房台基一座及西邊廊十間台基湊長四丈九尺五寸，改修東邊庫房六間台基一座，均大部齊。

翠雲崇竊東宮門台基一座拆修，南山遊廊台基一段湊長五丈四尺六寸，寬七尺，拆修大部齊。

東宮門外暗溝一道，長三十二丈七尺拆修齊。

學圃斂廳一座三間拆卸，運出堆碼。

膳房學圃食水井二眼粘修齊。

六方亭一座拆去，澄光榭東井一眼拆去塡土。

蔚藻堂一座五間改蓋各面闊一丈，進深一丈四尺外前後廊各深四尺，柱高九尺，徑八寸，七檁外捲棚硬山頂，大木門桶台基齊，頭停及排山勾滴脊瓦均齊。

蔚藻堂週圍包砌太湖石高峯兩山後廊西山至抱廈房北轉角遊廊二十一間，台基湊長十二丈八尺七寸，又東山遊廊六間，湊長三丈六尺七寸，俱添修，一部齊。

兩捲東房二座，每座五間添蓋大部齊。

蔚藻堂前後院順溜平墊地面二段，南北長三十二丈二尺，東西寬二十三丈二尺，高二尺。

舒卉軒台基一座拆修齊，又院牆湊長十九丈六尺，拆去。

東值房一座五間添蓋大部齊。

西臨河抱厦房一座添蓋大部齊。 抱厦房前山石碼頭一座，長一丈五尺，寬一丈，高六尺，隨土堨一道添修長五丈，兩邊順勢泊岸二段拆修長四丈寬五尺。 北面添堆山石點景湊長三丈寬一丈二尺高五尺。 又抱厦房西面切刨土山二段，湊長十一丈，寬一丈，高八尺，淸理運出。

西北角北值房一座三間拆蓋，前院牆一道長十二丈添修大部齊。

點黛亭台基一座，見方一丈五尺，挪修底脚已齊。 後扒山牆一道，長十五丈四尺，拆修齊。

八角亭一座，每面寬七尺五寸，對徑一丈八尺一寸，添修大木台基頭停俱齊，未安寶頂。

垂花門西邊切刨土山湊長十二丈，寬一丈五尺，高一尺，起刨淸理運出。

天地一家春東山套殿，協性齋，西所後正房，西轉角庫房，鏡綠方亭，淙玉軒，東山遊廊，西山轉角遊廊，藕芳園，西宮門，迤北東庫房，北山遊廊及東庫房前後院庫房，西面臨河值房，南北朝房，西庫房，凌虛閣，平台及兩捲南房，問月樓東西山疊落遊廊等處，拆去台基二十七座，計一百四十二間，俱已淸理堆碼地脚，掩埥羔土，深一尺，上面行碣二次。

各院內砍去有碍樹株，起刨樹墩二百六十四個。

添修值宿更房十一間。

(二十二)清夏堂　舊名鳳麟洲，嗣改清夏齋，在萬春園西北隅，昇平署之南。道光末，宮門西向（第四十四圖），門內有大池，橫亘東西，南爲流杯亭，題寄情咸暢，門北遊廊三折，東接清夏齋。齋南向，東西七間，東爲天臨海鏡亭，方簷重霤，每面附抱廈一。清夏齋之北有穿堂三間，次後殿二捲，亦七間，東經方形穿堂至鏡虹館。同治重修，改宮門於南（第四十六，四十七圖），兩側列值房，茶膳房，門內東爲萬字橋，西寄情咸暢亭，亭之曲水渠與第四十五圖所示者稍異。池北清夏堂等，略如舊觀，惟廢堂後穿堂三間，增東西遊廊各九間，與後殿通，殿後復增後正房九間及附屬諸屋。其工程情狀，依雷氏圖內務府領欵收據及各座已做活計做法淸册所載，流杯亭，天臨海鏡亭與鏡虹館，俱未興工，餘摘抄如次：

宮門一座三間添蓋內明間面闊一丈二尺，二次間各面闊一丈，進深一丈四尺，外後廊深五尺，檐柱高一丈，徑九寸，六擦後落金硬山頂，大木已齊，台基踏跺未安，頭停安排山勾滴脊瓦齊。

宮門內東西值房二座，每座三間，添蓋大木已齊，台基踏跺未安，頭停及排山勾滴脊瓦齊。

宮門外茶膳房四座二十間，添蓋大木齊，台基踏跺未安，頭停及排山勾滴脊瓦齊。

開刨壽山口一座，兩邊山脚工段淸理運出。

清夏堂前殿一座七間，內明間面闊一丈三尺，六次盡間各面闊一丈二尺，進深二丈，外前後廊各深五尺，檐柱高一丈一尺，台基面闊九丈一尺，進深三丈六尺，高二尺五寸，折卸未砌，柱頂石已做未安。

後殿一座兩捲七間，面闊同前殿，前後捲進深各一丈四尺，外前後廊各深五尺，檐柱高一丈一尺，台基面闊八丈九

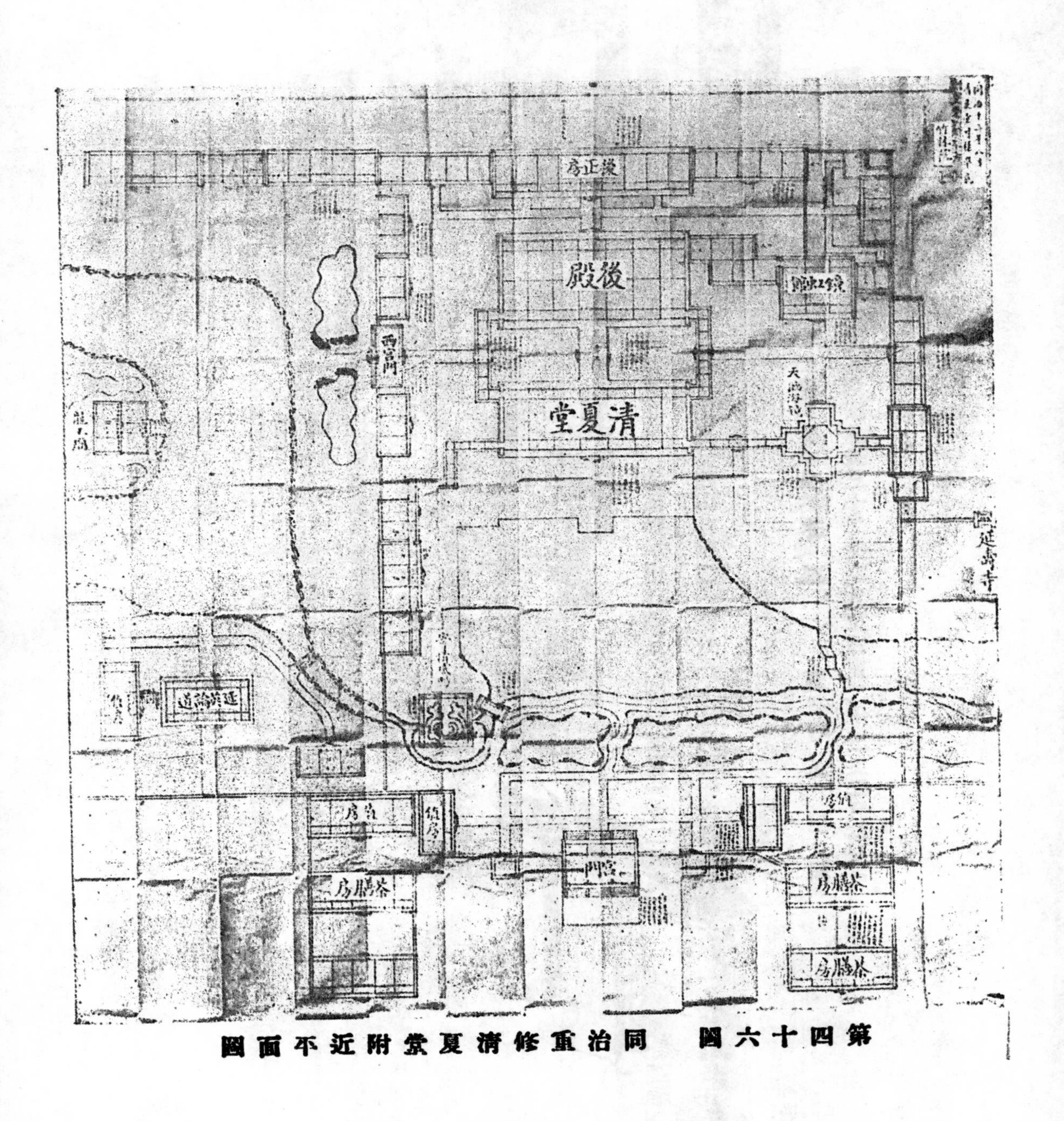

第四十六圖 同治重修清夏堂附近平面圖

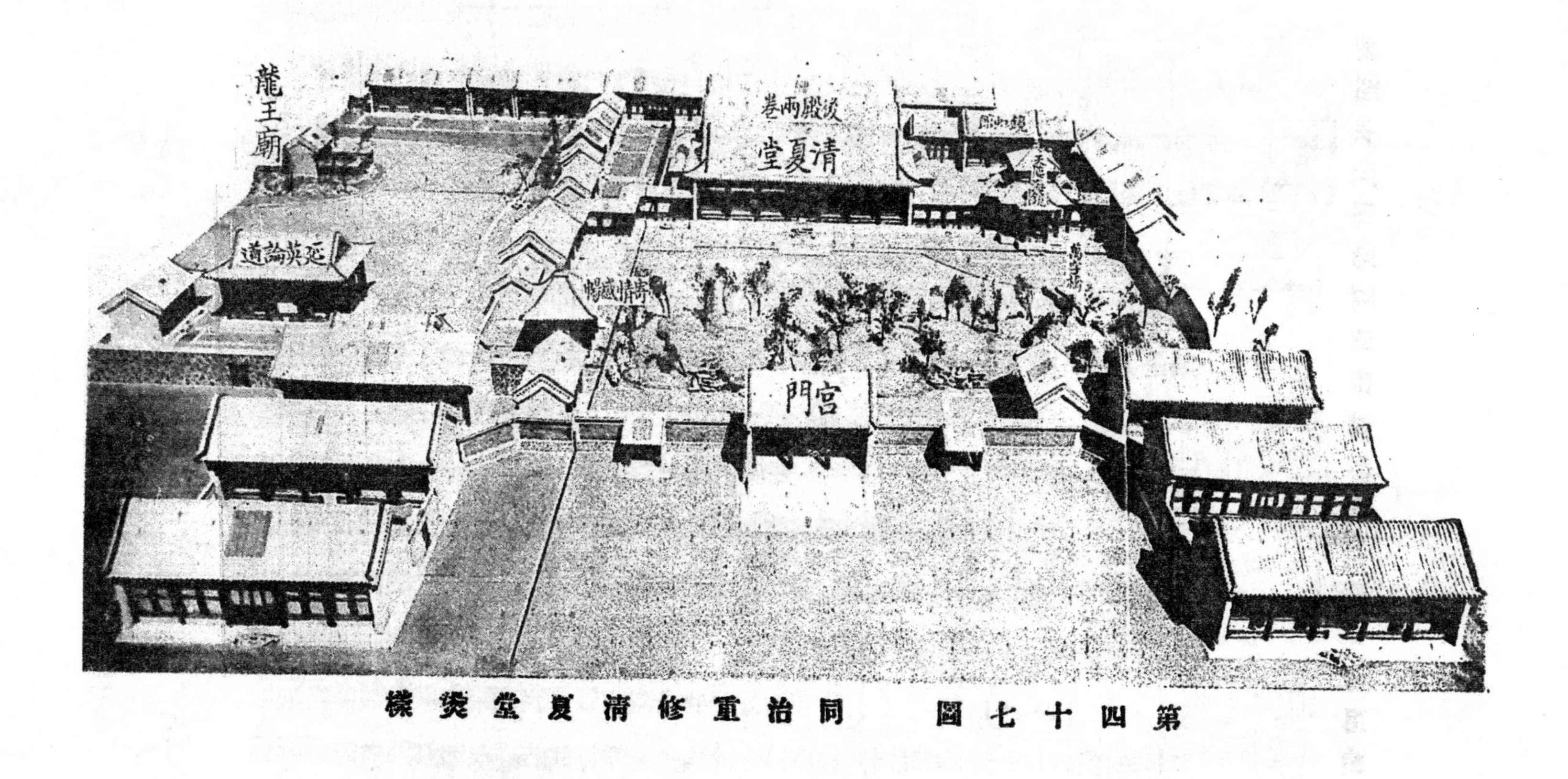

第四十七圖　同治重修清夏堂燙樣

尺，進深四丈四尺，高二尺五寸，拆卸墩柱頂埋頭安齊，增條石安一部。

西山點景二堆拆卸清理。

後正房一座九間添修，各面闊一丈，進深一丈三尺五寸，外前廊深三尺五寸，台基僅踏𡎺未安。　後檐拆去院牆長十五丈，切刨土山長八丈五尺，又後正房及套殿後各切刨土山一段，清理運出。

東小院灰棚一間拆去，南面拆去大牆長十六丈九尺。

含暉樓兩邊值房二座，每座五間，拆卸。

宮門分位原舊值房台基四座，井台一座，牆基湊長二十九丈四尺，俱拆去清理。

東面渣土一道長十九丈，往東抬運，加堆土山。

添修值宿更房二座十間。

(二十三)雜項：　上列各建築外，其圍牆，門樓，值房，道路，橋梁，水閘，船塢，河泡，河桶，泊岸，碼頭，船隻等另款修理者，據發放工程銀兩咨文條舉如次：

圍牆：　補砌圓明園北面大牆長三十丈。　西佛院兩邊看牆湊長四丈，北院牆長五丈四尺四寸，補修。　修理西爽村擋牆，　修補西南門院牆湊長九丈七尺五寸。

門樓，值房：　福園門門罩一座，板房二間，值房四間，粘修。　西佛院前門樓一座，成造門內房基一座，拆修。　西南門門罩一間，揭寬門樓一座，拆修頭停，值房灰棚八間，並院牆門口二座，拆修。　南北值房十四間拆蓋。　西爽村修理門樓值房五間，灰房三間。

道路：　拆修西南門海墁道路湊長十丈九尺。　萬春園二宮門前平墊道路湊長六百六十五丈四尺，蔚藻堂等處平墊土山三段湊長三十一丈六尺，清夏堂平墊道路湊長三百二十三丈。

橋梁。 粘修福園門外二孔石平橋一座。 圓明園拆修七孔木板橋一座，五孔木板橋八座，三孔木板橋二十三座，一孔木板橋六座，又上下天光，慈雲普護，北遠山村，課農軒，板橋六座，舖板二搭俱拆修。 長春園拆修七孔木板橋一座，五孔木板橋二座，一孔木板橋二座，保護五孔木板橋一座。 萬春園二宮門前添修木板橋一座，擋桊木外，歸安石橋一座。

水閘。 圓明園補安四孔閘一座。 如意館東南大橋西添安魚罅二道，每道分做七扇安水柱成錠紅銅罅。

船塢。 圓明園藏舟塢東南塢一座，內拆修三間，揭瓦十間。

河泡河桶泊岸碼頭。 圓明園補安碼頭十六座，泊岸一段及疏淤剷葦。 前湖清挖淤淺，東西長四十一丈五尺，兩邊河桶兩段湊長八丈，清挖均深一尺至一尺八寸，養魚箱四個，各挖深四尺。 飲練長虹等處經由河道撈挖淤淺二十段，湊長一千五百三十五丈，福海等處河泡十五個，湊長六百十一丈六尺，寬一百六十一丈至四五丈不等，又以上二處經由河桶五十五段，湊長三千三百十三丈七尺，寬八丈至三二丈不等，俱芟刈葦草清理泊岸。 高水橋，落花水面皆文章，觀音庵，修理碼頭三座。 萬春園二宮門河泡河桶七段，湊長九百四十七丈，清夏堂河泡河桶七座，湊二百五十三丈一尺，均芟刈葦草清理泊岸。 長春園海嶽開襟河泡一個，南北約長一百三十一丈，東西約寬七十五丈，除台基分位，芟刈葦草清理泊岸。

船隻。 御用實船一隻，樸拉船三隻，第四圖 修理及油飾見新。

（乙）畫樣燙樣。

凡工程着手前，由內務府校准五尺，命銷算房丈量地面大小，交樣式房擬具立樣地盤樣簽注尺寸，呈堂聽候旨意取決，其內部裝修花紋須雕琢者，另繪洋布大樣，與實物等大，俾工作易臻精密。又依圖製爲模型謂之燙樣，有一分樣二分樣五分樣，及裝修用木樣數種，一分樣卽實物比例百分之一，餘類推。待圖燙樣決定後，發交銷算房估計工料，行文各主管部院，領取應需物件，着手興造。此次工程首先進呈者，爲安佑宮及萬春園天地一家春，清夏堂等處燙畫樣，蓋一以奉祀祖先，一爲太后寢宮，故提前製辦，次爲圓明園大宮門正大光明殿，及圓明園中路各部，次南路勤政殿與上下天光，翌歲始及雙鶴齋海嶽開襟，四宜書屋，杏花春館，同樂園，武陵春色，萬方安和，澄心堂，及船隻各樣，共計畫樣燙樣二六項，費工料銀五千八百餘兩，停工後，仍由內務府發交樣式房雷氏保存，備異日興修查核之用，見雷氏旨意檔堂諭檔及內務府報銷文件。

（丙）包工。

據內務府文件，同治重修一役，分六大工程，交工承辦，其雙鶴齋等處殿宇及橋梁河道泊岸船隻等另欵修理者，不在此列，內部裝修，依例由楠木作雷氏承造，各小座裝修，交各處隨工自辦，惟主要材料，如木植琉璃瓦等，仍遵舊章由官發給，所謂包工，僅限於匠工人夫之工價，與附屬雜項材料耳，茲擇要表列如次：

工程　　承造人

34031

(一)圓明園大宮門二宮門一區　興隆木廠劉長榮

(二)正大光明殿及南路勤政殿二區　永德廠盧煜

(三)圓明園中路二區　天利木廠安麟

(四)安佑宮二區　森源局高鳳源

(五)萬春園大宮門及天地一家春二區　泰和局王家瑞王程遠

(六)萬春園清夏堂一區　義成廠田溥

(七)各大座裝修　楠木作常起恩

(丁)處理渣土。

圓明萬春二園自同治十二年九月廿八日，諭令內務府興修後，翌月初八日，卽着手興造，首將安佑宮天地一家春清夏堂正大光明殿圓明園中路等處殿宇房間一千四百二十餘間，拆去殘毀台基牆垣清理渣土共估價二萬一千九百餘兩。其圓明園大宮門二宮門正大光明殿勤政殿者運至山高水長附近，其地俗名西廠，地勢平衍，昔時侍衛校射及燈節陳火戲於此。安佑宮者運至琺瑯作，萬春園天地一家春者運至五孔閘，清夏堂者運至含暉樓，俱利用渣土加堆土山。是年末大體告竣，其餘諸處殿座皆陸續擇近堆造假山不一。見張嘉懿先生所藏內務府估算起運渣土奏底及故宮文獻館各項領欵收據。

（戊）供樑。

按此次工程，原爲籌備同治十三年慈禧太后四十萬壽大典之一，剋日修造，務期速成，乃翌歲太歲衝犯，不宜上樑，遂由欽天監擇於十二年十二月十六日辰時，提前供樑。其制搭高架，置樑於上，與實際建築物正樑之高度相等。當時木料缺乏，猝不易辦，乃拆圓明園船塢四座，每座十三間，以其大柁改做安佑宮大殿等二十七處正樑，派內務府大臣崇倫、明善、魁齡、誠明及堂郎中貴寶分赴各處行禮，並犒賞工役人等，有差。見雷氏旨意檔、堂諭檔及張嘉懿先生藏內務府奏稿。

（己）停工後之處理

同治十三年七月末停工時，各殿座以材料未齊，工程進行，遲速不一。除由內務府派員勘查造具各座已做活計做法清册存案，并結算各項工費外，其僅供樑而大木架搆未立者共十五處，俱「復繩緊標添拴壓風繩」，保護樑架。光緒元年四月，復派員將各處正樑徹下，妥爲保存。見內務府圓明園工程奏銷簿。

（未完）

本社紀事

(一) 河北省境內古建築之調查

河北省境內古建築經本社與省政府及各縣政府合作調查，得知宋遼以來遺物頗多。本年四月本社法式組主任梁思成君赴正定調查宋隆興寺、開元寺、陽和樓、關帝廟、天寧寺木塔、廣濟寺花塔、臨濟寺青塔、開元寺磚塔及鐘樓、府文廟前殿、縣文廟大成殿等重要遺物大小十餘座，先於本期披露大要，其詳細結構情狀，當另以專刊發表，他如易州、趙州、灤城等處，亦將陸續調查。

(二) 樣式雷世家考之編輯

雷氏自清康熙中葉承辦宮殿陵寢圖樣燙樣，因有樣式雷之稱。本社年前訪得雷氏嗣裔，曾將該氏家藏各式模型，介紹出讓於北平圖書館等處。今春雷獻瑞、獻璘昆仲，復出其族譜及有關於營造之信札文件來社，經社長朱桂辛先生整理，編著樣式雷世家考初稿已竣。

(三) 圓明園史料之蒐集

圓明園爲清諸帝燕居聽政之地，自咸豐十年英法聯軍焚燬後，同治末曾修葺一次。本社劉士能君近整理清代苑囿史料，依北平圖書館及中法大學所藏雷氏圓明園文件圖樣燙樣及故宮文獻館所藏內務府檔案，編同治重修圓明園史料一文，於本期刊布。

(四) 哲匠錄及明代史料

哲匠錄營造一類經梁述任君增校考訂竣事，現更從事補遺，以期完備，河工一類，由社長披輯史傳別紀名匠事蹟另行編纂，其明代營造史料，仍由單士元君繼續編輯。

（五）本社經費狀況報告

本社自二十一年七月遷移中山公園新址，仍由中華教育基金會補助經費一萬五千圓，作甲項經常費用，其乙項編輯出版調查等費，經本社幹事周作民錢新之徐新六三先生熱心捐募，共籌集一萬元，茲値本年度終了之際，合將甲乙兩項收支狀況列表於左：

民國二十一年度甲項收支表（中華教育文化基金董事會補助費）

收入

上年度結存	一八·三六元
本年度補助費	一五〇〇〇·〇〇元
銀行存款利息	六三·四二元
照相機出讓	一〇〇〇·〇〇元

以上合計洋壹萬六千〇八十一元四角八分

支出

辦公費	一一六五·九三元
薪津夫馬費	一一九九三·〇〇元
購置專用品	四一〇·〇七元

雜項	六七三・七七元
購經緯儀及照相機各一具	一五七三三・二〇元

以上合計洋壹萬五千八百十五元九角七分

結餘洋貳百六十五元五角壹分

民國二十二年度乙項收支表（本社經募捐款）

收入

經募捐款	一〇〇〇〇・〇〇元
刋物售款	六七七・五七元
銀行存款利息	六八・七〇元

以上合計壹萬〇七百四十六元二角七分

支出

旅行調查費	一三四二・五二元
出版費	三五六三・八四元
編輯費	三四七五・六〇元
繙譯費	二七一・九四元
繪圖材料	一八二・五四元
雇用匠作	二一一五・二〇元

參考品　五六二•四二元

遷移——設備　九三六•九八元

雜支　二八二•五六元

以上合計洋壹萬〇七百三十三元五角九分

結餘洋拾貳元六角八分

茲將本社自本年四月一日起至六月底止受贈各界書報表列於左敬表謝悃

寄贈者	書報名稱及數量
日本建築士會	日本建築士三冊
滿洲建築協會	滿洲建築雜誌一冊
上海市建築協會	建築月刊三冊
湖南大學	校刊期刊四冊
國際建築協會	國際建築三冊
國劇畫報社	國劇畫報十一份
美術研究所	美術研究三冊
人文編輯所	人文月刊三冊
中國殖邊社	殖邊月刊三冊
建築協會	建築雜誌四冊
社會調查所	社會科學雜誌一冊
安徽省立圖書館	學風三冊
中華全國道路建設協會	道路月刊一冊
中華學藝社	學藝四冊
山西公立圖書館	萬泉縣閻子疙瘩之發掘一冊
金陵大學	學報一冊
嶺南大學附屬博愛醫院	醫報一冊
河北省工程師學會	月刊一冊

寄贈者	書報名稱及數量
之江大學文理學院	之江學報一冊
滿洲技術協會	會誌一冊
中國科學社	科學三冊
國立北平圖書館	館刊一冊
河北第一博物院	半月刊十二份
中法大學	月刊一冊
北平社會局	時代教育三冊
廣島史學會	史學研究一冊
中國工程師學會	工程二冊
河北月刊社	河北月刊三冊
上海交通大學	季刊及鐵路估值三冊
袁守和先生	工匠雜字一冊
廣西大學	週刊特刊八冊
島村孝三郎	牧羊城一冊
東北行健學會	行健旬刊二冊
建設委員會	建設一冊
震旦大學理工學院	理工雜誌一冊
關野貞先生	義縣萬佛洞一冊 奉國寺照片十六幅

本社職員

社長 朱啓鈐

文獻主任 劉敦楨

法式主任 梁思成 助理 邵力工

編纂 瞿兌之 梁啓雄 單士元

會計 朱湘筠 庶務 喬家鐸

本社社員

幹事會 朱啓鈐 周詒春 葉恭綽 孟錫珏 袁同禮

陶蘭泉 陳垣 華南圭 周作民 錢新之

徐新六 裘子元

評議 郭葆昌 徐世章 吳延清 張文孚 馬世杰

張萬祿 林行規 翟孟生 李慶芳 何遂

艾克 鮑希曼 彭濟羣

校理 馬衡 胡玉縉 任鳳苞 江紹杰 孫壯

陶洙 劉南策 盧樹森 金開藩 唐在復

劉鋼春 葉公超 林徽音 吳其昌 汪申

謝國楨

參校 陳植 松崎鶴雄 橋川時雄 關祖章

趙深 林志可 宋麟徵

中國營造學社彙刊 第四卷 第二期

中華民國廿二年六月出版

每冊八角 郵費六分

全年四冊三元 郵費在內

編輯兼發行者 北平中山公園內 中國營造學社 電話南局二五三六號

印刷者 北平和平門內北新華街 京城印書局 電話南局四五七〇號

製版者 北平和平門內東半壁街十一號 懷英照相製版局 電話南局三八六五

寄售處 北平景山東街景山書社

天津法租界廿六號路利亞書局

南京中央大學對過藥巷口鍾山書店

上海福州路五五六號作者書社

BULLETIN
OF THE
SOCIETY FOR RESEARCH IN
CHINESE ARCHITECTURE

Vol. IV, No. 2. September, 1933.

Published by the Society at Chung-shan Kung-yuan, Peiping, China